"十三五"国家重点出版物出版规划项目
材料科学研究与工程技术系列/材料热加工虚拟仿真与技术设计丛书
黑龙江省精品图书出版工程/"双一流"建设精品出版工程

金属热扩渗层微结构性质第一性原理计算

FIRST-PRINCIPLES CALCULATIONS ON PROPERTIES OF MICROSTRUCTURES IN THERMO DIFFUSION LAYERS ON METALS

闫牧夫　由　园　陈宏涛　编著

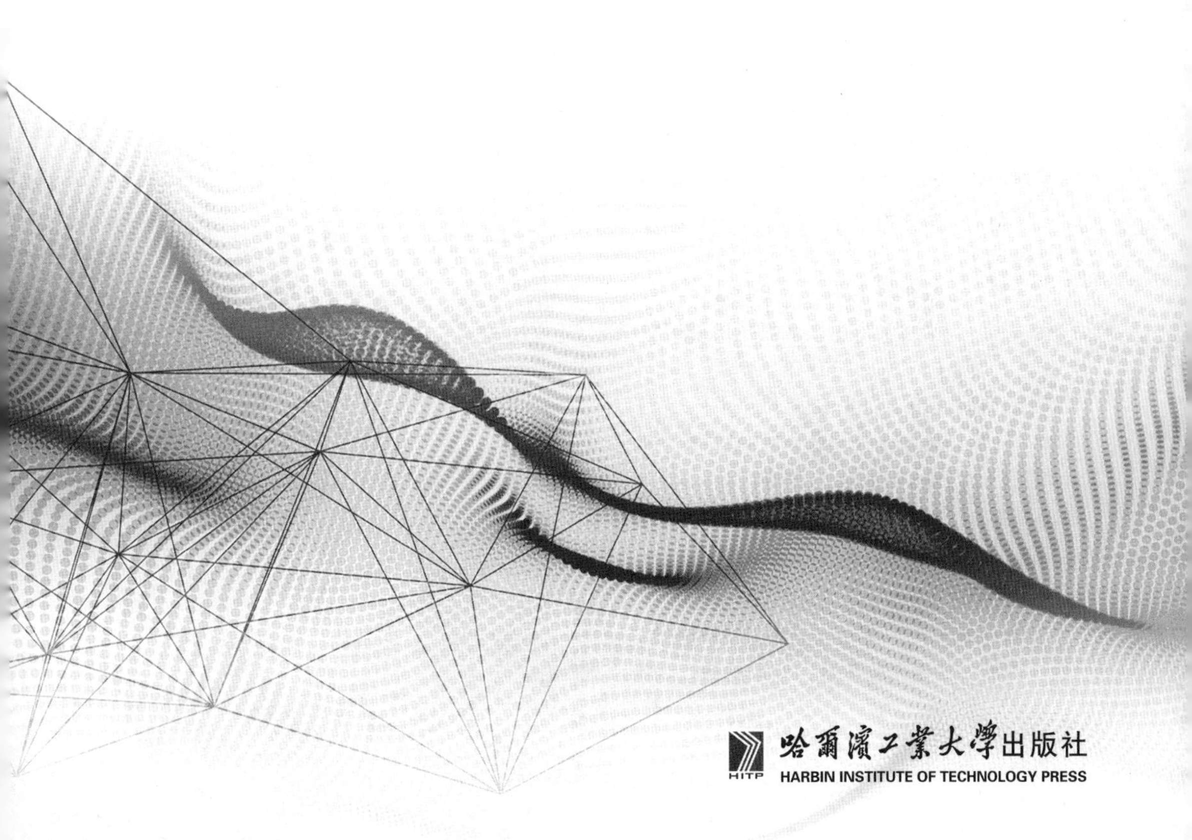

哈爾濱工業大學出版社
HARBIN INSTITUTE OF TECHNOLOGY PRESS

内 容 简 介

本书介绍了第一性原理计算基础和应用进展；建立了热扩渗元素（如碳、氮）在金属表面层中扩散形成的微结构原子模型；通过第一性原理计算，得出热扩渗元素固溶于有无合金化的体心和面心立方结构铁中的稳定性及性质，以及热扩渗层中典型析出相的稳定性及其性质，支撑热扩渗层微结构优化设计。

本书可作为普通高等学校从事材料科学研究的学生和教师及相关领域科技工作者的参考书。

图书在版编目(CIP)数据

金属热扩渗层微结构性质第一性原理计算/闫牧夫，由园，陈宏涛编著. —哈尔滨：哈尔滨工业大学出版社，2022. 3

ISBN 978 - 7 - 5603 - 9938 - 6

Ⅰ. ①金… Ⅱ. ①闫… ②由… ③陈… Ⅲ. ①金属表面处理-热扩散-结构性能-计算 Ⅳ. ①TF111. 13

中国版本图书馆 CIP 数据核字(2022)第 005032 号

策划编辑 杨 桦
责任编辑 李青晏
封面设计 屈 佳
出版发行 哈尔滨工业大学出版社
社 址 哈尔滨市南岗区复华四道街 10 号 邮编 150006
传 真 0451 - 86414749
网 址 http://hitpress. hit. edu. cn
印 刷 黑龙江艺德印刷有限责任公司
开 本 720 mm×1 020 mm 1/16 印张 15.75 字数 300 千字
版 次 2022 年 3 月第 1 版 2022 年 3 月第 1 次印刷
书 号 ISBN 978 - 7 - 5603 - 9938 - 6
定 价 68.00 元

前　言

众所周知，热处理与表层改性赋予材料极限性能，给予装备关键件长寿命和高可靠性。在过去的30多年中，闫牧夫教授团队聚焦新材料与高端装备关键件抗疲劳及热加工技术短板，开展特种热处理与表面改性、精确成形与控性理论和应用研究，推进材料基因工程平台发展。针对短板技术“缺芯”，创建热扩渗组织结构纳米化与功能化、稀土共渗催化与微合金化、热加工零畸变等理论；针对仿真软件“空芯”，从场论出发，建立疲劳寿命和可靠性的多因泛函方程、热加工过程数学模型、工艺－组织－性能关系等多尺度模型；基于“创芯”理论和模型，形成热加工与改性虚拟仿真和技术设计原创平台，实现以技术设计替代技术探索。

本书作为材料表面改性基因工程基础，由哈尔滨工业大学闫牧夫教授组织撰写和统稿，总结了本团队在原子电子结构层面上开展的热扩渗层微结构设计与合金化行为、微结构稳定性及其性质等研究成果。全书共包括6章，第1章介绍热扩渗层微结构及其性质的第一性原理计算基础和应用进展；第2～5章详细研究热扩渗碳氮在有无合金化的体心立方和面心立方结构铁中的行为；第6章介绍热扩渗层中析出相结构及其性质。第1、6章由闫牧夫教授撰写，第2、4章由齐齐哈尔大学由园博士撰写，第3、5章由哈尔滨理工大学陈宏涛博士撰写。

本书基于原子尺度模型的微结构设计计算，是热加工成形控性及热扩渗抗疲劳虚拟仿真与技术设计平台（http://www.ilab－x.com/details/2020?id＝6587&isView＝true＃1001）的组成部分。因此，设计并发明了热扩渗氮晶粒组织纳米化、热扩渗碳原位自生石墨－金刚石纳米结构、热加工准同步相变微变形等系列短板技术。

本书仅供同行参考，疏漏及不足之处敬请批评指正。

作　者

2021年6月

目　　录

第1章　热扩渗层微结构及其性质的第一性原理计算基础和应用进展

本章主要介绍基于密度泛函理论的第一性原理及其计算方法。

1.1　基于密度泛函理论的第一性原理

第一性原理方法是在电子层次上研究材料的性能，它不需要任何其他的经验参数，就可以得到材料性能方面的信息，从而理解材料中出现的一些现象。因此，第一性原理方法是一种真正意义上的预测。第一性原理计算方法的基本思路就是将多个原子构成的体系理解为由电子和原子核组成的多粒子系统，然后求解这个多粒子系统的薛定谔方程组，获得描述体系状态的波函数 Φ 以及对应的本征能量，有了这两项结果，从理论上可以推导出系统的所有性质。

但实际上，除个别极简单的情况（如氢分子）外，物体中电子和原子核的数目通常达到 $10^{24}\ \text{cm}^{-3}$ 的数量级，再加上如此多的粒子之间难以描述的相互作用，因此需要求解的薛定谔方程不但数目众多，而且形式复杂，即使利用最发达的计算机也无法求解。直接求解薛定谔方程式将是个难以完成的课题，人们必须针对材料的特点做合理的简化和近似，如非相对论近似、绝热近似和单电子近似等。

1.1.1　密度泛函理论

对多电子问题到单电子问题简化处理更严格、更精确的描述是密度泛函理论，密度泛函理论的基本思想是可用粒子密度泛函来描述原子、分子和固体的基态物理性质。Thomas 和 Fermi 用简并的非均匀电子气来描述单个原子的多电子结构，但直到 Hohen berg 和 Kohn 提出了两个基本定理才奠定了密度泛函理论的基石，随后 Kohn 和 Sham 的工作使密度泛函理论成为实际可行的理论方法。

Hohen berg 和 Kohn 提出如下两个基本定理：

定理1　粒子数密度函数 $\rho(r)$ 的唯一泛函是不计自旋的全同费米子系统的基态能量。其核心为：粒子数密度函数是一个决定系统基态物理性质的基本变量。

定理 2 基态能量等于能量泛函 $E(\rho)$ 在粒子数不变条件下对正确的粒子数密度函数 $\rho(r)$ 取极小值。其要点为：系统基态的能量 $E(\rho)$ 可以通过在粒子数不变条件下，能量泛函对密度函数变分得到。

$$\{-\nabla^2+V_{\mathrm{KS}}[\rho(r)]\}\varphi_i(r)=E_i\psi(r) \tag{1.1}$$

式中 ∇^2—— 体系的动能项；

V_{KS}——K－S 势。

$$V_{\mathrm{KS}}[\rho(r)]=V_{\mathrm{ext}}(r)+V_{\mathrm{Coul}}[\rho(r)]+V_{\mathrm{XC}}[\rho(r)]= V_{\mathrm{ext}}(r)+\int \mathrm{d}r'\,\frac{\rho(r')}{|r-r'|}+\frac{\delta E_{\mathrm{XC}}[\rho]}{\delta\rho(r)} \tag{1.2}$$

式中 $V_{\mathrm{ext}}(r)$—— 电子和外加势场的相互作用；

$V_{\mathrm{Coul}}[\rho(r)]$—— 离子核和电子之间的库仑作用；

$V_{\mathrm{XC}}[\rho(r)]$—— 电子与电子之间的交换关联势；

E_{XC}—— 交换关联能。

体系的总能为

$$E=\sum_i^N f_i\varepsilon_i-\frac{1}{2}\iint\frac{\rho(r)\rho(r')}{|r-r'|}\mathrm{d}r\mathrm{d}r'+E_{\mathrm{XC}}[\rho]-\int\rho(r)V_{\mathrm{XC}}\mathrm{d}r \tag{1.3}$$

式(1.1)、式(1.2) 和式(1.3) 一起称为 Kohn－Sham 方程(简称 K－S 方程)。通过自洽方法求解方程(1.2)，可得到系统基态密度函数。由 Hohen berg－Kohn 定理得到的粒子数密度函数即可确定该系统基态的能量、波函数以及各物理量算符的期待值等。

1.1.2 交换关联势

基于密度泛函理论描述电子与电子相互作用的交换关联势的局域密度近似(LDA) 和广义梯度近似(GGA) 广泛被采用。

1. 局域密度近似

基于均匀电子气模型的局域密度近似，把非均匀电子体系理想地分割成一些小区域，在这些区域内，认为电子气是均匀的。在均匀的电子气中电子密度 $\rho(r)$ 是恒定的，整个体系的交换关联能为

$$E_{\mathrm{XC}}^{\mathrm{LDA}}=\int\rho(\boldsymbol{r})\varepsilon_{\mathrm{XC}}[\rho(\boldsymbol{r})]\mathrm{d}\boldsymbol{r} \tag{1.4}$$

式中 $\varepsilon_{\mathrm{XC}}$—— 在电子密度为 ρ 的均匀电子气中每个电子具有的交换关联能，有时称为电子交换相关势(exchang correlation poten tial)。

局域密度近似只局限于那些电子密度变化平缓的体系，但在一些不满足这个局限条件的体系中局域密度近似也取得了较大的成功。对于一些金属和许多半导体的基态物理性质，如晶体结合能、晶格常数、晶体的力学性质等，原子、分

子和固体的键长、声子振动频率等基态性质，局域密度近似能够给出较好的结果，与实验值符合得相当好。因为一般情况下，对于均匀电子气，交换穴密度 ρ_x 大部分长程分量与来自自旋反平行电子的相关穴密度 ρ_c 相抵消。由于此理论近似下单电子运动方程中的交换相关势形式简单，计算工作量大为减少，因此，现已广泛地应用于各个领域的多原子体系电子结构计算。大多数能带计算方法都是在局域密度近似理论的基础上建立起来的，但是局域密度近似计算得到的分子和固体的结合能偏高，金属的 d 带宽度和半导体的禁带宽度的计算结果与实验值有较大偏差。

2. 广义梯度近似

广义梯度近似认为每个小区域内的电荷密度是常数，计算出每个小区域的交换关联能，将这些小区域的交换关联能求和得到总的交换关联能。每个小区域的交换关联能不仅与它本身的局域电荷密度有关，而且还与其周围区域的电荷密度有关。它依靠于电子在空间某点的梯度 $\nabla\rho$，而并非它本身的值。

$$E_{\mathrm{XC}}^{\mathrm{GGA}}[\rho(\boldsymbol{r})]=\int f[\rho(\boldsymbol{r}),\nabla\rho(\boldsymbol{r})]\mathrm{d}\boldsymbol{r} \tag{1.5}$$

与局域密度近似相比，广义梯度近似大大改进了原子的交换能和关联能的计算结果，但分子中的键长和固体中的晶格常数稍有增加，价层电子的电离能仅有小的改变，离解能和内聚能明显降低。对于较轻的元素，广义梯度近似的计算结果一般与实验符合得很好，不仅是金属键和共价键，氢键和范德瓦耳斯键的键能计算值也得到了改善。但广义梯度近似并不总是优于局域密度近似，它过多地校正了局域密度近似对晶格常数计算偏小和键能计算偏大的情况，对于某些计算，在相同的精度条件情况下，可能需要更高的截断能 E_{cut}，并出现能量收敛振荡。

1.1.3　赝势方法

赝势是利用平面波基组计算体系总能量中关键的一个概念，将固体看作价电子和离子实的集合体。

忽略核内电子，在离子实内部用假想的势能取代真实的势能，较多地考虑了价电子与离子实之间的作用。赝势的引入，不仅对电子与离子核之间的作用进一步近似，而且在晶体中电子波函数采用平面波展开时，平面波基相对减少，减小了计算的复杂度。

赝势要求其对应的薛定谔方程与真实势对应的薛定谔方程具有相同的能量本征值，基于此产生了第一性原理赝势，如图 1.1 所示。实线分别表示真实势 Z/r 与全电子价电子波函数 ψ，虚线分别表示赝势 V_{p} 和赝波函数 ψ_{ps}。以赝核半径 R_{c} 处为划分点，R_{c} 以上波函数与真实波函数一样，而 R_{c} 以内则对波函数加以改造。主要是把振荡剧烈的真实波函数改造成一个变化缓慢的赝波函数，且必须是没有节点的，如 ψ_{ps} 所示。

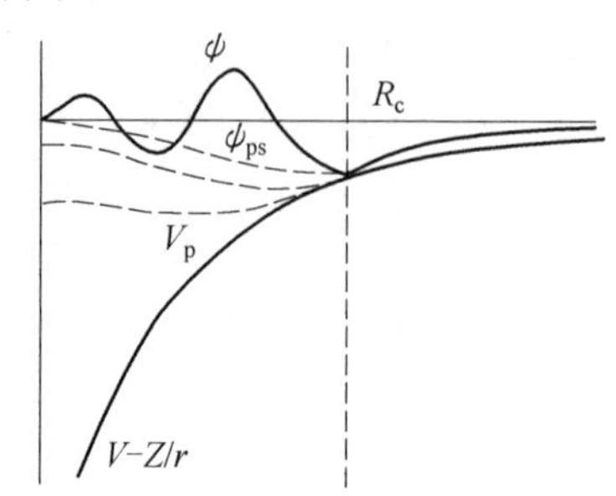

图 1.1　产生第一性原理赝势的方法

1.2　热扩渗层结构及其性质的第一性原理研究进展

要研究碳氮原子和稀土原子在渗碳、渗氮以及碳氮共渗体系中的性质，第一性原理计算具有得天独厚的优势，能够从电子和原子尺度上准确计算这些性质。第一性原理首先计算了碳化物、氮化物以及碳氮化合物等生成相的性质。

1.2.1　化合物结构及其性质研究进展

Medvedeva 等人研究了铬(Cr) 的掺杂对渗碳体电子结构的影响，发现 Cr 置换的渗碳体内聚能增加，能够稳定渗碳体。Shein 等人研究了 3d 和 4d 过渡族金属元素掺杂渗碳体的电子结构、形成能和磁性性质，前过渡族金属元素钪(Sc)、钛(Ti)、钒(V)、Cr、锆(Zr) 和铌(Nb) 能够稳定渗碳体，而后过渡族金属元素镍(Ni)、铜(Cu)、钯(Pd) 和银(Ag) 使得渗碳体失稳。Zhou 等人研究了 Cr 掺杂渗碳体的弹性性质和电子结构，Cr 置换的渗碳体形成能为正，使得渗碳体失稳。Jang 等人研究了硅(Si) 和锰(Mn) 的掺杂对渗碳体稳定性的影响，Si 使渗碳体失稳，而 Mn 能够稳定渗碳体。Ande 等人研究了合金元素在渗碳体和铁素体中的偏聚，发现用偏聚能来描述合金元素的偏聚比形成能更好更准确，元素 V、Cr、Mn、钼(Mo) 和钨(W) 在渗碳体中偏聚，而元素铝(Al)、Si、磷(P)、钴(Co)、Ni 和 Cu 在铁素体中偏聚。Wang 等人研究了钴和镍掺杂渗碳体的电子结构、磁性性质和相稳定性，结果表明钴和镍的掺杂会降低渗碳体的稳定性。

Lv 等人研究了渗碳体晶体结构类型的 Fe_3B、Fe_3C 和 Fe_3N 的晶体结构、电子结构和磁性性质，发现 Fe_3B 相的平均磁矩最大，Fe_3C 相的平均磁矩最小，Fe_3N 相介于两者之间。Gibson 等人研究了镍碳化合物的晶体结构及其稳定性。Fang 等人计算了 Fe_2C 相的晶体结构和稳定性。Li 等人研究了碳化钛(TiC)、碳化锆(ZrC)、碳化铪(HfC)和碳化钽(TaC)的晶体结构、弹性性质和电子结构。Li等人研究了七种铬的碳化物的电子结构、力学性质和理论硬度。郝爱民等人研究了碳化钒(VC)在高压条件下的电子结构、弹性和热力学性质,碳化钒在520 GPa发生晶体结构转变,从NaCl型转变为CsCl型。Feng等人研究了钛的碳氮化物(TiC_xN_{1-x})、锆铌碳化物($Zr_xNb_{1-x}C$)和铪的碳氮化物(HfC_xN_{1-x})的电子结构和弹性常数,发现平衡点阵常数和体模量与浓度呈线性关系。Fang等人计算了六方结构铁的碳化物和氮化物的晶体结构及其稳定性,研究了碳氮原子在Fe_2C和Fe_2N中的作用。Xiao等人研究了Cr_7C_3类型的多组元碳化物的力学性能和化学键性质。Ande和Sluiter等人研究了掺杂(Al、Si、P、S、Ti、V、Cr、Mn、Ni、Co、Cu、Nb、Mo、W)后铁碳化合物的稳定性。Jang等人研究了铌、钒、钼、钨以及空位掺杂碳化钛的点阵常数、形成能和体模量,结果表明,空位能够增加碳化钼和碳化钨的稳定性;钼、钨以及空位掺杂后降低碳化钛和铁素体的错配,有利于碳化钛的形核;钼、钨以及空位掺杂后降低粗化时铁素体基体的平衡钛浓度,使得碳化钛的粗化过程减速。Zhang等人计算了Fe_3B、Fe_3C和Fe_3N的电子结构、磁性和弹性性质。Shi等人计算了六方结构Fe_3N的电子结构、力学性质和德拜温度。Wang等人研究了钨和氮掺杂的碳化钛电子结构和力学性质,结果表明,氮的掺杂能够增加碳化钛的稳定性,钨和氮掺杂显著增加碳化钛的体模量、剪切模量和弹性模量。Krasnenko和Brik研究了静水压力对立方结构钛、钒、铬、铌、钼和铪(Hf)的一碳化物的结构、弹性和热力学性质的影响。Kim和Kang研究了碳化钛(TiC)、氮化钛(TiN)以及钛的碳氮化物($TiC_{1-x}N_x$)的物理性质,得到了这些化合物的点阵常数、弹性性质、脆性、热容和热膨胀系数。

钢铁材料表面渗氮处理后会产生$\gamma'-Fe_4N$相,它具有高硬度、很好的耐磨和耐腐蚀性质。$\gamma'-Fe_4N$还具有很高的饱和磁化强度、较低的矫顽力和较好的化学稳定性,可以用作高密度磁记录材料。Mohn和Matar研究了$\gamma'-Fe_4N$的磁性性质。Music等人研究了镍、钯和铂掺杂的Fe_4N三元氮化物MFe_3N(M=Ni,Pd,Pt)的电子结构和弹性性质之间的关系。Chen研究了锰掺杂的铁四氮($Fe_{4-x}Mn_xN$)的电子结构和磁性性质,发现,当锰原子占据角位置时,铁磁有序相更稳定;当锰占据面心位置时,反铁磁相更稳定;面心位置的铁原子或锰原子与氮原子形成共价键。Wu和Meng研究了钴、铑(Rh)和铱(Ir)掺杂的Fe_4N三元氮化物MFe_3N(M=Co,Rh,Ir)的电子结构以及弹性和磁性性质。Zhao等人研究了Fe_4N、$RuFe_3N$和$OsFe_3N$相的电子结构、弹性和磁性。Gressmann等人研究了$\gamma'-Fe_4N$的弹性各向异性,给出了它的弹性常数和各向异性比值。吴业琼表征了$\gamma'-Fe_4N$的硬度和韧性。Yang等人计算了$\gamma'-Fe_4N$的力学性质,结果表明它的(011)面具有最高的强度和最好的耐磨性。Xiao等人对比研究了

Cr_7C_3、Fe_3C和Fe_2B的性质，发现，这三种化合物中Cr_7C_3最稳定；Fe_3C的形成能为正值，处于亚稳态；硼(B)、钨和钼等元素的掺杂能够提高Cr_7C_3的硬度和刚度。Ma等人研究了钴的掺杂对铁四氮晶体结构稳定性的影响，结果表明$CoFe_3N$倾向于有序构型，钴原子占据角位置，体模量增大。吴业琼和闫牧夫计算了镍掺杂铁四氮($(Fe_{1-x}Ni_x)_4N$)的性质，结果表明点阵常数和稳定性随着镍质量分数的增加而降低，氮镍共价键弱于氮铁共价键，镍掺杂提高了铁四氮的弹性，降低了铁四氮的韧性。Gil等人研究了镓掺杂的铁四氮相的晶体结构、电子结构和磁性性质。Takahashi等人采用纳米压痕和第一性原理计算两种方法研究了$\gamma'-Fe_4N$的弹性性质。

Pan等人先后研究了硼碳氮(BC_2N)的剪切强度和氮化硼(BN)的压痕强度。Jiang等人计算了氮化钒(V_2N_3)和氮化铌(Nb_2N_3)的晶体结构和弹性常数。Wang等人计算了立方和六方结构氮化钛(TiN)和氮化铝(AlN)的晶体结构和弹性性质。Hao等人计算了铼氮化物(Re_3N和Re_2N)的晶体结构、电子结构和弹性性质，得到了它们的体模量和剪切模量，为弹性各向异性。Holec等人计算了二元前过渡族金属元素氮化物(ScN、TiN、VN、YN、ZrN、NbN、LaN、HfN和TaN)和氮化铝(AlN)的弹性性质，给出了这十种氮化物的三阶弹性常数。Chen等人研究了$Fe_{16}N_2$相的电子结构和磁性性质与晶胞体积的关系，发现总磁矩随着晶胞体积的增大而增大。Brik和Ma计算了六种过渡族金属一氮化物(ScN、TiN、VN、CrN、ZrN和NbN)的电子结构和弹性性质，结果发现氮化钪和氮化钒为弹性各向同性，而其他四种氮化物为弹性各向异性。Fulcher等人估算了石盐结构的一氮化钛(TiN)、一氮化钒(VN)、一氮化锆(ZrN)、一氮化铌(NbN)、一氮化铝(AlN)和一氮化硅(SiN)以及闪锌矿结构的一氮化铝(AlN)和一氮化硼(BN)的硬度，给出了这些氮化物的弹性常数、体模量、剪切模量、弹性模量以及泊松比。Ekuma等人研究了一氮化钪(ScN)和一氮化钇(YN)的晶体结构、电子结构和弹性性质，得到了它们的晶格常数、体模量和弹性常数。Zang等人计算了铼以及铼的硼化物(Re_2B和ReB_2)、碳化物(Re_2C)和氮化物(Re_3N和Re_2N)、三硼化钨(WB_3)和三硼化钼(MoB_3)的压痕强度。Zhang等人研究了过渡族金属三硼化物和四硼化物的结构稳定性和强度。Du等人研究了氮化铼(Re_2N和ReN_2)和氮化钨(WN_2)的力学性质和氮化锰(Mn_2N)的结构稳定性。

Li等人研究了碳化钨低指数表面的电子结构和稳定性。Li等人还研究了铁和碳化钨界面的结合性质、稳定性、电子结构和键合性质。Xie等人研究了铝和镍在铁素体钢中铜析出相界面上的偏聚行为，结果表明它们能够在界面上偏聚，同时铝的偏聚增加界面的韧性，而镍的偏聚使界面变脆。Bi等人研究了硼、碳和氮在碳化钨表明的吸附行为，结果表明氮原子的吸附力最强，硼原子的吸附力最弱。

1.2.2　微结构相互作用研究进展

用第一性原理计算相互作用有许多成果。Hoshino 等人研究了铜、镍、银和钯中杂质与杂质之间的相互作用，得到了第一近邻和第二近邻杂质对之间的相互作用能，发现第一近邻杂质对之间的相互作用决定合金的行为，吸引力导致偏聚，而排斥力导致有序化。Hoshino 等人还研究了金属铝中点缺陷之间的相互作用，结果表明 3d 和 4d 元素之间及其与空位之间为排斥力。Korzhavyi 等人研究了铜合金中点缺陷之间的相互作用，发现硫(S) 和空位以及硫和铜之间的相互作用有利于硫化铜(Cu_2S) 的析出，很可能是铜合金产生晶间脆性的原因。

Stepanyuk 等人研究了 3d 元素在金表面的吸附，发现钴原子和钴团簇优先嵌入基体中，第一近邻钴原子之间为很小的吸引力。Asato 等人研究了金属铌、钼、钯和银中杂质之间的相互作用。Domain 和 Becquart 研究了金属铁和稀铁铜合金中点缺陷的性质以及两个空位之间、空位和铜原子之间、两个铜原子之间的相互作用，结果表明第二近邻的两个空位之间、第一近邻的两个铜原子之间以及空位和铜原子之间的构型最稳定。Stepanyuk 等人研究了 3d 金属原子在铜表面上的相互作用，发现磁性对这种相互作用影响很大。Tateyama 和 Ohno 研究了体心立方结构铁中氢原子和空位之间的相互作用，并提出了氢脆的微观机制。Kamminga 等人计算了铁素体钢中外来间隙氮原子与外来置换原子钛、钒、铬、钼和镍之间的相互作用，结果表明只有当氮原子与钛原子第二近邻时才相互吸引，氮原子与其他外来置换原子之间都是相互排斥的。Jiang 和 Carter 研究了碳原子在金属铁中的溶解和扩散，如图 1.2 所示，结果表明，碳原子在体心立方结构铁中的溶解焓为 0.74 eV，为吸热过程，扩散能垒为 0.86 eV；碳原子在面心立方结构铁中的溶解焓为 −0.17 eV，为放热过程，扩散能垒为 0.99 eV。

Fu 等人研究了体心立方结构铁中自间隙原子的性质，结果表明〈110〉方向哑铃型构型最稳定。Domain 等人研究了体心立方结构铁中外来间隙原子与本征点缺陷之间的相互作用。Jiang 和 Carter 研究了氢原子在体心立方结构铁表面的吸附以及扩散，结果表明氢原子优先吸附在铁的表面而不是进入亚表层和心部。Meyerheim 等人研究了金属钯中钴原子之间的相互作用，结果表明第一近邻时排斥，第二近邻时吸引。Domain 和 Becquart 研究了体心立方结构铁中磷原子的扩散行为，结果表明磷优先占据置换位置，迁移能很低(0.3 eV)。Fu 和 Willaime 研究了氦(He) 原子在体心立方结构铁中的性质，发现氦原子在间隙位置和置换位置的稳定性相似，氦原子之间相互吸引，可以形成氦气泡。Sawada 等人计算了间隙碳原子与外来置换原子钛、钒、铬、锰、钴、镍和铜之间的相互作用，结果表明碳原子与这些外来置换原子之间均为排斥力。Jiang 和 Carter 研究了碳原子在铁的(110)和(100)表面的吸附和扩散，发现碳原子强烈吸附在铁表面，并占据高配位位置。Vincent 等人计算了空位与溶质原子铜、锰、镍和硅之间以及两个溶质原子之间的相互作用。

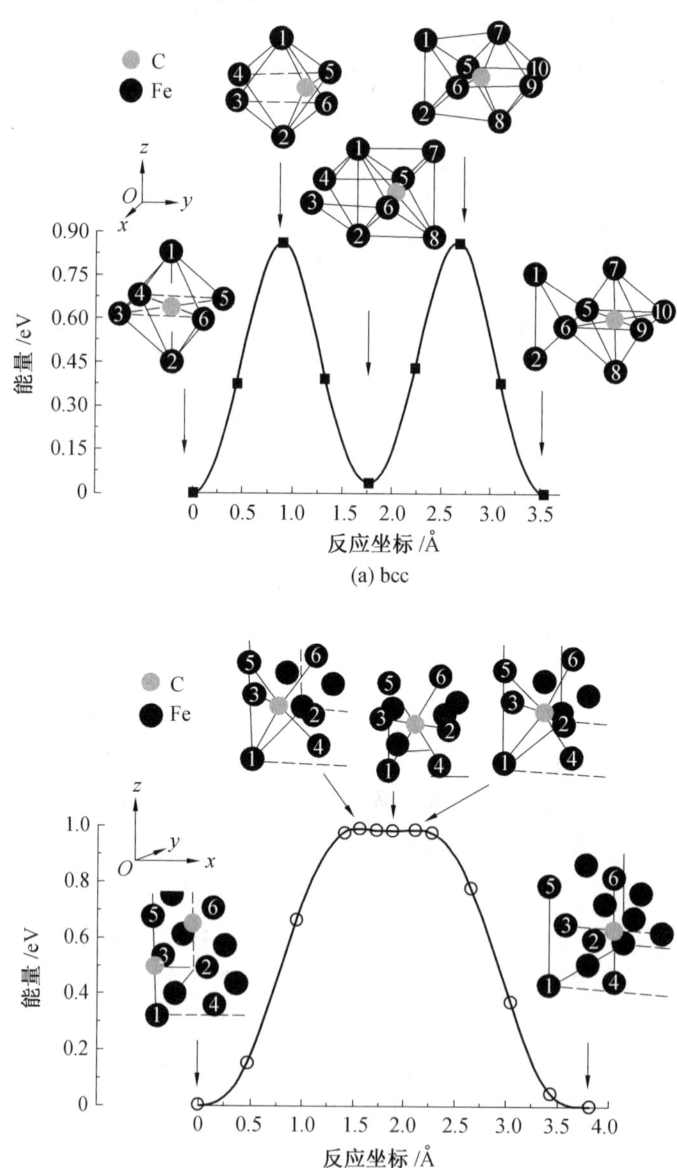

图 1.2　碳原子在体心和面心立方结构铁中扩散的最低能量路径

(1 Å = 0.1 nm)

Nguyen－Manh 等人系统地研究了自间隙原子在体心立方结构过渡族金属

中的性质,结果表明在无磁性金属中〈111〉方向哑铃型构型最稳定。Vincent等人研究了体心立方结构铁中自间隙原子与溶质原子之间的相互作用。Becquart和Domain研究了金属钨中氦原子的扩散行为,给出了迁移能,约为0.06 eV。Becquart和Domain还研究了金属钨中点缺陷和氦原子的性质,结果表明自间隙原子〈111〉方向哑铃型构型最稳定,两个空位之间相互排斥不能形成稳定构型,氦原子优先占据四面体间隙位置。Derlet等人研究了第五副族和第六副族金属中自间隙原子的性质,结果表明〈111〉方向自间隙原子的形成能最小。Olsson等人研究了体心立方结构铁中铬原子与点缺陷之间的相互作用,以及铁铬合金中外来间隙原子的迁移。Meslin等人研究了稀铁磷合金中磷原子的扩散行为。Fu等人研究了体心立方结构铁中碳原子对空位迁移的影响。Seletskaia等人研究了体心立方结构过渡族金属钒、铌、钽(Ta)、钼和钨中氦原子的性质,发现氦原子优先占据置换位置。Sandberg等人计算了体心立方结构铁中碳原子的扩散行为以及碳化物Fe_3C和$Fe_{23}C_6$的性质。Lu等人研究了稀土元素在金属钛中的性质,结果表明稀土元素吸引空位、氢原子和其他稀土元素,排斥碳和氮原子。Ohnuma等人研究了体心立方结构铁中空位与外来间隙原子(C和N)以及外来置换原子(3d过渡族金属元素钪、钛、钒、铬、锰、钴、镍、铜和锌(Zn)以及硅、磷、硫和钼)之间的相互作用。Nguyen－Manh研究了七种体心立方结构过渡族金属(钒、铌、钽、铬、钼、钨和铁(Fe))中外来间隙原子的性质以及它们在金属钨中与空位之间的相互作用,发现碳氮原子优先占据八面体位置,氢氧优先占据四面体位置,空位和碳氮原子在第四近邻范围内均为吸引力。Ortiz等人研究了α铁中碳原子对氦原子的迁移和聚集的影响。Zu等人研究了体心立方结构和面心立方结构金属中氦原子的性质。Ruban等人研究了氮和氧在密排六方结构钛、锆和铪中的有序化问题,发现氮氮和氧氧之间在第一近邻和第二近邻配位层中强烈排斥,并且以化学作用为主,在更远的配位层中化学作用和应变诱发相互作用共同作用。刘悦林等人研究了氢对钨的电子结构和理想拉伸强度的影响,并得出氢原子优先占据四面体位置。Shin和Wolverton研究了镁中溶质原子与空位的相互作用。Heinola和Ahlgren研究了金属钨中氢原子的扩散,结果表明氢原子优先占据四面体位置,扩散能垒为0.21 eV。Heinola等人研究了金属钨中氢原子与点缺陷之间的相互作用,结果表明一个空位可以捕捉五个氢原子,氢原子使得自间隙原子的构型发生变形。Olsson等人研究了体心立方结构铁中溶质原子(3d、4d和5d过渡族金属元素)的性质,以及它们与点缺陷之间的相互作用,结果表明只有锰、铜和银三种元素具有形成团簇的趋势。Amara等人研究了体心立方结构铁中铝原子的性质以及它与空位之间的相互作用,结果表明铝原子和空位之间相互吸引,一个空位可以吸引四个铝原子,而铝原子和铝原子之间相互排斥。Simonovic 等人研究了体心立方结构铁中硅和碳之间的相互作用和硅存在时碳原子的扩散行为，如图 1.3 所示，当硅替代体心位置的铁，碳原子沿不同的路径扩散时，激活能有很大的差别。

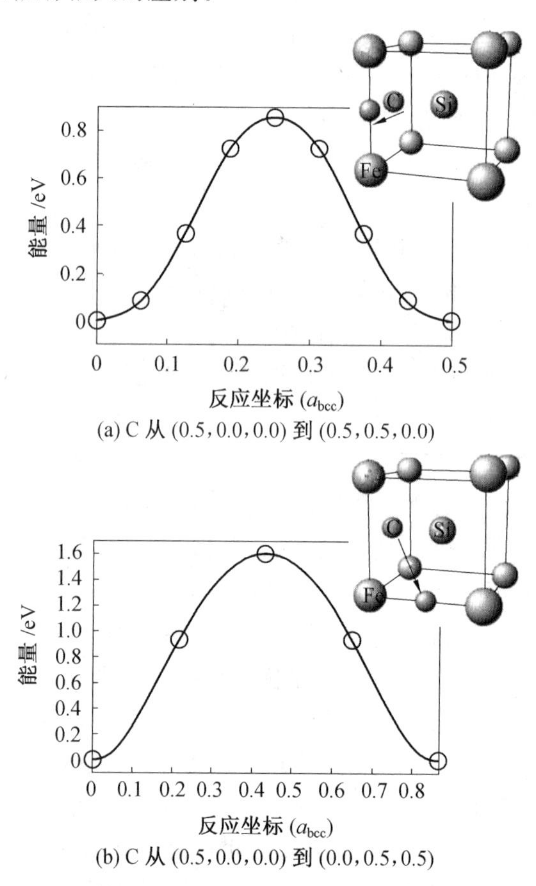

图 1.3　硅原子存在时碳原子在体心立方结构铁中扩散的最低能量路径

Choudhury 等人研究了体心立方结构铁镍合金和铁铬合金中的扩散行为，结果表明铬扩散最快，镍次之。Gorbatov 等人建立了一个数据库，用来存储空位和溶质原子在体心立方结构铁中的相互作用，其中的溶质原子包括 3p 元素（Al、Si、P、S）、3d 元素（Sc－Cu）和 4d 元素（Y－Ag）。Saal 和 Wolverton 研究了镁中稀土原子和空位的相互作用。Huber 等人研究了稀土原子在金属镁中的扩散。刘悦林等人研究了氮原子在钨中的性质，发现氮原子优先占据八面体间隙位置，扩散能垒为 0.72 eV，氮原子和空位之间相互吸引，结合能为 1.40 eV。Dmitriev 等人研究了金属铌中氧原子之间的相互作用，结果表明在头几个配位层中以化学作用为主，在更远的配位层中化学作用和应变诱发相互作用共同作用。Bogdanov 等人研究了碳在镍基固溶体中的化学和形变相互作用，发现碳原子之间的化学作用占主导。Becquart 和 Domain 综述了体心立方结构铁和钨中溶质原子和点缺陷之间的相互作用，其中点缺陷包括空位和自间隙原子，溶质原子包括外来置换原子（大多数的 3d、4d 和 5d 过渡族金属）和外来间隙原子（C、N、H 和 He）。Akshaya 等人计算了体心立方结构铁中 1 ～ 54 号溶质原子的形成能和相互作用能。

从以上的研究进展中可以看出，第一性原理计算已经成为研究碳化物、氮化物、碳氮化物、表面、界面、相互作用等各个方面的各种性质的首选工具和方法。然而，在铁基合金稀土渗碳渗氮体系中，关于碳氮原子和稀土原子的性质及其相关的相互作用研究还很少，这也正是本书的主要研究内容。

1.3　第一性原理计算方法

1.3.1　势函数及其参数

本书的第一性原理计算是基于密度泛函理论在 CASTEP 软件中进行的，用 Vanderbilt 类型的超软赝势来描述离子与电子之间的交互作用，用 Perdew－Burke－Ernzerhof 广义梯度近似（PBE－GGA）来描述交换关联能。波函数的截断能为 350 eV，电子的自洽场收敛标准为 5×10^{-7} eV/atom。

采用 Broyden－Fletcher－Goldfarb－Shanno(BFGS) 方法进行几何优化。几何优化的收敛标准为：能量变化小于 5×10^{-6} eV/atom，力小于 0.01 eV/nm，应力值小于 0.02 GPa，位移小于 5×10^{-4} nm。当四个收敛标准都得到满足时，几何优化完成。

碳氮原子只考虑外层 2s 和 2p 电子，碳原子的电子构型为 $2s^2 2p^2$，氮原子的电子构型为 $2s^2 2p^3$；铝硅原子只考虑外层 3s 和 3p 电子，铝原子的电子构型为 $3s^2 3p^1$，硅原子的电子构型为 $3s^2 3p^2$。

前 3d 过渡族金属元素同时考虑 3s、3p 和 3d、4s 电子，钛、钒和铬的电子构型分别为 $3s^2 3p^6 3d^2 4s^2$、$3s^2 3p^6 3d^3 4s^2$ 和 $3s^2 3p^6 3d^5 4s^1$；后 3d 过渡族金属元素只考虑 3d 和 4s 电子，锰、铁、钴、镍和铜的电子构型分别为 $3d^5 4s^2$、$3d^6 4s^2$、$3d^7 4s^2$、$3d^8 4s^2$ 和 $3d^{10} 4s^1$。

铌钼原子同时考虑 4s、4p 和 4d、5s 电子，铌的电子构型为 $4s^2 4p^6 4d^4 5s^1$，钼的电子构型为 $4s^2 4p^6 4d^5 5s^1$。

镧(La) 原子同时考虑 5s、5p 和 5d、6s 电子，电子构型为 $5s^2 5p^6 5d^1 6s^2$。

1.3.2　计算结果分析方法

引入外来间隙原子（碳和氮）后，体系能量的变化用溶解能来表示。溶解能以孤立外来原子能量作为参考，所得到的溶解能与实验值相差一个常数值。对于一个含有 m 个铁原子和一个外来原子(Fa)的超晶胞，外来原子的溶解能 $E_{Sol}(Fa)$ 按如下公式计算：

$$E_{Sol}(Fa) = E(Fe_m Fa) - E(Fe_m) - E(Fa_{isolated}) \tag{1.6}$$

式中　$E(Fe_m)$—— 含有 m 个铁原子的体心立方结构超晶胞的能量；

$E(Fe_m Fa)$—— 含有一个外来原子和 m 个铁原子的相同结构超晶胞的能量；

$E(Fa_{isolated})$—— 孤立外来原子的能量。

要计算孤立外来原子的能量，首先是构建一个大的超晶胞，并放入外来原子，然后计算得到它的能量。

当外来原子替代一个铁原子，成为外来置换原子(FSA)时，超晶胞中含 $m-1$ 个铁原子和一个外来置换原子(Foreign Substitutional Atom，FSA)，那么这个外来置换原子的置换能用以下公式计算：

$$E_{Sub}(FSA) = E(Fe_{m-1}FSA) - (m-1)E(Fe) - E(FSA) \tag{1.7}$$

式中　m—— 一个完整的铁超晶胞的原子数目；

$E(Fe_{m-1}FSA)$—— 含有一个外来置换原子的超晶胞的能量；

$E(Fe)$ 和 $E(FSA)$—— 铁和外来置换原子的基态能量。

置换能表示形成一个外来置换原子所需要的能。基态时，铁、钒、铬、铌和钼为体心立方结构，铝、镍和铜为面心立方结构，钛和钴为密排六方结构，硅为金刚石结构，锰为复杂立方结构，镧为六方结构。

超晶胞中含有 n 个点缺陷($A_1,\cdots,A_n$)时，点缺陷之间的相互作用能通过以下公式计算：

$$E_{Interact}(A_1,\cdots,A_n) = E(A_1+\cdots+A_n) + (n-1)E_{ref} - \sum_{i=1}^{n} E(A_i) \tag{1.8}$$

式中　E_{ref}—— 完整的体心立方结构铁的超晶胞的能量，不含有任何点缺陷；

$E(A_i)$—— 只含有一个点缺陷 A_i 的超晶胞的能量；

$E(A_1,\cdots,A_n)$—— 含有全部点缺陷的超晶胞的能量。

采用这种算法所得到的相互作用能，正、负值分别表示这些点缺陷之间相互排斥和吸引，正值越大结构越不稳定，反之结构越稳定。

对于一个含有 m 个铁原子和 n 个外来原子(Fa)的超晶胞，电子密度差分图通过以下公式来计算：

$$\Delta\rho = \rho(Fe_m Fa_n) - \sum_{i=1}^{m}\rho(Fe_i) - \sum_{j=1}^{n}\rho(Fa_j) \tag{1.9}$$

式中　$\rho(Fe_m Fa_n)$—— 超晶胞 $Fe_m Fa_n$ 的电子密度；

$\rho(Fe_i)$—— 单个铁原子的电子密度；

$\rho(Fa_j)$—— 单个外来原子的电子密度。

根据这一算法，电子密度差分图给出了由于原子之间相互作用而重新排列电子密度图，可以非常直观、真实地看到电子密度的变化。

Mulliken 键集居数是根据 Segall 等人所描述的公式来进行计算的，在 CASTEP 软件中运行。在 CASTEP 中集居数的计算采用 Sanchez－Portal 等人提出的方法，集居数的分析是根据 Mulliken 公式。正负键集居数分别对应成键状态和反键状态。当键集居数为零时，原子之间的相互作用力很小。当键集居数大于零时，这个键的共价性增加。键集居数正值越大，共价性越强；相反，键集居数负值越小，反键性越强。

参考文献

[1] 吴业琼. 纳米晶化 18Ni 合金稀土共渗层晶粒组织特征和生成相性质[D]. 哈尔滨：哈尔滨工业大学，2011.

[2] THOMAS L H. The calculation of atomic fields[J]. Mathematical Proceedings of the Cambridge Philosophical Society，1927，23(5)：542-548.

[3] HOHENBERG P，KOHN W. Inhomogeneous electron gas[J]. Physical Review，1964，136(3B)：B864-B871.

[4] KOHN W，SHAM L J. Self-consistent equations including exchange and correlation effects[J]. Physical Review，1965，140(4A)：A1133-A1138.

[5] 谢希德，陆栋. 固体能带理论[M]. 上海：复旦大学出版社，2000.

[6] KOCH W，HOLTHAUSEN M C. A Chemist's guide to density functional theory[M]. Germany：Wiley，2001.

[7] MITÁŠ L，MARTIN R M. Quantum Monte Carlo of nitrogen：atom，dimer，atomic，and molecular solids[J]. Physical Review Letters，1994，72(15)：2438-2441.

[8] GROSSMAN J C，MITAS L，RAGHAVACHARI K. Structure and stability of molecular carbon：importance of electron correlation[J]. Physical Review Letters，1995，75(21)：3870-3873.

[9] SANDRATSKII L M，BRUNO P. Exchange interactions and curie temperature in (Ga，Mn)As[J]. Physical Review B，2002，66(13)：134435.

[10] MEDVEDEVA N I，KAR'KINA L E，IVANOVSKI-A L. Effect of chromium on the electronic structure of the cementite Fe_3C[J]. Physics of the Solid State，2006，48(1)：15-19.

[11] SHEIN I R，MEDVEDEVA N I，IVANOVSKII A L. Electronic structure

and magnetic properties of Fe_3C with 3d and 4d impurities[J]. Physica Status Solidi(b),2007,244(6):1971-1981.

[12] ZHOU C T,XIAO B,FENG J,et al. First principles study on the elastic properties and electronic structures of $(Fe,Cr)_3C$[J]. Computational Materials Science,2009,45(4):986-992.

[13] JANG J H,KIM I G,BHADESHIA H K D H. Substitutional solution of silicon in cementite:a first-principles study[J]. Computational Materials Science,2009,44(4):1319-1326.

[14] JANG J H,KIM I G,BHADESHIA H K D H. First-principles calculations and the thermodynamics of cementite[J]. Materials Science Forum,2010,638-642:3319-3324.

[15] ANDE C K,SLUITER M H F. First-principles prediction of partitioning of alloying elements between cementite and ferrite[J]. Acta Materialia, 2010,58(19):6276-6281.

[16] WANG C X,LV Z Q,FU W T,et al. Electronic properties, magnetic properties and phase stability of alloyedcementite $(Fe,M)_3C$ (M=Co, Ni) from density-functional theory calculations[J]. Solid State Sciences, 2011,13(8):1658-1663.

[17] LV Z Q,FU W T,SUN S H,et al. Structural,electronic and magnetic properties of cementite-type Fe_3X(X = B,C,N) by first-principles calculations[J]. Solid State Sciences,2010,12(3):404-408.

[18] JOSH S G,JAMAL U,THOMAS R C,et al. First-principle study of structure and stability of nickel carbides[J]. Journal of Physics: Condensed Matter,2010,22(44):445503.

[19] FANG C M,VAN HUIS M A,ZANDBERGEN H W. Structure and stability of Fe_2C phases from density-functional theory calculations[J]. Scripta Materialia,2010,63(4):418-421.

[20] LI H,ZHANG L,ZENG Q,et al. Structural,elastic and electronic properties of transition metal carbides TMC (TM = Ti,Zr,Hf and Ta) from first-principles calculations[J]. Solid State Communications,2011, 151(8):602-606.

[21] LI Y,GAO Y,XIAO B,et al. The electronic,mechanical properties and theoretical hardness of chromium carbides by first-principles calculations[J]. Journal of Alloys and Compounds,2011,509(17): 5242-5249.

[22] HAO A M,ZHOU T J,ZHU Y,et al. First-principles investigation of the electronic,elastic and thermodynamic properties of VC under high pressure[J]. Chinese Physics B,2011,20(4):047103.

[23] FENG W,CUI S,HU H,et al. Electronic structure and elastic constants of TiC_xN_{1-x}, $Zr_xNb_{1-x}C$ and HfC_xN_{1-x} alloys:a first-principles study[J]. Physica B:Condensed Matter,2011,406(19):3631-3635.

[24] FANG C M,VAN HUIS M A,ZANDBERGEN H W. Stability and structures of the ε-phases of iron nitrides and iron carbides from first principles[J]. Scripta Materialia,2011,64(3):296-299.

[25] FANG C M,VAN HUIS M A,JANSEN J,et al. Role of carbon and nitrogen in Fe_2C and Fe_2N from first-principles calculations[J]. Physical Review B,2011,84(9):094102.

[26] XIAO B,FENG J,ZHOU C T,et al. Mechanical properties and chemical bonding characteristics of Cr_7C_3 type multicomponent carbides[J]. Journal of Applied Physics,2011,109(2):023507-9.

[27] ANDE C,SLUITER M F. First-principles calculations on stabilization of iron carbides (Fe_3C,Fe_5C_2,and η-Fe_2C) in steels by common alloying elements[J]. Metallurgical and Materials Transactions A,2012,43(11):4436-4444.

[28] JANG J H,LEE C H,HEO Y U,et al. Stability of (Ti,M) C(M=Nb,V,Mo and W) carbide in steels using first-principles calculations[J]. Acta Materialia,2012,60(1):208-217.

[29] ZHANG W H,LV Z Q,SHI Z P,et al. Electronic,magnetic and elastic properties of ε-phases Fe_3X (X=B,C,N) from density-functional theory calculations[J]. Journal of Magnetism and Magnetic Materials,2012,324(14):2271-2276.

[30] SHI Y J,DU Y L,CHEN G. First-principles study on the elastic and electronic properties of hexagonal ε-Fe_3N[J]. Computational Materials Science,2013,67:341-345.

[31] WANG B,LIU Y,LIU Y,et al. Mechanical properties and electronic structure of TiC,$Ti_{0.75}W_{0.25}C$,$Ti_{0.75}W_{0.25}C_{0.75}N_{0.25}$,$TiC_{0.75}N_{0.25}$ and TiN[J]. Physica B:Condensed Matter,2012,407(13):2542-2548.

[32] KRASNENKO V,BRIK M G. First-principles calculations of hydrostatic pressure effects on the structural,elastic and thermodynamic properties of cubic monocarbides XC (X = Ti,V,Cr,Nb,Mo,Hf)[J]. Solid State

Sciences,2012,14(10):1431-1444.

[33] KIM J,KANG S. Elastic and thermo-physical properties of TiC,TiN,and their intermediate composition alloys using ab initio calculations[J]. Journal of Alloys and Compounds,2012,528:20-27.

[34] MOHN P,MATAR S F. The γ-Fe_4N system revisited:an ab initio calculation study of the magnetic interactions[J]. Journal of Magnetism and Magnetic Materials,1999,191(1-2):234-240.

[35] MUSIC D,SCHNEIDER J M. Elastic properties of MFe_3N (M = Ni,Pd,Pt) studied by ab initio calculations[J]. Applied Physics Letters,2006,88(3):031914.

[36] CHEN L. Electronic structure and magnetism of $Fe_{4-x}Mn_xN$ compounds [J]. Journal of Applied Physics,2006,100(11):113717.

[37] WU Z,MENG J. Elastic and electronic properties of $CoFe_3N$,$RhFe_3N$,and $IrFe_3N$ from first principles[J]. Applied Physics Letters,2007,90(24):241901.

[38] ZHAO E,XIANG H,MENG J,et al. First-principles investigation on the elastic,magnetic and electronic properties of MFe_3N(M = Fe,Ru,Os)[J]. Chemical Physics Letters,2007,449(1-3):96-100.

[39] GRESSMANN T,WOHLSCHLÖGEL M,SHANG S,et al. Elastic anisotropy of γ'-Fe_4N and elastic grain interaction in γ'-Fe_4N_{1-y} layers on α-Fe:first-principles calculations and diffraction stress measurements [J]. Acta Materialia,2007,55(17):5833-5843.

[40] YAN M F,WU Y Q,LIU R L. Plasticity and ab initio characterizations on Fe_4N produced on the surface of nanocrystallized 18Ni-maraging steel plasma nitrided at lower temperature[J]. Applied Surface Science,2009,255(21):8902-8906.

[41] YANG J,SUN H,CHEN C. Anomalous strength anisotropy of γ'-Fe_4N identified by first-principles calculations[J]. Applied Physics Letters,2009,94(15):151914.

[42] XIAO B,XING J D,FENG J,et al. A comparative study of Cr_7C_3,Fe_3C and Fe_2B in cast iron both from ab initio calculations and experiments [J]. Journal of Physics D:Applied Physics,2009,42(11): 115415.

[43] MA X G,JIANG J J,LIANG P,et al. Structural stability and magnetism of γ'-Fe_4N and $CoFe_3N$ compounds[J]. Journal of Alloys and Compounds,2009,480(2):475-480.

[44] WU Y Q,YAN M F. Electronic structure and properties of $(Fe_{1-x}Ni_x)_4N$ $(0 \leqslant x \leqslant 1.0)$[J]. Physica B:Condensed Matter,2010,405 (12): 2700-2705.

[45] GIL REBAZA A V,DESIMONI J,KURIAN S,et al. Ab initio study of the structural,electronic,magnetic,and hyperfine properties of $Ga_xFe_{4-x}N$ $(0.00 \leqslant x \leqslant 1.00)$ nitrides[J]. The Journal of Physical Chemistry C, 2011,115(46):23081-23089.

[46] TAKAHASHI T,BURGHAUS J,MUSIC D,et al. Elastic properties of γ'-Fe_4N probed by nanoindentation and ab initio calculation[J]. Acta Materialia,2012,60(5):2054-2060.

[47] PAN Z,SUN H,CHEN C. Colossal shear-strength enhancement of low-density cubic BC_2N by nanoindentation[J]. Physical Review Letters, 2007,98(13):135505.

[48] PAN Z,SUN H,ZHANG Y,et al. Harder than diamond:superior indentation strength of wurtzite BN and lonsdaleite[J]. Physical Review Letters,2009,102(5):055503.

[49] JIANG C,LIN Z,ZHAO Y. First principles prediction of vanadium and niobium nitrides with M_2N_3 stoichiometry[J]. Scripta Materialia,2010, 63(5):532-535.

[50] WANG A J,SHANG S L,DU Y,et al. Structural and elastic properties of cubic and hexagonal TiN and AlN from first-principles calculations[J]. Computational Materials Science,2010,48(3):705-709.

[51] HAO X,XU Y,LI Z,et al. Elastic properties of novel rhenium nitrides from first principles[J]. Physica Status Solidi(b),2011,248(9): 2107-2111.

[52] HOLEC D,FRIÁK M,NEUGEBAUER J,et al. Trends in the elastic response of binary early transition metal nitrides[J]. Physical Review B, 2012,85(6):064101.

[53] CHEN Y,SONG Q,YAN H,et al. Volume dependence of electronic structure and magnetic properties of $Fe_{16}N_2$[J]. Physica B:Condensed Matter,2012,407(3):519-522.

[54] BRIK M G,MA C G. First-principles studies of the electronic and elastic properties of metal nitrides XN (X = Sc,Ti,V,Cr,Zr,Nb)[J]. Computational Materials Science,2012,51(1):380-388.

[55] FULCHER B D,CUI X Y,DELLEY B,et al. Hardness analysis of cubic metal mononitrides from first principles[J]. Physical Review B,2012,

85(18):184106.

[56] EKUMA C E,BAGAYOKO D,JARRELL M,et al. Electronic,structural, and elastic properties of metal nitrides XN (X = Sc,Y):a first principle study[J]. AIP Advances,2012,2(3):032163.

[57] ZANG C,SUN H,TSE J S,et al. Indentation strength of ultraincompressible rhenium boride,carbide,and nitride from first-principles calculations[J]. Physical Review B,2012,86(1):014108.

[58] ZANG C,SUN H,CHEN C. Unexpectedly low indentation strength of WB_3 and MoB_3 from first principles[J]. Physical Review B,2012, 86(18):180101.

[59] ZHANG R F,LEGUT D,LIN Z J,et al. Stability and strength of transition-metal tetraborides and triborides[J]. Physical Review Letters, 2012,108(25):255502.

[60] DU X P,WANG Y X,LO V C. Investigation of tetragonal ReN_2 and WN_2 with high shear moduli from first-principles calculations[J]. Physics Letters A,2010,374(25):2569-2574.

[61] DU X P,LO V C,WANG Y X. The effect of structure and phase transformation on the mechanical properties of Re_2N and the stability of Mn_2N[J]. Journal of Computational Chemistry,2012,33(1):18-24.

[62] LI Y,GAO Y,XIAO B,et al. Theoretical study on the electronic properties and stabilities of low-index surfaces of WC polymorphs[J]. Computational Materials Science,2011,50(3):939-948.

[63] LI Y,GAO Y,XIAO B,et al. Theoretical calculations on the adhesion, stability,electronic structure,and bonding of Fe/WC interface[J]. Applied Surface Science,2011,257(13):5671-5678.

[64] XIE Y P,ZHAO S J. First principles study of Al and Ni segregation to the α-Fe/Cu(100)coherent interface and their effects on the interfacial cohesion[J]. Computational Materials Science,2012,63:329-335.

[65] BI K,LIU J,DAI Q. First-principles study of boron,carbon and nitrogen adsorption on WC(100) surface[J]. Applied Surface Science,2012,258(10): 4581-4587.

[66] HOSHINO T,SCHWEIKA W,ZELLER R,et al. Impurity-impurity interactions in Cu,Ni,Ag,and Pd[J]. Physical Review B,1993,47(9): 5106-5117.

[67] HOSHINO T,ZELLER R,DEDERICHS P H. Local-density-functional

calculations for defect interactions in Al[J]. Physical Review B, 1996, 53(14): 8971-8974.

[68] KORZHAVYI P A, ABRIIKOSOV I A, JOHANSSON B. Theoretical investigation of the defect interactions in dilute copper alloys intended for nuclear waste containers[J]. MRS Proceedings, 1999, 556: 895.

[69] STEPANYUK V S, HERGERT W, RENNERT P. Co adatoms on Au (100): energetics of site exchange[J]. Computational Materials Science, 2000, 17(2-4): 309-311.

[70] STEPANYUK V S, HERGERT W. Energetics of surface alloying: 3d adatoms on the Au(100) surface[J]. Physical Review B, 2000, 62(11): 7542-7544.

[71] ASATO M, MIZUNO T, HOSHINO T, et al. Full-potential KKR calculations for point defect energies in metals, based on the generalized-gradient approximation: II. impurity-impurity interaction energies and phase diagrams[J]. Materials Transactions, 2001, 42(11): 2216-2224.

[72] DOMAIN C, BECQUART C S. Ab initio calculations of defects in Fe and dilute Fe-Cu alloys[J]. Physical Review B, 2001, 65(2): 024103.

[73] BECQUART C S, DOMAIN C. Ab initio contribution to the study of complexes formed during dilute FeCu alloys radiation[J]. Nuclear Instruments and Methods in Physics Research Section B: Beam Interactions with Materials and Atoms, 2003, 202: 44-50.

[74] STEPANYUK V S, BARANOV A N, HERGERT W, et al. Ab initio study of interaction between magnetic adatoms on metal surfaces[J]. Physical Review B, 2003, 68(20): 205422.

[75] TATEYAMA Y, OHNO T. Stability andclusterization of hydrogen- vacancy complexes in α-Fe: an ab initio study[J]. Physical Review B, 2003, 67(17): 174105.

[76] KAMMINGA J D, KLAVER T P C, NAKATA K, et al. The interaction of N with atomically dispersed Ti, V, Cr, Mo, and Ni in ferritic steel[J]. Journal of Computer-Aided Materials Design, 2003, 10(1): 1-11.

[77] JIANG D E, CARTER E A. Carbon dissolution and diffusion in ferrite and austenite from first principles[J]. Physical Review B, 2003, 67(21): 214103.

[78] FU C C, WILLAIME F, ORDEJÓN P. Stability and mobility of

mono-and di-interstitials in α-Fe[J]. Physical Review Letters, 2004, 92(17): 175503.

[79] DOMAIN C, BECQUART C S, FOCT J. Ab initio study of foreign interstitial atom (C, N) interactions with intrinsic point defects in α-Fe[J]. Physical Review B, 2004, 69(14): 144112.

[80] BECQUART C S, DOMAIN C, FOCT J. Ab initio calculations of some atomic and point defect interactions involving C and N in Fe[J]. Philosophical Magazine, 2005, 85(4-7): 533-540.

[81] JIANG D E, CARTER E A. Diffusion of interstitial hydrogen into and through bcc Fe from first principles[J]. Physical Review B, 2004, 70(6): 064102.

[82] MEYERHEIM H L, STEPANYUK V, KLAVSYUK A L, et al. Structure and atomic interactions at the Co/Pd (001) interface: surface X-ray diffraction and atomic-scale simulations[J]. Physical Review B, 2005, 72(11): 113403.

[83] DOMAIN C, BECQUART C S. Diffusion of phosphorus in α-Fe: an ab initio study[J]. Physical Review B, 2005, 71(21): 214109.

[84] FU C C, WILLAIME F. Ab initio study of helium in α-Fe: dissolution, migration, and clustering with vacancies[J]. Physical Review B, 2005, 72(6): 064117.

[85] SAWADA H, KAWAKAMI K, SUGIYAMA M. Interaction between substitutional and interstitial elements in alpha iron studied by first-principles calculation[J]. Materials Transactions, 2005, 46(6): 1140-1147.

[86] JIANG D E, CARTER E A. Carbon atom adsorption on and diffusion into Fe(110) and Fe(100) from first principles[J]. Physical Review B, 2005, 71(4): 045402.

[87] VINCENT E, BECQUART C S, DOMAIN C. Ab initio calculations of vacancy interactions with solute atoms in bcc Fe[J]. Nuclear Instruments and Methods in Physics Research Section B: Beam Interactions with Materials and Atoms, 2005, 228(1-4): 137-141.

[88] VINCENT E, BECQUART C S, DOMAIN C. Solute interaction with point defects in α Fe during thermal ageing: a combined ab initio and atomic kinetic monte carlo approach[J]. Journal of Nuclear Materials, 2006, 351(1-3): 88-99.

[89] NGUYEN-MANH D,HORSFIELD A P,DUDAREV S L. Self-interstitial atom defects in bcc transition metals:group-specific trends[J]. Physical Review B,2006,73(2):020101.

[90] VINCENT E,BECQUART C S,DOMAIN C. Ab initio calculations of self-interstitial interaction and migration with solute atoms in bcc Fe[J]. Journal of Nuclear Materials,2006,359(3):227-237.

[91] BECQUART C S,DOMAIN C. Migration energy of He in W revisited by ab initio calculations[J]. Physical Review Letters,2006,97(19): 196402.

[92] BECQUART C S,DOMAIN C. Ab initio calculations about intrinsic point defects and He in W[J]. Nuclear Instruments and Methods in Physics Research Section B:Beam Interactions with Materials and Atoms,2007,255(1):23-26.

[93] DERLET P M,NGUYEN-MANH D,DUDAREV S L. Multiscale modeling of crowdion and vacancy defects in body-centered-cubic transition metals[J]. Physical Review B,2007,76(5):054107.

[94] OLSSON P,DOMAIN C,WALLENIUS J. Ab initio study of Cr interactions with point defects in bcc Fe[J]. Physical Review B,2007,75(1):014110.

[95] OLSSON P. Ab initio study of interstitial migration in Fe-Cr alloys[J]. Journal of Nuclear Materials,2009,386-388:86-89.

[96] MESLIN E,FU C C,BARBU A,et al. Theoretical study of atomic transport via interstitials in dilute Fe-P alloys[J]. Physical Review B,2007,75(9):094303.

[97] FU CC,MESLIN E,BARBU A,et al. Effect of C on vacancy migration in α-iron[J]. Solid State Phenomena,2008,139:157-164.

[98] SELETSKAIA T,OSETSKY Y,STOLLER R E,et al. First-principles theory of the energetics of He defects in bcc transition metals[J]. Physical Review B,2008,78(13):134103.

[99] SANDBERG N,HENRIKSSON K O E,WALLENIUS J. Carbon impurity dissolution and migration in bcc Fe-Cr:first-principles calculations[J]. Physical Review B,2008,78(9):094110.

[100] LU S,HU Q M,YANG R,et al. Rare earth elements in α-Ti:a first-principles investigation[J]. Computational Materials Science,2009,46(4):1187-1191.

[101] OHNUMA T,SONEDA N,IWASAWA M. First-principles calculations

of vacancy-solute element interactions in body-centered cubic iron[J]. Acta Materialia,2009,57(20):5947-5955.

[102] NGUYEN-MANH D. Ab-initio modelling of point defect-impurity interaction in tungsten and other BCC transition metals[J]. Advanced Materials Research,2009,59:253-256.

[103] ORTIZ C J,CATURLA M J,FU C C,et al. Influence of carbon on the kinetics of He migration and clustering in α-Fe from first principles[J]. Physical Review B,2009,80(13):134109.

[104] ZU X T,YANG L,GAO F,et al. Properties of helium defects in bcc and fcc metals investigated with density functional theory[J]. Physical Review B,2009,80(5):054104.

[105] RUBAN A V,BAYKOV V I,JOHANSSON B,et al. Oxygen and nitrogeninterstitial ordering in hcp Ti,Zr,and Hf:An ab initio study[J]. Physical Review B,2010,82(13):134110.

[106] LIU Y L,ZHOU H B,JIN S,et al. Effects of H on electronic structure and ideal tensile strength of W:a first-principles calculation[J]. Chinese Physics Letters,2010,27(12):127101.

[107] SHIN D,WOLVERTON C. First-principles study of solute-vacancy binding in magnesium[J]. Acta Materialia,2010,58(2):531-540.

[108] HEINOLA K,AHLGREN T. Diffusion of hydrogen in bcc tungsten studied with first principle calculations[J]. Journal of Applied Physics, 2010,107(11):113531-8.

[109] HEINOLA K,AHLGREN T,NORDLUND K,et al. Hydrogen interaction with point defects in tungsten[J]. Physical Review B,2010, 82(9):094102.

[110] OLSSON P,KLAVER T P C,DOMAIN C. Ab initio study of solute transition-metal interactions with point defects in bcc Fe[J]. Physical Review B,2010,81(5):054102.

[111] AMARA H,FU CC,SOISSON F,et al. Aluminum and vacancies in α-iron: dissolution, diffusion, and clustering[J]. Physical Review B,2010, 81(17):174101.

[112] SIMONOVIC D,ANDE C K,DUFF A I,et al. Diffusion of carbon in bcc Fe in the presence of Si[J]. Physical Review B,2010,81(5):054116.

[113] CHOUDHURY S,BARNARD L,TUCKER J D,et al. Ab-initio based modeling of diffusion in dilute bcc Fe-Ni and Fe-Cr alloys and

implications for radiation induced segregation[J]. Journal of Nuclear Materials, 2011, 411(1-3): 1-14.

[114] GORBATOV O I, KORZHAVYI P A, RUBAN A V, et al. Vacancy-solute interactions in ferromagnetic and paramagnetic bcc iron: ab initio calculations[J]. Journal of Nuclear Materials, 2011, 419(1-3): 248-255.

[115] SAAL J E, WOLVERTON C. Solute-vacancy binding of the rare earths in magnesium from first principles[J]. Acta Materialia, 2012, 60(13-14): 5151-5159.

[116] HUBER L, ELFIMOV I, ROTTLER J, et al. Ab initio calculations of rare-earth diffusion in magnesium[J]. Physical Review B, 2012, 85(14): 144301.

[117] LIU Y L, JIN S, ZHANG Y. Interaction between impurity nitrogen and tungsten: a first-principles investigation[J]. Chinese Physics B, 2012, 21(1): 016105.

[118] DMITRIEV VV, BLANTER M S, RUBAN A V, et al. Ab initio based investigation of interstitial interactions and snoek relaxation in Nb-O[J]. Journal of Physics and Chemistry of Solids, 2012, 73(2): 182-187.

[119] DMITRIEV V, BLANTER M, RUBAN A. Interaction of interstitial nitrogen atoms in Nb: ab initio calculations[J]. Bulletin of the Russian Academy of Sciences: Physics, 2012, 76(1): 1-6.

[120] BOGDANOV V I, POPOV V A, PORTNOI V K, et al. Chemical and deformational interactions in solid solution of carbon in nickel[J]. The Physics of Metals and Metallography, 2012, 113(9): 831-835.

[121] BECQUART C S, DOMAIN C. Solute-point defect interactions in bcc systems: focus on first principles modelling in W and RPV steels[J]. Current Opinion in Solid State and Materials Science, 2012, 16(3): 115-125.

[122] DEVI E A, CHINNAPPAN R, SUNDAR C S. First-principles study of interaction energies of atomic defects in bcc ferromagnetic iron[J]. Physical Review B, 2018, 98(14): 144104.

[123] SEGALL M D, PHILIP J D L, PROBERT M J, et al. First-principles simulation: ideas, illustrations and the CASTEP code[J]. Journal of Physics: Condensed Matter, 2002, 14(11): 2717.

[124] CLARK S J, SEGALL M D, PICKARD C J, et al. First principles

methods using CASTEP[J]. Zeitschrift Für Kristallographie,2005,220:567-570.

[125] VANDERBILT D. Soft self-consistent pseudopotentials in a generalized eigenvalue formalism[J]. Physical Review B,1990,41(11):7892-7895.

[126] PERDEW J P,BURKE K,ERNZERHOF M. Generalized gradient approximation made simple[J]. Physical Review Letters,1996,77(18):3865-3868.

[127] FISCHER T H,ALMLOF J. General methods for geometry and wave function optimization[J]. The Journal of Physical Chemistry,1992,96(24):9768-9774.

[128] SEGALL M D,PICKARD C J,SHAH R,et al. Population analysis in plane wave electronic structure calculations[J]. Molecular Physics,1996,89(2):571-577.

[129] SEGALL M D,SHAH R,PICKARD C J,et al. Population analysis of plane-wave electronic structure calculations of bulk materials[J]. Physical Review B,1996,54(23):16317-16320.

[130] SANCHEZ-PORTAL D,ARTACHO E,SOLER J M. Projection of plane-wave calculations into atomic orbitals[J]. Solid State Communications,1995,95(10):685-690.

[131] MULLIKEN R S. Electronic population analysis on LCAO-MO molecular wave functions. I[J]. The Journal of Chemical Physics,1955,23(10):1833.

第2章　热扩渗碳氮氧在体心立方结构铁中的行为

渗碳、渗氮以及碳氮共渗是铁基合金重要的表面强化工艺。引入碳氮原子后，材料表面的机械性能显著提高。氧化常用来提高铁基合金渗碳和渗氮改性层的耐蚀性。然而，无其他合金元素存在时，纯铁渗碳氮后，渗层中碳氮原子的行为需要进一步研究，包括碳氮原子的占位和性质、两个外来间隙原子之间的相互作用、碳氮原子与空位的相互作用、碳氮原子与自间隙原子之间的相互作用、碳氮原子扩散的驱动力、氧原子的占位及其与碳原子、空位之间的相互作用。针对这些问题，本章采用第一性原理方法进行了系统的研究。

2.1　碳氮原子的占位及其相互作用

2.1.1　碳氮原子的占位和性质

α－Fe为体心立方结构，用符号Cfg_{Fe}^{BCC}表示，如图2.1所示。几何优化后，得到的平衡点阵常数a_0为0.282 nm，每个铁原子的磁矩为2.20μ_B，略小于实验值0.286 mn和2.22μ_B。

在体心立方结构铁中近邻铁原子之间的成键性质可以通过键集居数来确定，如表2.1所示，1nn(first nearest neighbor)和2nn(second nearest neighbor)分别表示第一近邻和第二近邻。正负键集居数分别代表成键状态和反键状态。键集居数接近零表示成键的两个原子之间没有显著的相互作用。键集居数为较大的正值表示它具有较高的共价性。在体心立方结构铁中，每个铁原子与第一近邻的8个铁原子和第二近邻的6个铁原子分别成键。第一近邻的两个铁原子之间成键的键长为0.244 nm，键集居数为0.26，介于离子键和共价键之间，称为金属键。第二近邻的两个铁原子之间成键的键长为0.282 nm，键集居数为0.08，接近零，表示这两个原子之间的相互作用很小。

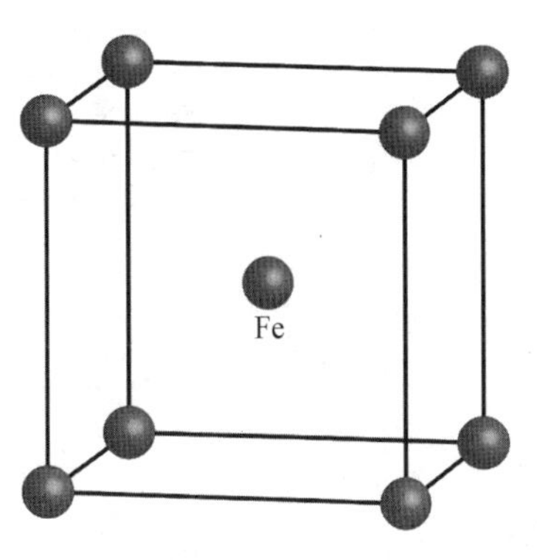

图2.1　体心立方结构铁

表 2.1 近邻铁原子之间的键集居数和键长

构型	键	键的数量	键集居数	键长 /nm
Cfg_{Fe}^{BCC}	Fe—Fe(1nn)	8	0.26	0.244
	Fe—Fe(2nn)	6	0.08	0.282

铁原子外层电子在不同轨道上的态密度(DoS) 如图 2.2 所示。

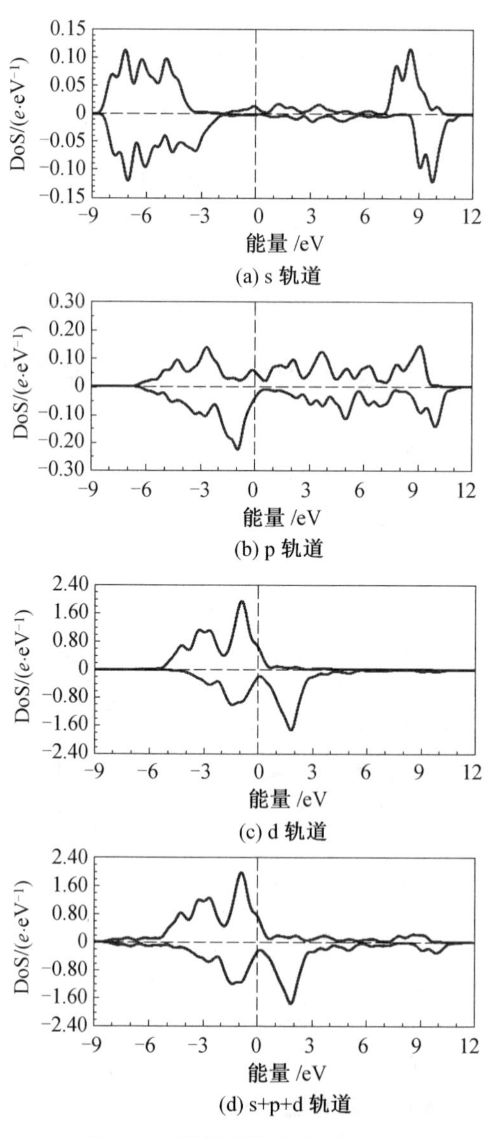

图 2.2 铁原子的态密度(DoS)

铁原子s轨道上电子的态密度较低,最高值为0.12 e/eV,主要分布在低能级−9.0 ~−3.0 eV和高能级7.0 ~ 11.0 eV处。在低能级处自旋向上电子和自旋向下电子的态密度呈对称分布,而在高能级处自旋向下的电子(9.8 eV) 比自旋向上的电子(8.5 eV) 能级高1.3 eV。p轨道上电子的态密度比s轨道上电子态密度略高,约为0.20 e/eV,不均匀地分布在−7 ~ 11 eV范围内,自旋向下的电子(10.0 eV) 比自旋向上的电子(9.1 eV) 能级高0.9 eV。铁原子外层电子主要分布在d轨道上,电子态密度最大处达到1.95 e/eV。自旋向下的电子态密度最大值处能级为1.9 eV,自旋向上的电子态密度最大值处能级为−0.9 eV,相差2.8 eV。图2.2(d) 中曲线给出了铁原子的总态密度,自旋向上电子的态密度峰出现在−0.9 eV能级上,态密度为1.98 e/eV;自旋向下电子的态密度峰出现在−1.9 eV能级上,态密度为−1.76 e/eV。

在体心立方结构铁中,外来原子(Foreign Atom,FA) 可能占据三个位置,即置换位置(Substitutional,S)、八面体间隙位置(Octahedral,O) 和四面体间隙位置(Tetrahedral,T),如图2.3所示。

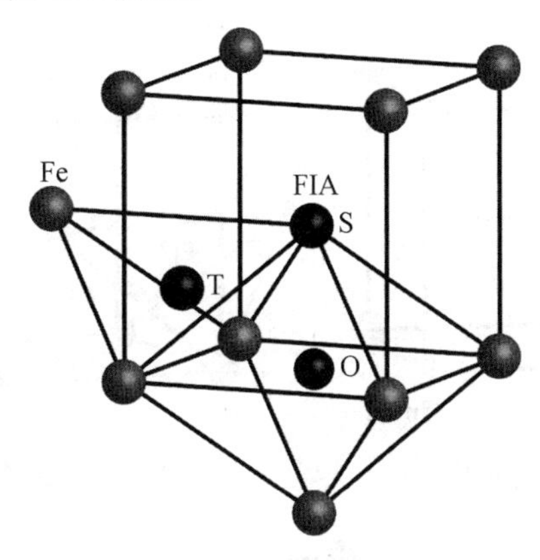

图2.3　体心立方结构铁中外来原子可能占据三个位置

不同外来原子的最优占据位置可以根据溶解能来确定。表2.2列出了碳氮原子占据不同位置时的溶解能及其迁移能。当碳氮原子位于八面体间隙位置时,溶解能最小。也就是说,碳和氮原子在体心立方结构铁中占据八面体间隙位置时最稳定。因此,碳和氮原子也可以称为外来间隙原子(Foreign Interstitial Atom,FIA)。

当外来间隙原子从一个八面体间隙位置迁移到第一近邻的另一个八面体间隙位置时,四面体间隙位置正好处于中间位置,即四面体间隙位置为碳氮原子迁移的鞍点。从而,碳氮原子的迁移能可以用公式 $\Delta E[(\mathrm{T})-(\mathrm{O})]$ 计算。计算结果表明:在体心立方结构铁中,碳原子的迁移能为0.95 eV,氮原子的迁移能为0.79 eV,碳原子的迁移能比氮原子大0.16 eV。

表 2.2　碳氮原子占据不同位置时的溶解能及其迁移能

构型	E_{Sol}^{C}/eV	E_{Sol}^{N}/eV
Cfg_{FIA}^{S}	−4.75	−1.71
Cfg_{FIA}^{T}	−6.20	−4.05
Cfg_{FIA}^{O}	−7.15	−4.84
$\Delta E[(T)-(O)]$	0.95	0.79

在体心立方结构铁中八面体间隙的半径为$(2-\sqrt{3})a_0/4=0.019$ nm，四面体间隙的半径为$(\sqrt{5}-\sqrt{3})a/4=0.035$ nm，而碳原子和氮原子的半径分别为0.067 nm和0.056 nm，均大于四面体和八面体间隙的半径，所以近邻的铁原子将被推开，为碳原子和氮原子留出更大的空间。碳氮原子占据置换位置、四面体间隙位置和八面体间隙位置时，第一近邻和第二近邻铁原子的位置如图 2.4 所示。

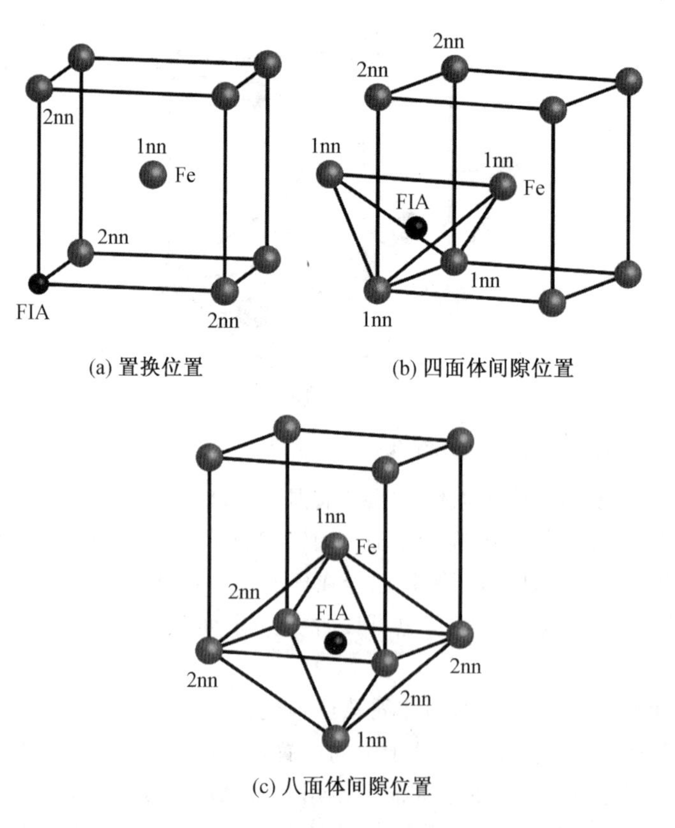

(a) 置换位置　　(b) 四面体间隙位置

(c) 八面体间隙位置

图 2.4　外来原子占据不同位置时近邻铁原子的位置

表 2.3 列出了碳氮原子占据不同位置时，弛豫前后与近邻铁原子之间距离的变化。

表 2.3　碳氮原子占据不同位置时近邻铁原子的弛豫

构型	近邻原子	原子数	$\frac{\Delta d}{d_0^{C}}$/%	$\frac{\Delta d}{d_0^{N}}$/%
Cfg_{FIA}^{S}	1	8	−4.7	−4.2
	2	6	1.3	2.2
Cfg_{FIA}^{T}	1	4	14.2	12.6
	2	4	−3.1	−1.2
Cfg_{FIA}^{O}	1	2	24.2	23.6
	2	4	−1.6	−1.9

当碳氮原子占据置换位置时，有 8 个第一近邻和 6 个第二近邻的铁原子。第一近邻的铁原子向碳氮原子靠拢，分别移动了原始距离的 −4.7% 和 −4.2%，铁碳原子间的距离较铁氮原子间的距离略近。而第二近邻的铁原子则远离碳氮原子，分别移动了原始距离的 1.3% 和 2.2%，碳原子与第二近邻铁原子的距离更近一些。

当碳氮原子占据四面体间隙位置时，有 4 个第一近邻和 4 个第二近邻的铁原子。第一近邻铁原子远离碳氮原子，分别移动了原始距离的 14.2% 和12.6%，铁碳原子间的距离较铁氮原子间的距离略大。而第二近邻铁原子则靠近碳氮原子，分别移动了原始距离的 −3.1% 和 −1.2%，碳原子与第二近邻铁原子的距离更近一些。

当碳氮原子占据八面体间隙位置时，有 2 个第一近邻和 4 个第二近邻的铁原子。第一近邻铁原子远离碳氮原子，分别移动了原始距离的 24.2% 和23.6%，铁碳原子间的距离较铁氮原子间的距离略大。而第二近邻的铁原子则靠近碳氮原子，分别移动了原始距离的 −1.6% 和 −1.9%，氮原子与第二近邻铁原子的距离更近一些。

在体心立方结构铁中四面体间隙半径(0.035 nm) 比八面体间隙半径(0.019 nm) 大将近一倍，这更有利于碳氮原子的占据，但当碳氮原子占据八面体间隙位置时，溶解能更小，更稳定。下面尝试用铁原子与碳氮原子之间的成键性质来揭示其微观机制。

不同构型中碳氮原子与近邻铁原子成键的键集居数和键长如表 2.4 所示。从表中可以看出，碳氮原子与铁原子成键的键集居数随着距离的增加而减小。当碳氮原子占据八面体间隙位置时，与第一近邻铁原子的距离最小，键集居数最大，分别为 0.50 和 0.43，铁碳共价键的强度大于铁氮共价键。当碳氮原子占据置换位置时，碳氮原子与第二近邻铁原子的距离最大，键集居数接近零，分别为 −0.05 和 −0.10，相互作用力很小。对比碳氮原子占据两个外来间隙位置时的成键性质，碳氮原子占据八面体间隙位置时成键的键集居数大于等于它们在四面体中的成键集居数。对每个构型中所有的 Fe—C/N 键集居数进行简单的加和可以得出：八面体构型中 Fe—C/N 的键集居数和分别为 2.52 和 2.02，四面体构型中 Fe—C/N 的键集居数和分别为 2.44 和 1.84。也就是说，在八面体构型中 Fe—C/N 共价键的强度大于四面体构型，因此碳氮原子占据八面体间隙位置时更稳定。

表 2.4　不同构型中碳氮原子与近邻铁原子成键的键集居数和键长

构型	C				N			
	键	键的数量	键集居数	长度/nm	键	键的数量	键集居数	长度/nm
Cfg^{S}_{FIA}	C—Fe(1nn)	8	0.32	0.232	N—Fe(1nn)	8	0.23	0.234
	C—Fe(2nn)	6	−0.05	0.285	N—Fe(2nn)	6	−0.10	0.288
Cfg^{T}_{FIA}	C—Fe(1nn)	4	0.47	0.180	N—Fe(1nn)	4	0.43	0.177
	C—Fe(2nn)	4	0.14	0.246	N—Fe(2nn)	4	0.03	0.251
Cfg^{O}_{FIA}	C—Fe(1nn)	2	0.50	0.175	N—Fe(1nn)	2	0.43	0.174
	C—Fe(2nn)	4	0.38	0.196	N—Fe(2nn)	4	0.29	0.195

当碳原子占据八面体间隙位置时，碳原子及其近邻铁原子的态密度如图 2.5 所示。

碳原子的态密度如图 2.5(a) 所示，外层电子主要分布在两个能级上，分别为 −12.6 eV 和 −6.6 eV，密度分别为 1.37 e/eV 和 1.07 e/eV，这两个能级分别对应外层电子的 s 轨道和 p 轨道。另外，p 轨道上的电子在费米能级以上也有少量分布。

纯铁原子的态密度如图 2.5(b) 所示，用来比较引入碳原子以后铁原子态密度的变化。

碳原子的第一近邻(1nn) 和第二近邻(2nn) 铁原子态密度如图 2.5(c) 和图 2.5(d) 所示，分别对应曲线 Fe1 和 Fe2。与纯铁原子的态密度(1.98 e/eV 和 −1.76 e/eV) 对比，碳原子近邻铁原子的态密度降低，其中第一近邻铁原子的态密度降低较多(1.35 e/eV 和 − 0.94 e/eV)，第二近邻铁原子降低较少(1.80 e/eV 和 − 1.55 e/eV)。另外，碳原子的近邻铁原子态密度出现了两个杂化轨道，能级分别为 − 12.6 eV 和 − 6.6 eV。在低能级的杂化轨道上，第一近邻和第二近邻铁原子的态密度相等，为 0.15 e/eV。在高能级的杂化轨道上，第一近邻铁原子的态密度比第二近邻铁原子略高，分别为 0.32 e/eV 和 0.23 e/eV。两个杂化峰的出现是铁碳原子外层电子相互作用的结果，反映了铁碳原子间的相互作用。

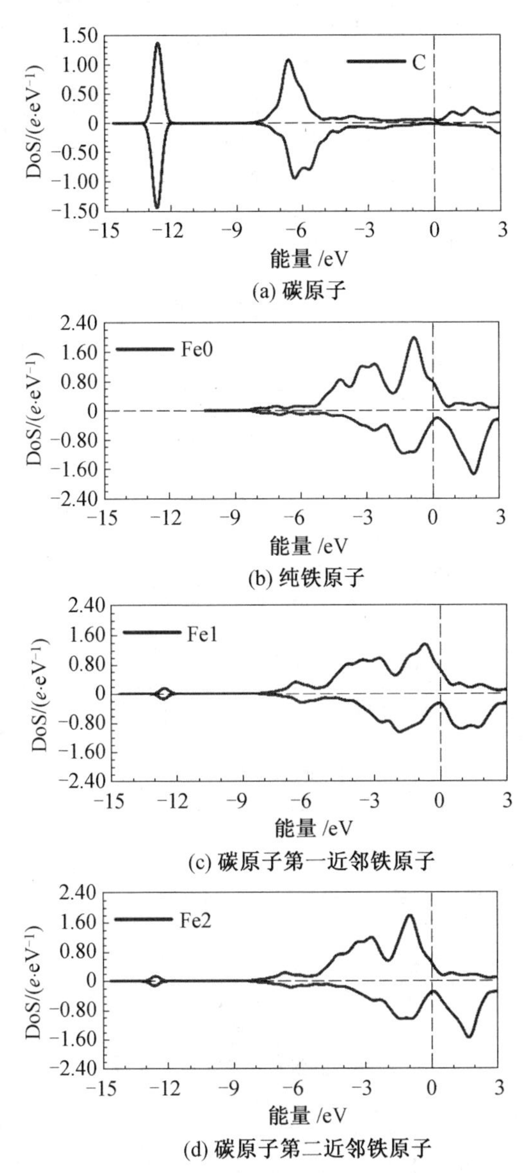

图 2.5　构型Cfg_C^O 中碳原子及其近邻铁原子的态密度

当氮原子占据八面体间隙位置时，氮原子及其近邻铁原子的态密度如图 2.6 所示。

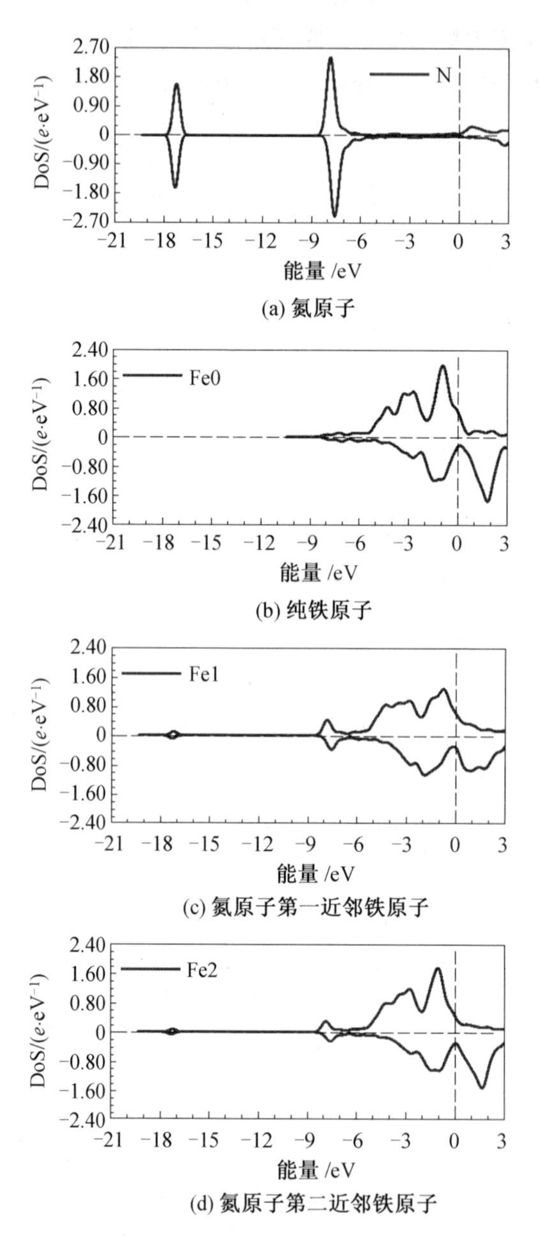

图 2.6　构型$\mathrm{Cfg}_{\mathrm{N}}^{\mathrm{O}}$中氮原子及其近邻铁原子的态密度

氮原子的态密度如图 2.6(a) 所示，外层电子主要分布在两个能级上，分别为 -17.3 eV 和 -7.8 eV，态密度分别为 1.59 e/eV 和 2.42 e/eV，这两个能级分别对应外层电子的 s 轨道和 p 轨道。另外，p 轨道上的电子在费米能级以上也有少量分布。与碳原子的态密度对比，氮原子态密度的能级较低，密度较高。碳原子 p 轨道上电子的态密度能级较宽，电子的能级较为分散，而氮原子 p 轨道上电子的态密度能级较窄，电子的能级分布相对集中。

纯铁原子的态密度如图 2.6(b) 所示，用来比较引入氮原子以后铁原子态密度的变化。

氮原子的第一近邻和第二近邻铁原子态密度如图 2.6(c) 和图 2.6(d) 所示，分别对应曲线 Fe1 和 Fe2。与纯铁原子的态密度(1.98 *e*/eV 和 −1.76 *e*/eV) 对比，氮原子近邻铁原子的态密度降低，其中第一近邻铁原子的态密度降低较多(1.29 *e*/eV 和 −0.89 *e*/eV)，第二近邻铁原子降低较少(1.78 *e*/eV 和 −1.51 *e*/eV)。另外，氮原子的近邻铁原子态密度出现两个杂化轨道，能级分别为 −17.3 eV 和 −7.8 eV。在这两个杂化轨道上，第一近邻铁原子的态密度比第二近邻铁原子略高。在低能级的杂化轨道上，它们的态密度分别为 0.10 *e*/eV 和 0.07 *e*/eV。在高能级的杂化轨道上，它们的态密度分别为 0.43 *e*/eV 和 0.30 *e*/eV。两个杂化峰的出现是铁氮原子外层电子相互作用的结果，反映了铁碳原子间的相互作用。

当碳氮原子占据八面体间隙位置时，碳氮原子和近邻铁原子的电子密度的变化如图 2.7 所示。

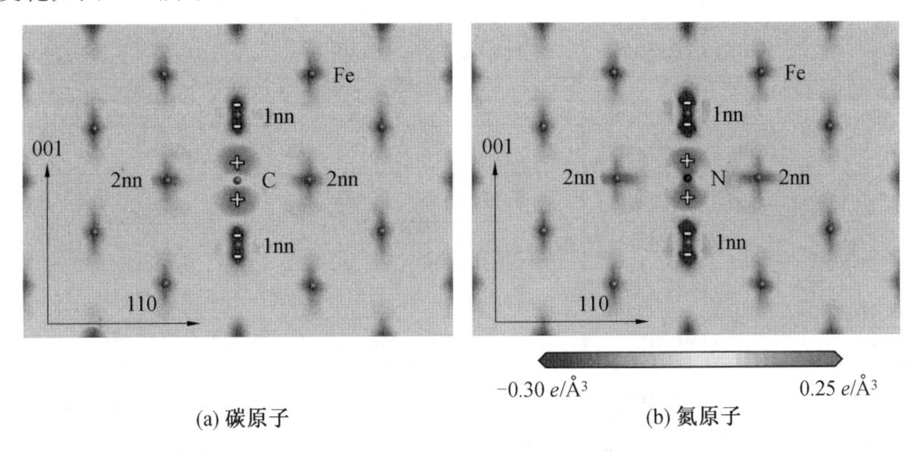

(a) 碳原子　(b) 氮原子

图 2.7　构型Cfg^{O}_{FIA} 中$(1\bar{1}0)$ 面的电子密度差分图

图 2.7(a) 为碳原子及其近邻铁原子的电子密度差分图，图 2.7(b) 为氮原子及其近邻铁原子的电子密度差分图，从整体上看两图相似，差别不大。由于这三种原子的电负性不同，分别为 1.83(Fe)、2.55(C) 和 3.04(N)，因此碳氮原子得电子，电子密度增大，而铁原子失电子，电子密度减小。碳氮原子与第一近邻(1nn) 铁原子相互作用力较强，铁原子失去更多电子；碳氮原子与第二近邻(2nn) 铁原子相互作用力较弱，铁原子失去较少电子。而且，增多的电子主要分布在碳氮原子和第一近邻铁原子之间，这也证明了它们之间的键合作用，并且具有方向性。另外，对比碳原子与氮原子，氮原子的近邻铁原子失去更多的电子，也是因为氮原子的电负性比碳原子高。

碳氮原子近邻铁原子的态密度和电子密度变化都证明了铁与碳氮原子之间存在相互作用，这也导致了碳氮原子近邻铁原子磁矩的变化，如表 2.5 所示。

表 2.5 不同构型中碳氮原子及其近邻铁原子的磁矩

构型	原子	C		N	
		$M(\mu_B)$	d/nm	$M(\mu_B)$	d/nm
Cfg^S_{FIA}	FIA	−0.26		−0.04	
	Fe(1nn)	2.26	0.232	2.38	0.234
	Fe(2nn)	2.20	0.285	2.18	0.288
	Fe(3nn)	2.28	0.396	2.28	0.396
	Fe(4nn)	2.22	0.467	2.20	0.467
Cfg^T_{FIA}	FIA	−0.26		−0.18	
	Fe(1nn)	1.64	0.180	1.54	0.177
	Fe(2nn)	2.46	0.246	2.46	0.251
	Fe(3nn)	2.24	0.328	2.28	0.327
	Fe(4nn)	2.16	0.379	2.18	0.379
Cfg^O_{FIA}	FIA	−0.26		−0.16	
	Fe(1nn)	1.60	0.175	1.56	0.174
	Fe(2nn)	2.20	0.196	2.18	0.195
	Fe(3nn)	2.36	0.316	2.38	0.317
	Fe(4nn)	2.16	0.351	2.20	0.351

碳原子的磁矩在三种构型中相同，均为 $-0.26\mu_B$。然而，氮原子的磁矩在三种构型中均不相同，占据置换位置时磁矩为 $-0.04\mu_B$，占据四面体和八面体间隙位置时分别为 $-0.18\mu_B$ 和 $-0.16\mu_B$。近邻铁原子的磁矩与距离有关，与碳氮原子距离较近时，铁原子的磁矩减小，然后随着它们距离的增加，铁原子的磁矩逐渐增大，甚至超过纯铁原子的磁矩($2.20\mu_B$)，随后铁原子的磁矩逐渐接近纯铁原子的磁矩。例如，碳氮原子占据两个外来间隙位置时第一近邻铁原子的磁矩最小降低到 $1.60\mu_B$ 和 $1.54\mu_B$，碳氮原子占据四面体间隙位置时第二近邻铁原子的磁矩达到最大值，均为 $2.46\mu_B$。

2.1.2 两个外来间隙原子之间的相互作用

通过 2.1.1 节的计算可以得出碳原子和氮原子这两种外来间隙原子在体心立方结构铁中优先占据八面体间隙。当两个外来间隙原子同时存在并且相互靠近时，它们各自占据一个八面体间隙位置，可能形成的构型如图 2.8 所示。FIA1 和 FIA2 代表构型中相互作用的两个外来间隙原子，它们可能是同种类型的原子，即 C—C 和 N—N，也可能是不同类型的原子，即 C—N。

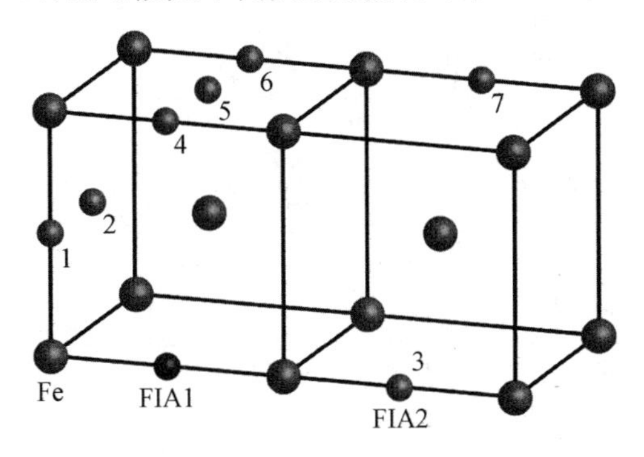

图 2.8　两个外来间隙原子相互靠近时可能形成的构型

两个外来间隙原子之间的相互作用力可以用相互作用能来表示，两个碳原子、两个氮原子以及碳氮原子之间的相互作用能如表 2.6 所示。无论是同种类型的外来间隙原子之间，如 C—C 和 N—N，还是不同类型的外来间隙原子之间，如 C—N，在这些构型中它们的相互作用能均为正值，即两个外来间隙原子之间相互排斥。按照两个外来间隙原子之间的距离来看，这种排斥力随着距离的增大而减小。当两个间隙之间的距离足够远时，它们之间的相互作用力趋近于零。

表 2.6　不同构型中两个外来间隙原子之间的相互作用能

构型	$E_{\mathrm{Interact}}^{\mathrm{C-C}}$/eV	$E_{\mathrm{Interact}}^{\mathrm{C-N}}$/eV	$E_{\mathrm{Interact}}^{\mathrm{N-N}}$/eV	$d_{\mathrm{FIA1-FIA2}}(a_0)$
$\mathrm{Cfg}_{\mathrm{FIA1-FIA2}}^{1}$	0.97	1.17	1.29	$\sqrt{2}/2$
$\mathrm{Cfg}_{\mathrm{FIA1-FIA2}}^{2}$	0.41	0.50	0.58	$\sqrt{3}/2$
$\mathrm{Cfg}_{\mathrm{FIA1-FIA2}}^{3}$	3.89	3.90	3.88	1
$\mathrm{Cfg}_{\mathrm{FIA1-FIA2}}^{4}$	0.16	0.24	0.33	1
$\mathrm{Cfg}_{\mathrm{FIA1-FIA2}}^{5}$	0.12	0.18	0.29	$\sqrt{5}/2$
$\mathrm{Cfg}_{\mathrm{FIA1-FIA2}}^{6}$	0.22	0.28	0.36	$\sqrt{2}$
$\mathrm{Cfg}_{\mathrm{FIA1-FIA2}}^{7}$	0.12	0.14	0.18	$\sqrt{3}$

较为特别的是，构型 3（$\mathrm{Cfg}_{\mathrm{FIA1-FIA2}}^{3}$）中两个外来间隙原子之间的排斥力非常大，这与它们的相对位置有关，两个外来间隙原子分别占据两个相邻的八面体间隙位置，并且这两个八面体间隙的短轴方向共线，均为八面体间隙位置的膨胀方向，所以产生的排斥力很大，得到相互作用能也最大。

对比 C—C、C—N 和 N—N 的排斥力发现，两个碳原子之间的排斥力最小，两个氮原子之间的排斥力最大，碳氮原子之间的排斥力介于中间。

构型$\mathrm{Cfg}_{\mathrm{C-C}}^{1}$ 中碳原子和近邻铁原子的态密度如图 2.9 所示。

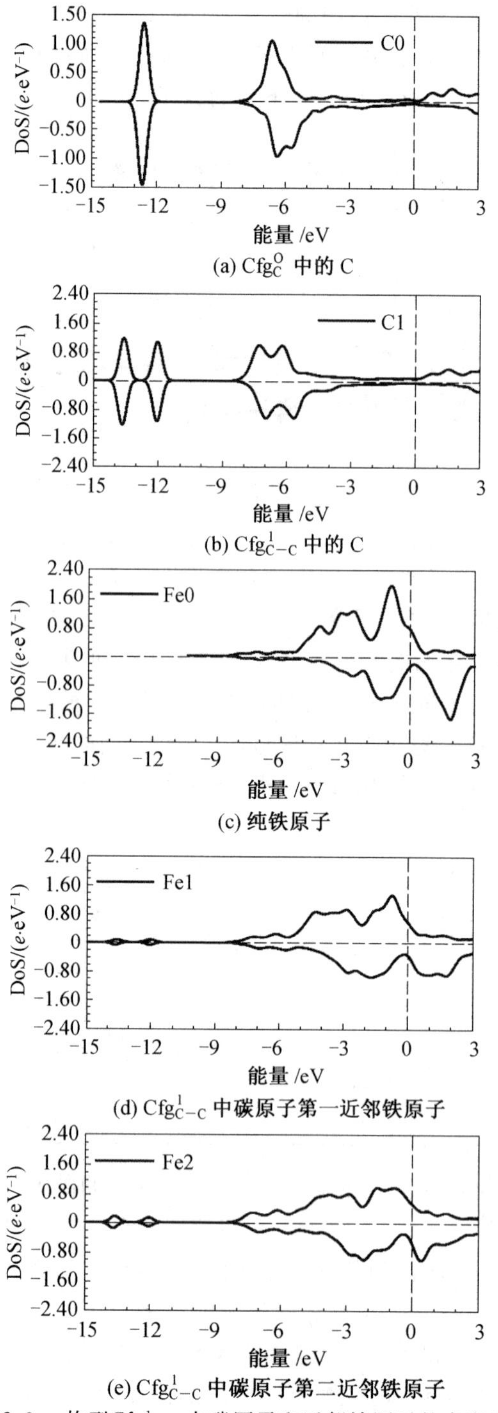

(a) Cfg_C^O 中的 C

(b) Cfg_{C-C}^1 中的 C

(c) 纯铁原子

(d) Cfg_{C-C}^1 中碳原子第一近邻铁原子

(e) Cfg_{C-C}^1 中碳原子第二近邻铁原子

图 2.9 构型Cfg_{C-C}^1 中碳原子和近邻铁原子的态密度

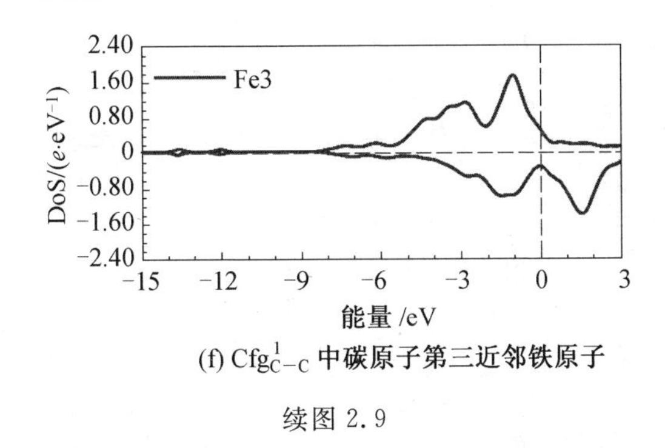

(f) Cfg^{1}_{C-C} 中碳原子第三近邻铁原子

续图 2.9

在体心立方结构铁中，只有一个碳原子时，它的态密度如图 2.9(a) 所示；含有两个碳原子，并且按照构型Cfg^{1}_{C-C} 排列时，这两个碳原子的态密度完全相同，如图 2.9(b) 所示。碳原子的态密度发生显著变化，能级产生劈裂，态密度降低。s 轨道电子的能级分别为 − 13.6 eV 和 − 12.0 eV，态密度分别为 0.74 e/eV 和 0.67 e/eV，自旋向上的电子和自旋向下电子的态密度对称分布。p 轨道上，自旋向上电子的能级分别为 − 7.3 eV 和 − 6.3 eV，态密度分别为 0.62 e/eV 和 0.61 e/eV；自旋向下电子的能级分别为 − 7.0 eV 和 − 5.7 eV，态密度分别为 0.66 e/eV 和 0.65 e/eV；自旋向下电子的能级和态密度都略高于自旋向上电子。

纯铁原子的态密度如图 2.9(c) 所示，构型Cfg^{1}_{C-C} 中碳原子第一近邻铁原子的态密度如图 2.9(d) 所示，第二近邻铁原子的态密度如图 2.9(e) 所示，第三近邻铁原子的态密度如图 2.9(f) 所示。与纯铁原子的态密度对比，碳原子的所有近邻铁原子态密度都降低，并且距离碳原子越近，态密度减少的越多。非常特殊的是第二近邻铁原子，因为这个铁原子同时是两个碳原子的第二近邻，所以态密度减少的比较多。这一点，在铁原子与碳原子的杂化峰高度上也反映得比较明显，第二近邻铁原子的杂化程度明显高于其他两个铁原子。同时，这三种铁原子的杂化能级与碳原子的能级一一对应。

构型Cfg^{1}_{N-N} 中氮原子和近邻铁原子的态密度如图 2.10 所示。

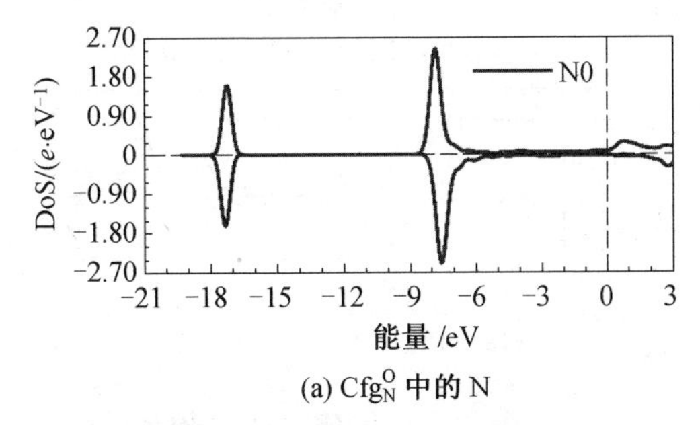

(a) Cfg^{O}_{N} 中的 N

图 2.10　构型Cfg^{1}_{N-N} 中氮原子和近邻铁原子的态密度

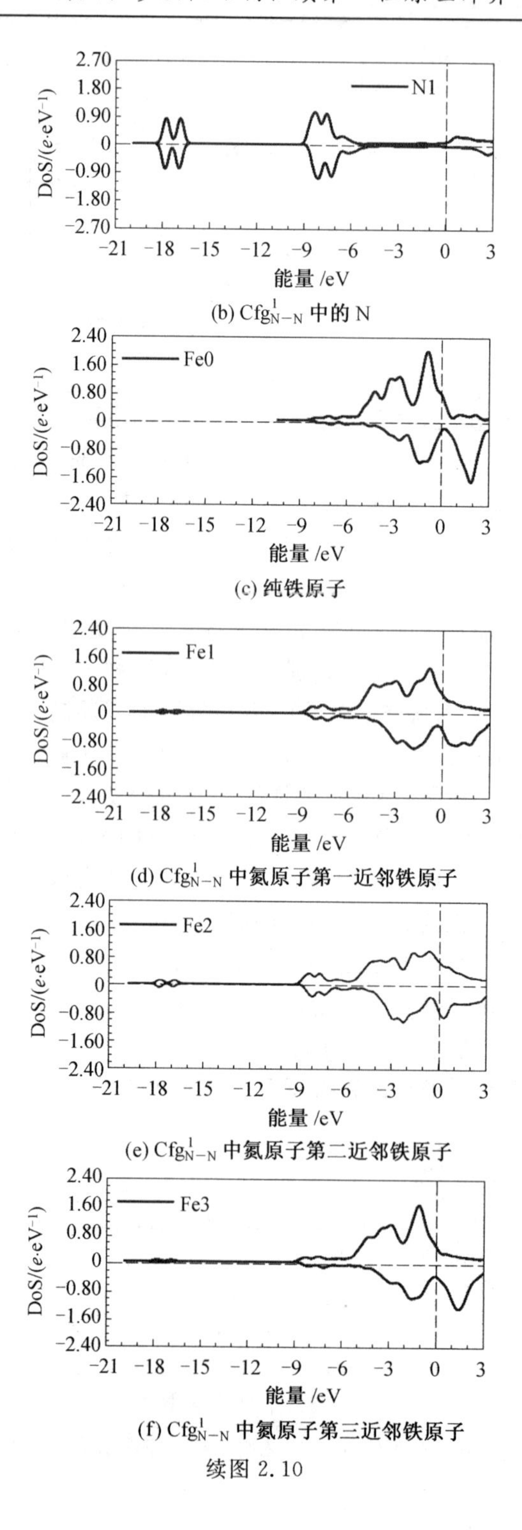

(b) Cfg^{1}_{N-N} 中的 N

(c) 纯铁原子

(d) Cfg^{1}_{N-N} 中氮原子第一近邻铁原子

(e) Cfg^{1}_{N-N} 中氮原子第二近邻铁原子

(f) Cfg^{1}_{N-N} 中氮原子第三近邻铁原子

续图 2.10

在体心立方结构铁中，只有一个氮原子时，它的态密度如图 2.10(a) 所示；含有两个氮原子，并且按照构型Cfg^1_{N-N}排列时，这两个氮原子的态密度完全相同，如图 2.10(b) 所示。氮原子的态密度发生显著的变化，能级产生劈裂，态密度降低。s 轨道电子的能级分别为 －17.8 eV 和 －16.9 eV，态密度分别为 0.80 e/eV 和 0.79 e/eV，自旋向上电子和自旋向下电子的态密度对称分布。p 轨道上自旋向上电子的能级分别为 － 8.3 eV 和 － 7.6 eV，态密度分别为 1.03 e/eV 和 0.99 e/eV；自旋向下电子的能级分别为 － 8.1 eV 和 － 7.3 eV，态密度分别为 1.11 e/eV 和 1.03 e/eV；自旋向下电子的能级和态密度都略高于自旋向上电子。

纯铁原子的态密度如图 2.10(c) 所示，构型Cfg^1_{N-N}中氮原子第一近邻铁原子的态密度如图 2.10(d) 所示，第二近邻铁原子的态密度如图 2.10(e) 所示，第三近邻铁原子的态密度如图 2.10(f) 所示。与纯铁原子的态密度对比，氮原子的所有近邻铁原子态密度都降低，并且距离氮原子越近，态密度减少的越多。非常特殊的是第二近邻铁原子，因为这个铁原子同时是两个氮原子的第二近邻，所以态密度减少的比较多。这一点，在铁原子与氮原子的杂化峰高度上也反映得比较明显，第二近邻铁原子的杂化程度明显高于其他两个铁原子。同时，这三种铁原子的杂化能级与氮原子的能级一一对应。

构型Cfg^1_{C-N}中碳氮原子和近邻铁原子的态密度如图 2.11 所示。

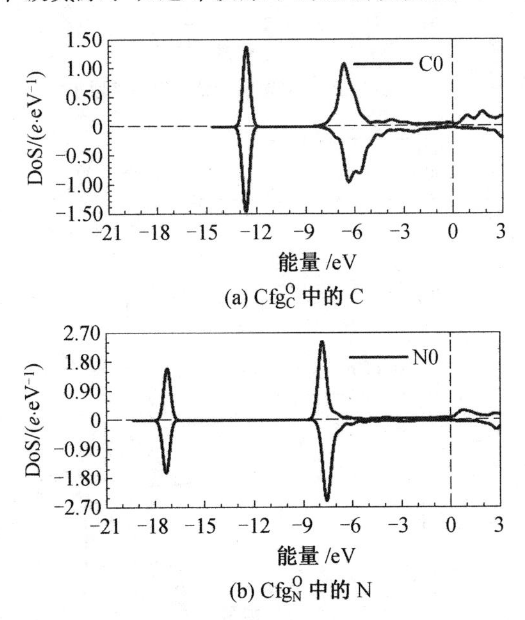

(a) Cfg^O_C 中的 C

(b) Cfg^O_N 中的 N

图 2.11　构型Cfg^1_{C-N}中碳氮原子和近邻铁原子的态密度

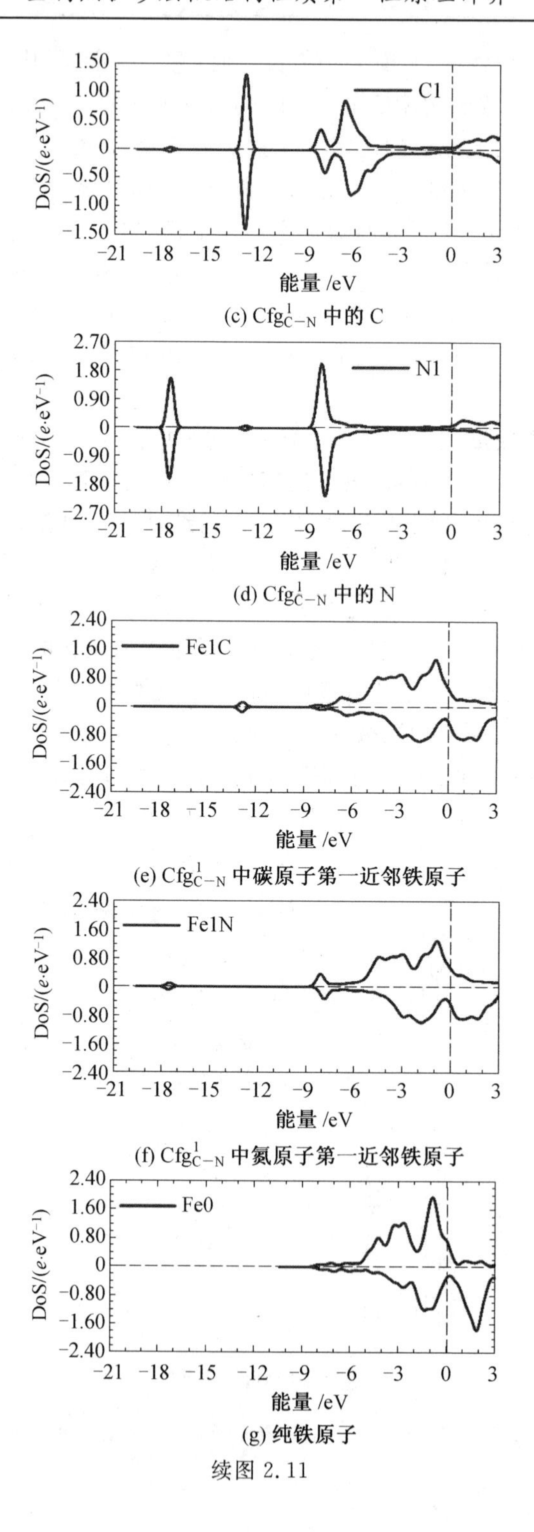

(c) Cfg$^{1}_{C-N}$ 中的 C

(d) Cfg$^{1}_{C-N}$ 中的 N

(e) Cfg$^{1}_{C-N}$ 中碳原子第一近邻铁原子

(f) Cfg$^{1}_{C-N}$ 中氮原子第一近邻铁原子

(g) 纯铁原子

续图 2.11

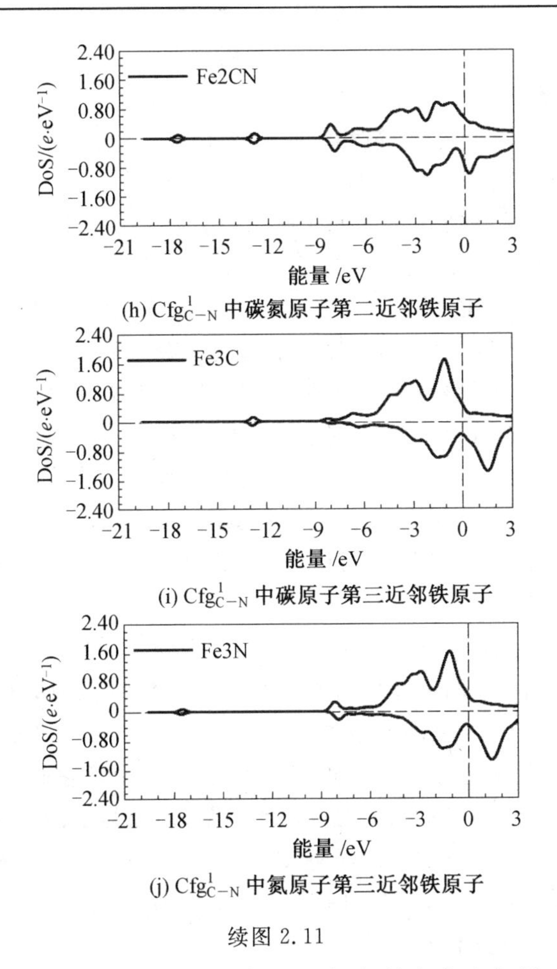

(h) Cfg^1_{C-N} 中碳氮原子第二近邻铁原子

(i) Cfg^1_{C-N} 中碳原子第三近邻铁原子

(j) Cfg^1_{C-N} 中氮原子第三近邻铁原子

续图 2.11

在体心立方结构铁中，只有一个碳原子时，它的态密度如图 2.11(a) 所示；只有一个氮原子时，它的态密度如图 2.11(b) 所示；同时含有一个碳原子和一个氮原子，并且按照构型Cfg^1_{C-N}排列时，碳原子态密度如图 2.11(c) 所示，氮原子态密度如图 2.11(d) 所示。

与构型Cfg^1_{C-C}和Cfg^1_{N-N}中碳氮原子的态密度不同，在构型Cfg^1_{C-N}中碳氮原子的态密度没有发生能级劈裂，而是出现杂化现象。与曲线 C0 对比，曲线 C1 中碳原子 s 轨道上电子的能级降低，从 −12.6 eV 减小到 −12.8 eV，能级降低 0.2 eV，态密度略有降低，从 1.37 *e*/eV 减小到 1.32 *e*/eV，p 轨道上电子的能级不变，为 −6.6 eV，态密度下降很多，态密度从 1.08 *e*/eV 减小到 0.87 *e*/eV。在能级为 −17.5 eV 和 −8.1 eV 处出现两个杂化轨道，态密度分别为 0.04 *e*/eV 和 0.36 *e*/eV，与氮原子的 s 轨道和 p 轨道分别对应。与曲线 N0 对比，曲线 N1 中氮原子 s 轨道和 p 轨道上电子的能级都略有降低，其中 s 轨道从 −17.3 eV 减小到 −17.5 eV，能级降低 0.2 eV，态密度略有降低，从 1.59 *e*/eV 减小到 1.56 *e*/eV， p轨道从－7.8 eV减小到－8.1 eV，能级降低0.2 eV，态密度降低较多，从2.42 *e*/eV减小到2.03 *e*/eV。在能级为－12.8 eV处出现一个杂化轨道，态密度为0.07 *e*/eV，与碳原子的s轨道相对应。在能级为－6.6 eV处，氮原子的态密度略有增加，与碳原子p轨道相对应。

纯铁原子的态密度如图2.11(g)所示，构型Cfg^{1}_{C-N}中碳原子第一近邻铁原子的态密度如图2.11(e)所示，氮原子第一近邻铁原子的态密度如图2.11(f)所示，碳氮原子第二近邻铁原子的态密度如图2.11(h)所示，碳原子第三近邻铁原子的态密度如图2.11(i)所示，氮原子第三近邻铁原子的态密度如图2.11(j)所示。碳氮原子所有近邻铁原子的态密度都降低，并且距离碳氮原子越近，态密度减少的越多。第二近邻铁原子态密度减少的比较多，因为这个铁原子同时是碳原子和氮原子的第二近邻。另外，碳原子近邻铁原子的态密度发生杂化现象，能级与碳原子相对应；氮原子近邻铁原子的态密度也发生杂化现象，能级与氮原子相对应。第二近邻铁原子同时与碳原子和碳原子发生杂化，能级分别与碳氮原子相对应。

含有两个外来间隙原子时构型$Cfg^{1}_{FIA1-FIA2}$中的键集居数和键长如表2.7所示。

构型$Cfg^{1}_{FIA1-FIA2}$中两个外来间隙原子之间距离，弛豫前为0.199 nm，弛豫后C—C、C—N以及N—N之间的距离分别为0.230 nm、0.237 nm和0.240 nm。弛豫后，两个外来间隙原子之间的距离均增大，也证明了它们之间相互作用在弛豫前是相互排斥的。弛豫后碳碳之间的距离最短，氮氮之间的距离远，碳氮之间的距离介于两者之间。弛豫后C—C、C—N以及N—N键的键集居数分别为0.01、－0.04和－0.05，接近零，两者之间相互作用力很小。碳氮原子与近邻铁原子之间的键集居数变化不大。

表2.7 含有两个外来间隙原子时构型中的键集居数和键长

Cfg	键	键的数量	键集居数	键长 /nm
Cfg^{O}_{C}	C—Fe(1nn)	2	0.50	0.175
	C—Fe(2nn)	4	0.38	0.196
Cfg^{O}_{N}	N—Fe(1nn)	2	0.43	0.174
	N—Fe(2nn)	4	0.29	0.195
Cfg^{1}_{C-C}	C—Fe(1nn)	1	0.51	0.172
	C—Fe(2nn)	1	0.45	0.177
	C—Fe(3nn)	2	0.38	0.191
	C—Fe(4nn)	2	0.32	0.203
	C—C	1	0.01	0.230

续表 2.7

Cfg	键	键的数量	键集居数	键长 /nm
Cfg^{1}_{N-N}	N—Fe(1nn)	1	0.46	0.172
	N—Fe(2nn)	1	0.41	0.177
	N—Fe(3nn)	2	0.33	0.186
	N—Fe(4nn)	2	0.21	0.209
	N—N	1	−0.05	0.240
Cfg^{1}_{C-N}	C—Fe(1nn)	1	0.52	0.172
	C—Fe(2nn)	1	0.46	0.178
	C—Fe(3nn)	2	0.38	0.190
	C—Fe(4nn)	2	0.33	0.205
	C—N	1	−0.04	0.237
Cfg^{1}_{C-N}	N—Fe(1nn)	1	0.46	0.172
	N—Fe(2nn)	1	0.41	0.177
	N—Fe(3nn)	2	0.32	0.188
	N—Fe(4nn)	2	0.22	0.206
	C—N	1	−0.04	0.237

构型$Cfg^{1}_{FIA1-FIA2}$中原子的电子密度变化如图 2.12 所示。碳氮原子得电子，电子密度增加，与碳氮原子近邻的铁原子失电子，电子密度减小。位于中心位置的铁原子，同时是两个碳氮原子的第二近邻，失去更多的电子。并且，从图 2.12(b) 中可以看出，在氮原子方向，第二近邻铁原子失去的电子比碳原子方向的多，氮原子得电子的能力比碳原子强。

构型Cfg^{1}_{C-N}和Cfg^{7}_{C-N}中碳氮原子和近邻铁原子的磁矩如图 2.13 所示。当碳氮原子单独存在时，它们的磁矩分别为$-0.26\mu_B$和$-0.16\mu_B$；在构型Cfg^{1}_{C-N}中碳氮原子的磁矩发生微小变化，分别为$-0.24\mu_B$和$-0.14\mu_B$，略有升高，这是因为碳氮原子之间的距离较近，存在相互作用；在构型Cfg^{7}_{C-N}中碳氮原子距离较远，磁矩不变。与碳氮原子之间的相互作用使近邻铁原子的磁矩降低。第一近邻铁原子的磁矩降低较多，在构型Cfg^{1}_{C-N}中分别为$1.06\mu_B$和$1.54\mu_B$，在构型Cfg^{7}_{C-N}中分别为$1.56\mu_B$和$1.52\mu_B$，都比纯铁原子的磁矩$2.20\mu_B$小。非常特殊的是构型Cfg^{1}_{C-N}中与碳氮原子第二近邻的铁原子，它的磁矩为$1.06\mu_B$，成为最小值，这是碳氮原子共同作用的结果。铁原子磁矩的最大值出现在构型Cfg^{7}_{C-N}中，为$2.50\mu_B$。

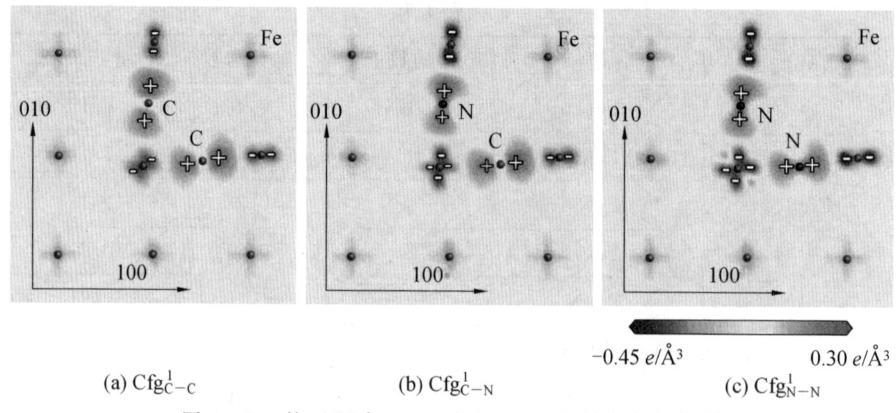

(a) Cfg^{1}_{C-C}　　(b) Cfg^{1}_{C-N}　　(c) Cfg^{1}_{N-N}

图 2.12　构型$Cfg^{1}_{FIA1-FIA2}$中(002)面电子密度差分图

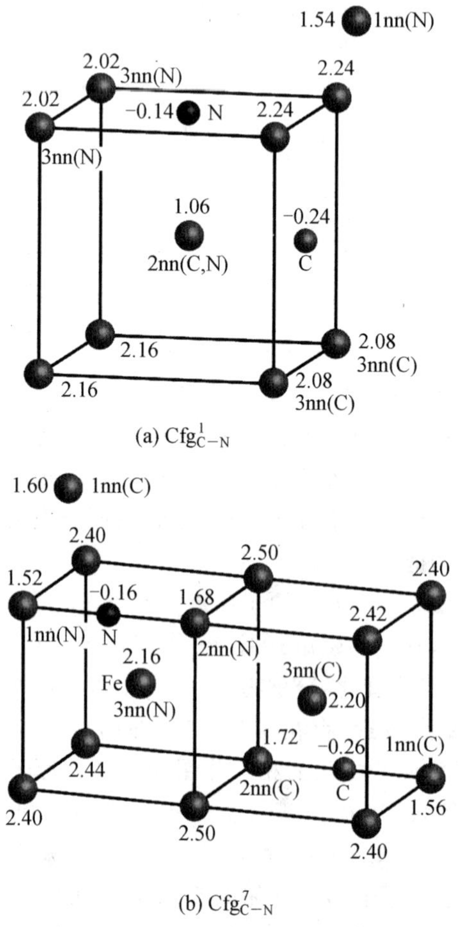

(a) Cfg^{1}_{C-N}

(b) Cfg^{7}_{C-N}

图 2.13　两种构型中的原子磁矩(μ_B)

2.1.3 化学热处理过程中碳氮原子扩散的驱动力

计算表明,两个外来间隙原子之间相互排斥,化学热处理过程中碳氮原子在体心立方结构铁中扩散的驱动力如图2.14所示,包括三个步骤。

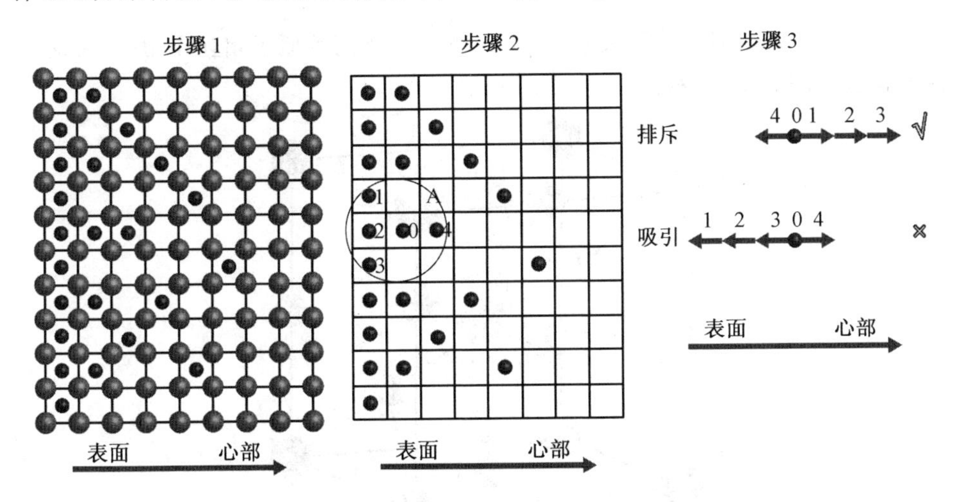

图2.14　碳氮原子扩散的驱动力示意图

步骤1:对改性层截面上的原子分布进行抽象和简化,背底为铁原子,碳氮原子占据间隙位置,从表面到心部外来间隙原子密度逐渐降低。

步骤2:去除背底。因为计算得到的外来间隙原子之间的相互作用能,表达的是包括所有原子在内的合力,所以可以去除背底铁原子。

步骤3:对任意区域A中的中心原子0进行受力分析。对于原子0,表面方向上有三个原子,分别是原子1、2和3,心部方向上只有一个原子4。当两个外来间隙原子之间为吸引力时,原子0的合力朝向表面,原子0将向着表面方向迁移。当两个外来间隙原子之间为排斥力时,原子0的合力朝向心部,原子0将向着心部方向迁移。显然,只有当两个外来间隙原子之间为排斥力时,才能实现外来间隙原子从表面到心部的扩散。

经过计算得到的两个外来间隙原子之间的相互作用均为正值,表示它们之间相互排斥。因此,第一性原理计算结果为碳氮原子扩散驱动力的提出提供了理论依据。

2.2 碳氮原子与点缺陷之间的相互作用

2.2.1 碳氮原子与一个空位的相互作用

当一个空位(用符号 □ 表示)与 1 ～ 5 个外来间隙原子相互作用时,可能形成的构型如图 2.15 所示。

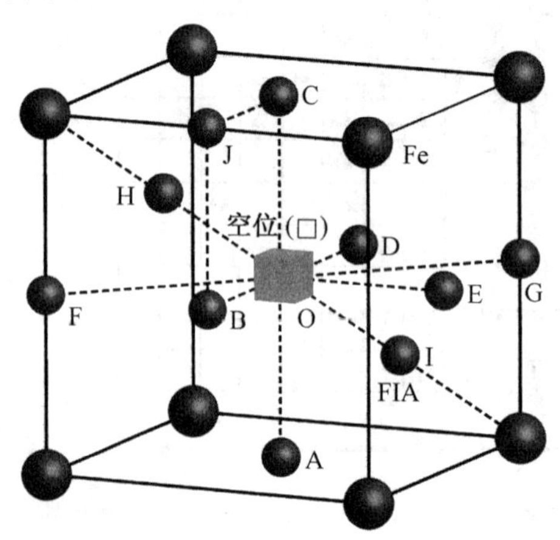

构型	FIA 位置
$\mathrm{Cfg}^{1}_{\mathrm{FIA-\square}}$	A
$\mathrm{Cfg}^{2}_{\mathrm{FIA-\square}}$	F
$\mathrm{Cfg}^{3}_{\mathrm{FIA-\square}}$	O
$\mathrm{Cfg}^{4}_{\mathrm{FIA-\square}}$	I
$\mathrm{Cfg}^{1}_{\mathrm{FIA1-FIA2-\square}}$	A—B
$\mathrm{Cfg}^{2}_{\mathrm{FIA1-FIA2-\square}}$	A—C
$\mathrm{Cfg}^{3}_{\mathrm{FIA1-FIA2-\square}}$	F—G
$\mathrm{Cfg}^{4}_{\mathrm{FIA1-FIA2-\square}}$	H—I
$\mathrm{Cfg}^{5}_{\mathrm{FIA1-FIA2-\square}}$	A—F
$\mathrm{Cfg}^{6}_{\mathrm{FIA1-FIA2-\square}}$	A—J
$\mathrm{Cfg}^{1}_{\mathrm{FIA1-FIA2-FIA3-\square}}$	A—B—C
$\mathrm{Cfg}^{2}_{\mathrm{FIA1-FIA2-FIA3-\square}}$	A—B—E
$\mathrm{Cfg}^{1}_{\mathrm{FIA1-FIA2-FIA3-FIA4-\square}}$	A—B—C—D
$\mathrm{Cfg}^{2}_{\mathrm{FIA1-FIA2-FIA3-FIA4-\square}}$	A—B—C—E
$\mathrm{Cfg}_{\mathrm{FIA1-FIA2-FIA3-FIA4-FIA5-\square}}$	A—B—C—D—E

图 2.15 与一个空位相互作用时外来间隙原子的位置

当一个外来间隙原子与一个空位相互靠近时，可能形成四种构型，如图2.15所示。在四种构型中，空位均占据体心位置；外来间隙原子在构型$Cfg^1_{FIA-□}$中占据与空位第一近邻的八面体间隙位置(A)，在构型$Cfg^2_{FIA-□}$中占据与空位第二近邻的八面体间隙位置(F)，在构型$Cfg^3_{FIA-□}$中占据空位位置(即置换位置)，在构型$Cfg^4_{FIA-□}$中占据空位与第一近邻铁原子的中间位置。

一个外来间隙原子与一个空位之间的相互作用能如表2.8所示。在构型$Cfg^1_{FIA-□}$中碳氮原子和空位之间的相互作用能为负值，分别为－0.80 eV和－1.06 eV，成为四种构型中的最小值，因此这种构型最稳定。此时，碳氮原子与空位位置之间的距离分别为0.38 a_0和0.44 a_0。在构型3中，外来间隙原子占据空位位置，它们与空位之间的相互作用能分别为－0.07 eV和0.67 eV，成为四种构型中的最大值，因此这种构型最不稳定，也不容易形成。

表2.8　一个外来间隙原子与一个空位之间的相互作用能

构型	$E^{C-□}_{Interact}$/eV	$d_{C-□}(a_0)$	$E^{N-□}_{Interact}$/eV	$d_{N-□}(a_0)$
$Cfg^1_{FIA-□}$	－0.80	0.38	－1.06	0.44
$Cfg^2_{FIA-□}$	－0.15	0.59	－0.36	0.70
$Cfg^3_{FIA-□}$	－0.07	0	0.67	0
$Cfg^4_{FIA-□}$	－0.25	0.22	0.15	0.26

在这四种构型中，碳原子和空位之间的相互作用能均为负值，表示碳原子和空位之间都是相互吸引的，能够形成较为稳定的结构。然而，氮原子和空位之间的相互作用情况与碳原子不同。在构型$Cfg^1_{N-□}$和$Cfg^2_{N-□}$中氮原子和空位之间的相互作用能为负值，两者之间相互吸引，可以形成稳定的结构。在构型$Cfg^3_{N-□}$和$Cfg^4_{N-□}$中它们的相互作用能为正值，两者之间相互排斥，结构不稳定。对比碳氮原子在构型$Cfg^1_{N-□}$和$Cfg^2_{N-□}$中与空位之间的相互作用，氮原子与空位之间的吸引力大于碳原子与空位之间的吸引力，即氮原子与空位之间的结合更坚固。

为了探索产生外来间隙原子与空位之间相互作用的根本原因，计算了外来间隙原子与近邻铁原子之间化学键的键集居数和键长，如表2.9所示。

为了对比，在表中还加入了引入空位之前单个外来间隙原子占据八面体间隙位置构型中的键集居数和键长。在这个表中很难直观地看出它们与已经得出的外来间隙原子与空位之间相互作用力的联系，所以对这些数据加以处理，得到了表2.10中的数据。表中给出了各个构型中外来间隙原子与近邻铁原子之间所有键集居数之和(P_1)。在引入空位之前，单个碳氮原子占据八面体间隙位置时构型中键集居数之和分别为2.52和2.02。引入空位以后，外来间隙原子与铁原子之间的化学键减少了一个，在构型$Cfg^1_{FIA-□}$中缺少了一个外来间隙原子与第一近邻铁原子之间的化学键，在构型$Cfg^2_{FIA-□}$中缺少了一个外来间隙原子与第二近邻铁原子之间的化学键。在构型$Cfg^3_{FIA-□}$和$Cfg^4_{FIA-□}$中碳氮原子不再占据八面体位置，故没有办法对比。在构型$Cfg^1_{FIA-\square}$和$Cfg^2_{FIA-\square}$中，减去缺失的化学键的键集居数得到P_0，然后用P_1减去P_0得到了化学键键集居数变化值ΔP。

表 2.9　不同构型中外来间隙原子与近邻铁原子之间的键集居数和键长

Cfg	键	键的数量	键集居数	键长 /nm
Cfg^O_C	C—Fe(1nn)	2	0.50	0.175
	C—Fe(2nn)	4	0.38	0.196
$Cfg^1_{C-\square}$	C—Fe(1nn)	1	0.30	0.193
	C—Fe(2nn)	4	0.52	0.193
$Cfg^2_{C-\square}$	C—Fe(1nn)	2	0.61	0.174
	C—Fe(2nn)	2	0.50	0.196
	C—Fe(3nn)	1	0.21	0.224
$Cfg^3_{C-\square}$	C—Fe(1nn)	8	0.32	0.232
	C—Fe(2nn)	6	−0.05	0.285
$Cfg^4_{C-\square}$	C—Fe(1nn)	1	0.55	0.188
	C—Fe(2nn)	3	0.41	0.219
	C—Fe(3nn)	3	0.07	0.251
	C—Fe(4nn)	3	0.15	0.259
Cfg^O_N	N—Fe(1nn)	2	0.43	0.174
	N—Fe(2nn)	4	0.29	0.195
$Cfg^1_{N-\square}$	N—Fe(1nn)	1	0.33	0.180
	N—Fe(2nn)	4	0.43	0.190
$Cfg^2_{N-\square}$	N—Fe(1nn)	2	0.51	0.172
	N—Fe(2nn)	2	0.38	0.193
	N—Fe(3nn)	1	0.27	0.197
$Cfg^3_{N-\square}$	N—Fe(1nn)	1	0.23	0.234
	N—Fe(2nn)	4	−0.10	0.288
$Cfg^4_{N-\square}$	N—Fe(1nn)	1	0.54	0.181
	N—Fe(2nn)	3	0.38	0.215
	N—Fe(3nn)	3	0.00	0.250
	N—Fe(3nn)	3	0.03	0.269

表 2.10　不同构型中外来间隙原子与近邻铁原子之间的键集居数之和

Cfg	键	P_0	P_1	ΔP
$Cfg_{C-□}^{1}$	C—Fe	2.02	2.38	0.36
$Cfg_{C-□}^{2}$	C—Fe	2.14	2.43	0.29
$Cfg_{C-□}^{3}$	C—Fe	—	2.26	—
$Cfg_{C-□}^{4}$	C—Fe	—	2.44	—
$Cfg_{N-□}^{1}$	N—Fe	1.59	2.05	0.46
$Cfg_{N-□}^{2}$	N—Fe	1.73	2.05	0.32
$Cfg_{N-□}^{3}$	N—Fe	—	1.24	—
$Cfg_{N-□}^{4}$	N—Fe	—	1.77	—

在构型$Cfg_{FIA-□}^{1}$和$Cfg_{FIA-□}^{2}$中，键集居数的变化值均为正值，表示引入空位以后，外来间隙原子与近邻铁原子之间的键合作用加强，也就解释了碳氮原子与空位之间相互吸引的原因。对比碳原子和氮原子，铁氮键集居数之和的增加值和大于铁碳键集居数之和增加值，也就解释了氮原子与空位之间的吸引力大于碳原子的原因。

构型$Cfg_{FIA-□}^{3}$中外来间隙原子与近邻铁原子之间的键集居数之和小于构型$Cfg_{FIA-□}^{1}$和$Cfg_{FIA-□}^{2}$，所以构型$Cfg_{FIA-□}^{3}$的稳定性较低。

构型$Cfg_{FIA-□}^{4}$中近邻铁原子与碳原子之间的键集居数之和大于氮原子，所以构型$Cfg_{C-□}^{4}$较构型$Cfg_{N-□}^{4}$更稳定。

总之，用外来间隙原子与近邻铁原子之间的键集居数之和很好地解释了外来间隙原子与空位之间相互作用力的本质。

构型Cfg_{C}^{O}中碳原子第一近邻铁原子处引入一个空位以后，构型$Cfg_{C-□}^{1}$中碳原子和近邻铁原子的态密度如图 2.16 所示。

引入空位之前，单个碳原子存在时，碳原子的态密度如图 2.16(a) 所示。引入空位，且与碳原子第一近邻时，碳原子的态密度如图 2.16(b) 所示。碳原子 s 轨道和 p 轨道上的电子态密度均向高能级迁移，其中 s 轨道上电子的能级从 −12.6 eV 迁移到 −11.8 eV，能级升高了 0.8 eV，p 轨道上电子的能级从 −6.6 eV 迁移到 −5.7 eV，能级升高了 0.9 eV。另外，s 轨道上的电子态密度基本不变，均为1.37 e/eV，p 轨道上的电子态密度显著降低，从 1.07 e/eV 下降到 0.72 e/eV，而且，在费米能级以上电子态密度也略有增加。

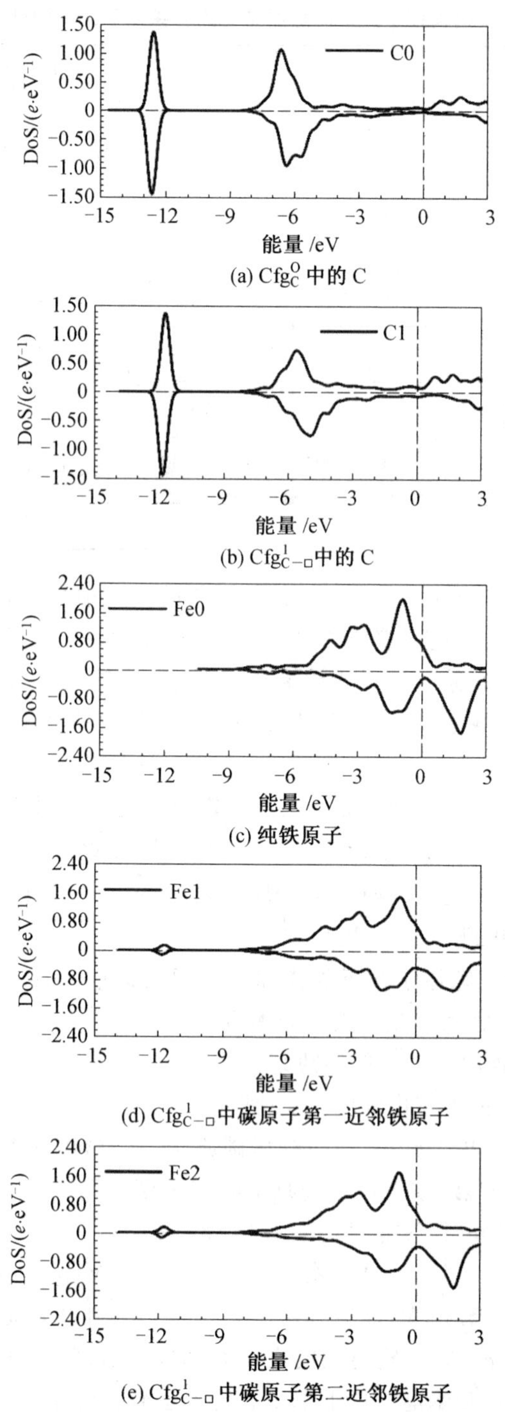

(a) Cfg_C^O 中的 C

(b) $Cfg_{C-\square}^1$中的 C

(c) 纯铁原子

(d) $Cfg_{C-\square}^1$中碳原子第一近邻铁原子

(e) $Cfg_{C-\square}^1$中碳原子第二近邻铁原子

图 2.16 构型$Cfg_{C-\square}^1$ 中碳原子和近邻铁原子的态密度

纯铁原子的态密度如图2.16(c)所示;引入空位以后,碳原子第一近邻铁原子的态密度如图2.16(d)所示;碳原子第二近邻铁原子的态密度如图2.16(e)所示。与纯铁原子的态密度对比,碳原子近邻铁原子的态密度降低,其中第一近邻铁原子的态密度降低较多,第二近邻铁原子降低较少。另外,碳原子近邻铁原子的态密度出现两个杂化轨道,能级分别为-11.8 eV和-5.7 eV。在低能级的杂化轨道上,第一近邻和第二近邻铁原子的态密度相差不大,分别为0.14 *e*/eV和0.15 *e*/eV。在高能级的杂化轨道上,第一近邻铁原子的态密度比第二近邻铁原子略高,分别为0.31 *e*/eV和0.25 *e*/eV。

构型Cfg_{N}^{0}中氮原子第一近邻铁原子处引入一个空位以后,构型$Cfg_{N-□}^{1}$中氮原子和近邻铁原子的态密度如图2.17所示。

引入空位之前,构型Cfg_{N}^{0}中氮原子的态密度如图2.17(a)所示。引入空位,且与氮原子第一近邻时,氮原子的态密度如图2.17(b)所示。氮原子s轨道和p轨道上的电子态密度均向高能级迁移,其中s轨道上电子的能级从-17.3 eV迁移到-16.2 eV,能级升高了1.1 eV,p轨道上电子的能级从-7.8 eV迁移到-7.0 eV,能级升高了0.8 eV。另外,s轨道上的电子态密度略有下降,从1.59 *e*/eV下降到1.58 *e*/eV,p轨道上的电子态密度显著降低,从2.42 *e*/eV下降到1.16 *e*/eV。而且,p轨道上电子的能级展宽。对比引入空位以后碳氮原子的态密度变化发现,它们的变化趋势基本一致,能级升高,p轨道上的电子密度降低。

纯铁原子的态密度如图2.17(c)所示;引入空位以后,氮原子第一近邻铁原子的态密度如图2.17(d)所示;氮原子第二近邻铁原子的态密度如图2.17(e)所示。与纯铁原子的态密度对比,与氮原子近邻铁原子的态密度降低,其中第一近邻铁原子的态密度降低较多,第二近邻铁原子降低较少。另外,与氮原子近邻铁原子的态密度出现两个杂化轨道,能级分别为-16.2 eV和-7.0 eV。在低能级的杂化轨道上,第一近邻和第二近邻铁原子的态密度相差不大,分别为0.08 *e*/eV和0.10 *e*/eV。在高能级的杂化轨道上,第一近邻铁原子的态密度比第二近邻铁原子略高,分别为0.30 *e*/eV和0.25 *e*/eV。

引入空位以后,构型$Cfg_{FIA-□}^{1}$中外来间隙原子和近邻铁原子的电子密度变化如图2.18所示。由于外来间隙原子失去了一个第一近邻铁原子的束缚,所以碳氮原子向空位方向移动少许。对比图2.18(a)和(b)发现,碳氮原子及其近邻铁原子的电子密度变化基本相似,碳氮原子的电子密度增大,而铁原子的电子密度减小。而且,增多的电子主要分布在碳氮原子和近邻铁原子之间,这也证明了它们之间的键合作用。另外,对比碳原子和氮原子,与氮原子第一近邻的铁原子失去更多的电子,它们之间的电子密度比碳原子要高。

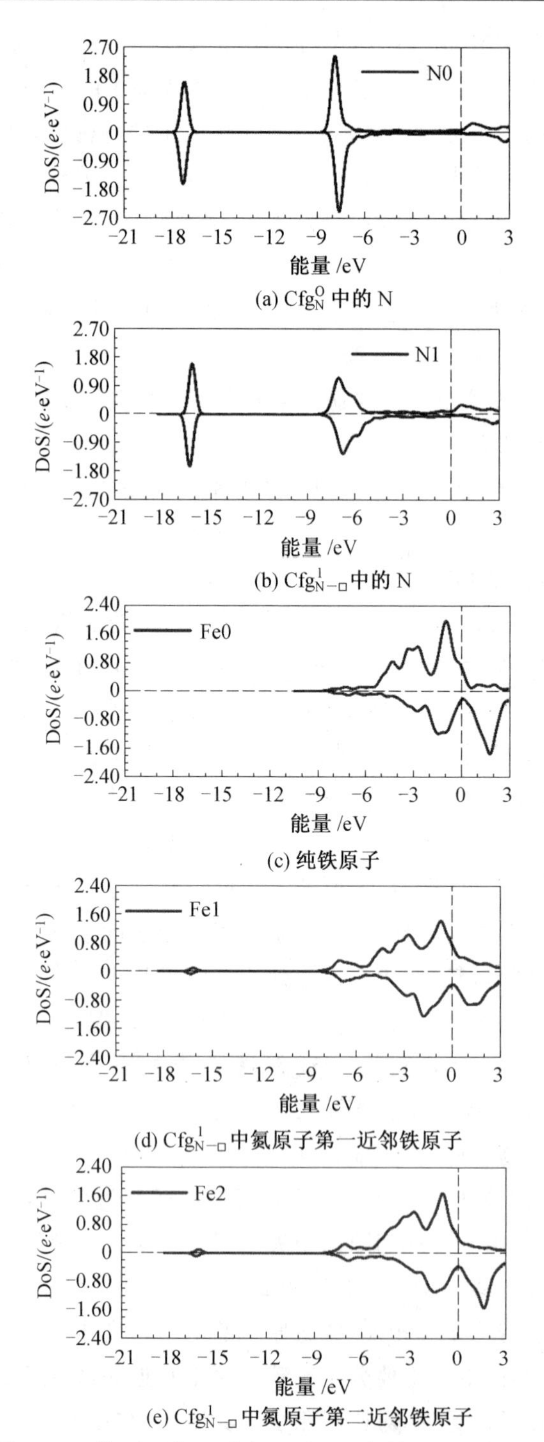

(a) Cfg_N^0 中的 N

(b) $Cfg_{N-\square}^1$中的 N

(c) 纯铁原子

(d) $Cfg_{N-\square}^1$中氮原子第一近邻铁原子

(e) $Cfg_{N-\square}^1$中氮原子第二近邻铁原子

图 2.17　构型$Cfg_{N-\square}^1$ 中氮原子和近邻铁原子的态密度

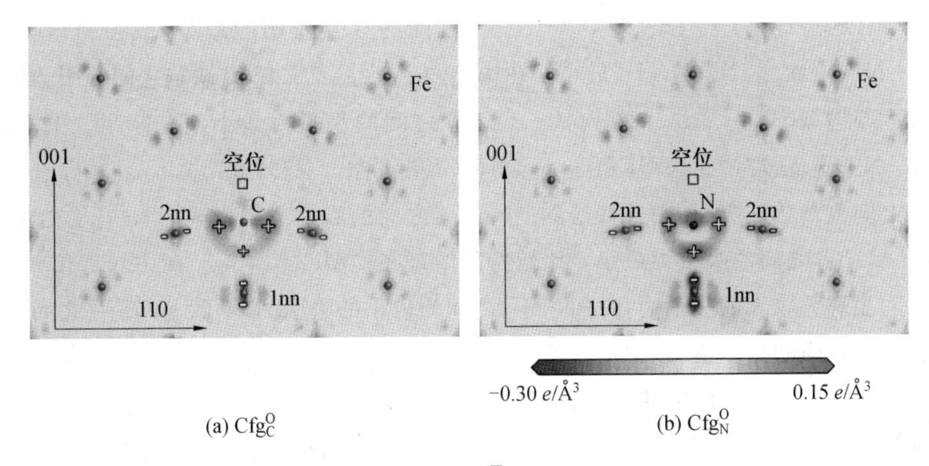

(a) Cfg_C^O　　(b) Cfg_N^O

图 2.18　构型$Cfg^1_{FIA-□}$中(1$\bar{1}$0)面的电子密度差分图

当两个外来间隙原子与一个空位相互靠近时，可能形成的构型如图 2.15 所示。在这六种构型中，空位均位于体心位置，两个外来间隙原子围绕在它的周围。在构型$Cfg^1_{FIA1-FIA2-□}$和$Cfg^2_{FIA1-FIA2-□}$中，两个外来间隙原子均占据空位的第一近邻八面体间隙位置，分别沿着〈110〉方向和〈001〉方向。在构型$Cfg^3_{FIA1-FIA2-□}$中，两个外来间隙原子均占据空位的第二近邻八面体间隙位置，沿着〈110〉方向。在构型$Cfg^4_{FIA1-FIA2-□}$中，两个外来间隙原子沿着〈111〉方向分布，呈哑铃形。在构型$Cfg^5_{FIA1-FIA2-□}$和$Cfg^6_{FIA1-FIA2-□}$中，两个外来间隙原子分别占据空位的第一近邻和第二近邻八面体间隙位置，分别沿着〈111〉方向和〈102〉方向。

两个外来间隙原子与一个空位之间的相互作用能如表 2.11 所示。从表中可以看出，除了构型$Cfg^4_{N-N-□}$以外，其他构型的相互作用能均为负值，表面这些构型都能够形成。当两个碳原子和一个空位相互作用时，构型$Cfg^1_{C-C-□}$中的相互作用能最负，构型最稳定。当两个氮原子和一个空位相互作用时，构型$Cfg^2_{N-N-□}$中相互作用能最负，构型最稳定。当一个碳原子、一个氮原子和一个空位相互作用时，构型$Cfg^2_{C-N-□}$中的相互作用能最负，构型最稳定。

表 2.11　两个外来间隙原子和一个空位之间的相互作用能

构型	$E^{C-C-□}_{Interact}$/eV	$E^{C-N-□}_{Interact}$/eV	$E^{N-C-□}_{Interact}$/eV	$E^{N-N-□}_{Interact}$/eV
$Cfg^1_{FIA1-FIA2-□}$	−1.83	−1.30	−1.30	−0.88
$Cfg^2_{FIA1-FIA2-□}$	−1.44	−1.69	−1.69	−1.96
$Cfg^3_{FIA1-FIA2-□}$	−0.25	−0.39	−0.39	−0.51
$Cfg^4_{FIA1-FIA2-□}$	−1.23	−0.31	−0.31	1.94
$Cfg^5_{FIA1-FIA2-□}$	−0.33	−0.65	−0.61	−0.95
$Cfg^6_{FIA1-FIA2-□}$	−0.90	−1.18	−1.21	−1.46

在构型$Cfg^{1}_{FIA1-FIA2-\square}$中，C—C—□之间的相互作用能最负，吸引力最大，C—N—□次之，N—N—□最小。在构型$Cfg^{2}_{FIA1-FIA2-\square}$中，点缺陷之间吸引力的大小与构型$Cfg^{1}_{FIA1-FIA2-\square}$不同，C—C—□之间的吸引力最小，C—N—□次之，N—N—□最大。在构型$Cfg^{3}_{FIA1-FIA2-\square}$、$Cfg^{5}_{FIA1-FIA2-\square}$和$Cfg^{6}_{FIA1-FIA2-\square}$中，点缺陷之间也是相互吸引，而且都是N—N—□之间的吸引力最大，C—N—□次之，C—C—□之间的吸引力最小。比较特殊的是在构型$Cfg^{4}_{FIA1-FIA2-\square}$中，C—C—□之间表现为较大的吸引力，C—N—□之间为较小的吸引力，而N—N—□之间则表现为较强的排斥力。

由于点缺陷之间的相互作用，因此构型$Cfg^{1}_{FIA1-FIA2-\square}$中外来间隙原子与周围铁原子的近邻关系发生变化，如图2.19所示。弛豫前，每个外来间隙原子有一个第一近邻铁原子和四个第二近邻铁原子，其中有两个第二近邻铁原子是两个外来间隙原子所共有的，两个外来间隙原子之间的距离为0.199 nm($a\sqrt{2}/2$)。弛豫后，与周围铁原子的近邻关系因外来间隙原子的类型而不同。

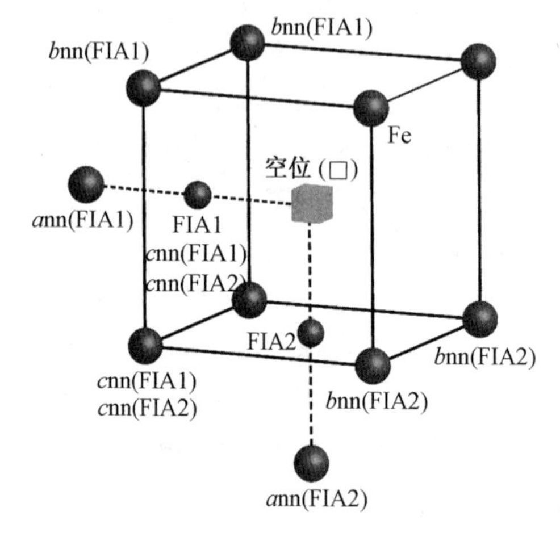

构型	a	b	c
未弛豫$Cfg^{1}_{FIA1-FIA2-\square}$	1	2	2
弛豫$Cfg^{1}_{C-C-\square}$	2	1	3
弛豫$Cfg^{1}_{C-N-\square}$	2	1	3
弛豫$Cfg^{1}_{N-N-\square}$	1	2	3

图2.19　弛豫前后构型$Cfg^{1}_{FIA1-FIA2-\square}$中外来间隙原子近邻铁原子的位置

当两个外来间隙原子为碳碳或碳氮时，两个外来间隙原子之间相互吸引，距离减小。如表2.12所示，在构型$Cfg^{1}_{C-C-\square}$和$Cfg^{1}_{C-N-\square}$中，两个外来间隙原子之间的距离分别为0.143 nm和0.140 nm。由于两个外来间隙原子之间相互靠近，因此原始的第一近邻铁原子变成第二近邻(a)，原始的两个外来间隙原子所共有的两个第二近邻铁原子变成第三近邻(c)，另外两个原始的第二近邻铁原子变成第一近邻(b)。弛豫后，第三近邻铁原子是两个外来间隙原子所共有的。

表 2.12　构型$\mathrm{Cfg}^{1}_{\mathrm{FIA1-FIA2}-\square}$ 中的键集居数和键长

Cfg	键	键的数量	键集居数	键长 /nm
$\mathrm{Cfg}^{1}_{\mathrm{C}-\square}$	C—Fe(1nn)	1	0.30	0.193
	C—Fe(2nn)	4	0.52	0.193
$\mathrm{Cfg}^{1}_{\mathrm{C-C}-\square}$	C—Fe(1nn)	2	0.47	0.194
	C—Fe(2nn)	1	0.31	0.205
	C—Fe(3nn)	2	0.05	0.215
	C—C	1	1.15	0.143
$\mathrm{Cfg}^{1}_{\mathrm{C-N}-\square}$	C—Fe(1nn)	2	0.49	0.194
	C—Fe(2nn)	1	0.32	0.206
	C—Fe(3nn)	2	0.05	0.216
	C—N	1	0.97	0.140
$\mathrm{Cfg}^{1}_{\mathrm{N}-\square}$	N—Fe(1nn)	1	0.33	0.180
	N—Fe(2nn)	4	0.43	0.190
$\mathrm{Cfg}^{1}_{\mathrm{N-N}-\square}$	N—Fe(1nn)	1	0.38	0.174
	N—Fe(2nn)	2	0.47	0.183
	N—Fe(3nn)	2	0.32	0.197
	N—N	1	−0.06	0.222
$\mathrm{Cfg}^{1}_{\mathrm{C-N}-\square}$	N—Fe(1nn)	2	0.39	0.193
	N—Fe(2nn)	1	0.26	0.200
	N—Fe(3nn)	2	0.00	0.211
	C—N	1	0.97	0.140

当两个外来间隙原子为氮氮时，两个氮原子之间相互排斥，距离增大。如表 2.12 所示，在构型$\mathrm{Cfg}^{1}_{\mathrm{N-N}-\square}$ 中，两个氮原子之间的距离为 0.222 nm。由于两个外来间隙原子之间相互远离，因此原始的两个氮原子所共有的两个第二近邻铁原子变成第三近邻(c)。氮原子与其他铁原子的近邻关系不变。弛豫后，第三近邻铁原子是两个外来间隙原子所共有的。

在不同种类的构型$\mathrm{Cfg}^{1}_{\mathrm{FIA1-FIA2}-\square}$ 中，外来间隙原子和近邻原子的键集居数和键长如表 2.12 所示。

在构型$\mathrm{Cfg}^{1}_{\mathrm{C}-\square}$ 中，碳原子与近邻原子的键集居数之和为 2.38。在构型$\mathrm{Cfg}^{1}_{\mathrm{N}-\square}$ 中，氮原子与近邻原子的键集居数之和为 2.05。在构型$\mathrm{Cfg}^{1}_{\mathrm{C-C}-\square}$ 中，一个碳原子与近邻原子的键集居数之和为 2.50。在构型$\mathrm{Cfg}^{1}_{\mathrm{N-N}-\square}$ 中，一个氮原子与近邻原子的键集居数之和为 1.88。在构型$\mathrm{Cfg}^{1}_{\mathrm{C-N}-\square}$ 中，碳原子与近邻原子的

键集居数之和为 2.37，氮原子与近邻原子的键集居数之和为 2.01。在构型$Cfg^1_{FIA1-FIA2-□}$中，当两个外来间隙原子为碳碳时，每个碳原子与近邻原子之间的键合强度增加；当两个外来间隙原子为碳氮或氮氮时，每个外来间隙原子与近邻原子之间的键合强度降低。也就是说，构型$Cfg^1_{C-C-□}$可能形成，并且能够稳定存在；构型$Cfg^1_{C-N-□}$和$Cfg^1_{N-N-□}$可能形成，但是不如构型$Cfg^1_{C-□}$和$Cfg^1_{N-□}$稳定。从外来间隙原子和空位之间的相互作用能来看，也可以得出相同的结论。碳氮原子和空位之间的相互作用能分别为 −0.80 eV(C—□) 和 −1.06 eV(N—□)。C—C—□ 的相互作用能为 −1.83 eV，小于两个 C—□ 的相互作用能 −1.60 eV，所以构型$Cfg^1_{C-C-□}$比$Cfg^1_{C-□}$更稳定。N—N—□ 的相互作用能为 −0.88 eV，大于两个 N—□ 的相互作用能 −2.12 eV，所以构型$Cfg^1_{N-N-□}$没有$Cfg^1_{N-□}$稳定。C—N—□ 的相互作用能为 −1.30 eV，大于一个 C—□ 和一个 N—□ 的相互作用能之和 −1.86 eV，所以构型$Cfg^1_{C-N-□}$没有$Cfg^1_{C-□}$和$Cfg^1_{N-□}$稳定。

构型$Cfg^1_{C-C-□}$中碳原子和近邻铁原子的态密度如图 2.20 所示。

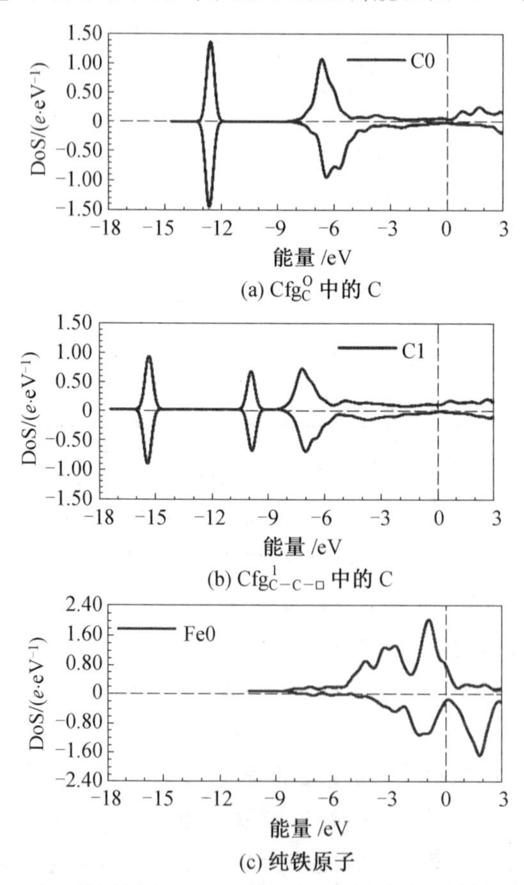

(a) Cfg^O_C 中的 C

(b) $Cfg^1_{C-C-□}$ 中的 C

(c) 纯铁原子

图 2.20　构型$Cfg^1_{C-C-□}$中碳原子和近邻铁原子的态密度

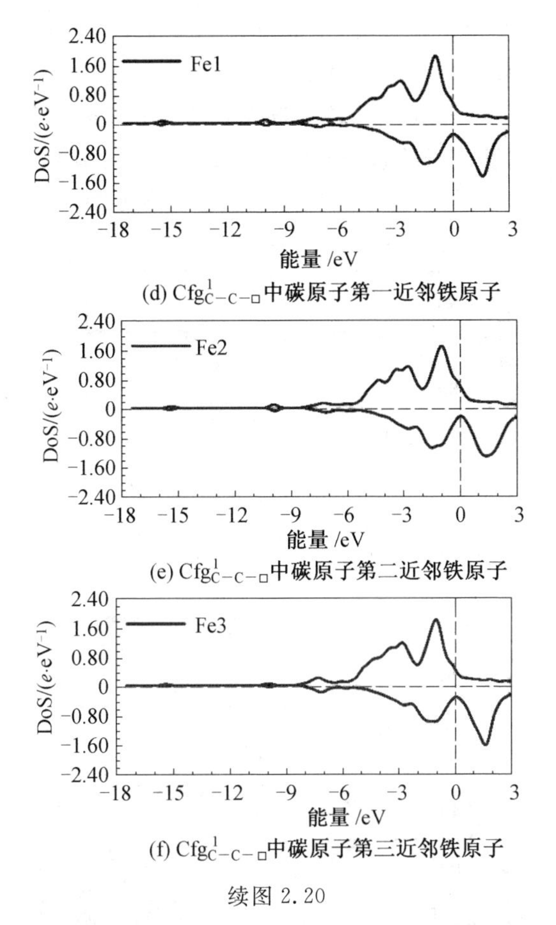

(d) $Cfg^{1}_{C-C-\square}$中碳原子第一近邻铁原子

(e) $Cfg^{1}_{C-C-\square}$中碳原子第二近邻铁原子

(f) $Cfg^{1}_{C-C-\square}$中碳原子第三近邻铁原子

续图 2.20

碳原子的态密度如图 2.20(a) 和(b) 所示，曲线 C0 是一个碳原子占据八面体间隙位置时的态密度，用作比较，曲线 C1 是构型$Cfg^{1}_{C-C-\square}$ 中碳原子的态密度。引入另外一个碳原子和一个空位以后，碳原子的态密度变化很大。碳原子 s 轨道上电子的态密度发生劈裂，劈裂以后两个能级分别低于(− 15.4 eV) 和高于(− 9.9 eV) 原来的能级，态密度分别为 0.91 e/eV 和 0.66 e/eV，其中一部分态密度来自于 p 轨道上电子的贡献，分别为 0.14 e/eV 和 0.22 e/eV。碳原子 p 轨道上的电子除了与 s 轨道上的电子发生杂化产生两个较低能级的态密度峰以外，它的主峰(− 6.6 eV) 也向低能级偏移，能级为 − 7.2 eV，态密度降低，为 0.69 e/eV。

铁原子的态密度如图 2.20(c)、(f) 所示，其中曲线 Fe0 是纯铁原子的态密度，曲线 Fe1、Fe2 和 Fe3 是碳原子的第一到第三近邻铁原子的态密度。与纯铁原子的态密度相比，碳原子近邻铁原子态密度的主峰都略有降低，并且都与碳原子发生杂化。在低能级 − 15.4 eV 处，态密度随着距离的增加而逐渐降低，分别为

0.06 e/eV、0.05 e/eV 和 0.03 e/eV。在能级 −9.9 eV 处，第一近邻和第二近邻铁原子的态密度相等，为 0.09 e/eV，第三近邻铁原子的态密度略低一些，为 0.05 e/eV。在能级 −7.2 eV 处，第一近邻和第二近邻铁原子的态密度相等，为 0.14 e/eV，第三近邻铁原子的态密度略有升高，为 0.21 e/eV。

构型$Cfg^{1}_{N-N-\square}$ 中氮原子和近邻铁原子的态密度如图 2.21 所示。

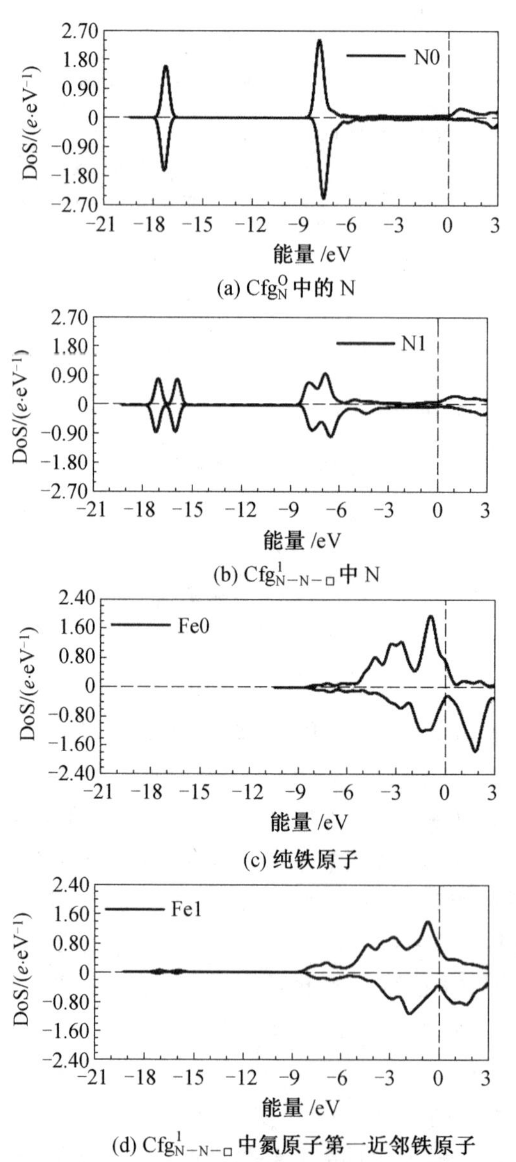

(a) Cfg^{0}_{N} 中的 N

(b) $Cfg^{1}_{N-N-\square}$ 中 N

(c) 纯铁原子

(d) $Cfg^{1}_{N-N-\square}$ 中氮原子第一近邻铁原子

图 2.21 构型$Cfg^{1}_{N-N-\square}$ 中氮原子和近邻铁原子的态密度

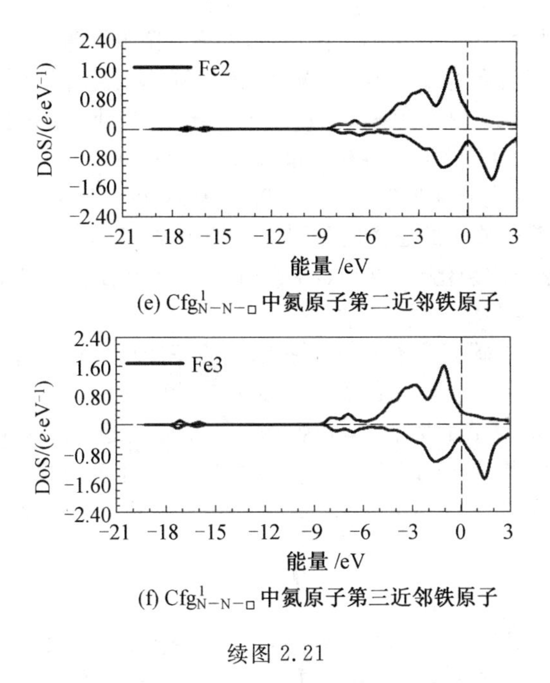

(e) $Cfg^{1}_{N-N-\square}$ 中氮原子第二近邻铁原子

(f) $Cfg^{1}_{N-N-\square}$ 中氮原子第三近邻铁原子

续图 2.21

氮原子的态密度如图 2.21(a)、(b) 所示，其中曲线 N0 是一个氮原子占据八面体间隙位置时的态密度，用作比较，曲线 N1 是构型 $Cfg^{1}_{N-N-\square}$ 中氮原子的态密度。引入另外一个氮原子和一个空位以后，氮原子的态密度变化很大。氮原子 s 轨道上电子的态密度发生劈裂，劈裂以后两个能级都高于原来的能级，分别为 −17.1 eV 和 −15.9 eV，态密度分别为 0.81 e/eV 和 0.80 e/eV，其中一部分态密度来自于 p 轨道上电子的贡献，分别为 0.01 e/eV 和 0.03 e/eV。氮原子 p 轨道上的电子除了与 s 轨道上的电子发生杂化所产生的两个较低能级的态密度峰以外，它的主峰也发生劈裂，劈裂以后两个能级分别为 −7.9 eV 和 −6.9 eV，态密度降低，分别为 0.70 e/eV 和 0.98 e/eV。

铁原子的态密度如图 2.21(c) ~ (f) 所示，其中曲线 Fe0 是纯铁原子的态密度，曲线 Fe1、Fe2 和 Fe3 是氮原子的第一到第三近邻铁原子的态密度。与纯铁原子的态密度相比，近邻铁原子态密度的主峰都略有降低，并且都与氮原子发生杂化。第一到第三近邻铁原子自旋向上电子态密度主峰的能级分别为 −0.7 eV、−1.0 eV 和 −1.0 eV，第一近邻铁原子较纯铁原子(−0.9 eV) 能级升高了 0.2 eV，第二和第三近邻铁原子能级降低了 0.1 eV。第一到第三近邻铁原子自旋向上电子的态密度分别为 1.39 e/eV、1.20 e/eV 和 1.62 e/eV，与纯铁原子(1.93 e/eV) 比较，态密度均降低。第一近邻铁原子自旋向下电子的态密度主峰发生的能级分裂，分别为 1.0 eV 和 1.7 eV，第二和第三近邻铁原子自旋向下电子态密度主峰的能级分别为 1.5 eV 和 1.6 eV，与纯铁原子(−0.9 eV) 比较，能级均降低。第一到第三近邻铁原子自旋向下电子的态密度分别为 0.85 e/eV(和 0.88 e/eV)、1.40 e/eV 和

1.49 e/eV，与纯铁原子(1.76 e/eV) 比较，态密度均降低。近邻铁原子与氮原子在四个能级上发生杂化：在能级 −17.1 eV 处，第一到第三近邻铁原子的态密度分别为0.05 e/eV、0.05 e/eV 和0.10 e/eV；在能级−15.9 eV处，第一到第三近邻铁原子的态密度分别为 0.04 e/eV、0.05 e/eV 和 0.06 e/eV；在能级 −7.9 eV 处，第一到第三近邻铁原子的态密度分别为0.13 e/eV、0.13 e/eV 和0.19 e/eV；在能级−6.9 eV处，第一到第三近邻铁原子的态密度分别为0.26 e/eV、0.23 e/eV 和 0.29 e/eV。第一和第二近邻铁原子的杂化程度相似，第三近邻铁原子的杂化程度较大，因为它与两个氮原子同时发生杂化。

构型$Cfg^1_{C-N-□}$ 中碳氮原子和近邻铁原子的态密度如图 2.22 所示。

构型$Cfg^1_{C-N-□}$ 中碳氮原子的态密度如图 2.22(a) ～ (d) 所示，其中曲线 C0 和 N0 是一个碳氮原子占据八面体间隙时的态密度，用作比较，曲线 C1 和 N1 是构型$Cfg^1_{C-N-□}$ 中碳氮原子的态密度。引入另外一个外来间隙原子和一个空位以后，碳氮原子的态密度变化很大，是碳氮原子电子轨道发生杂化的结果。

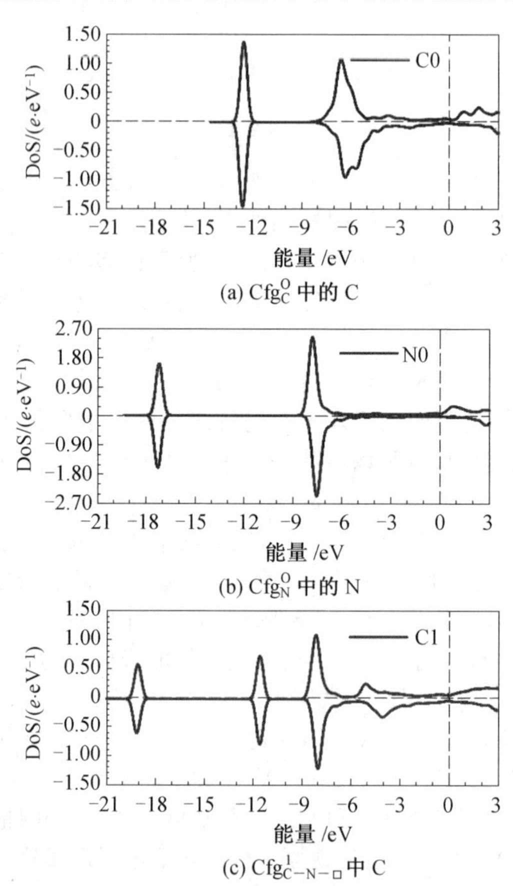

(a) Cfg^O_C 中的 C

(b) Cfg^O_N 中的 N

(c) $Cfg^1_{C-N-□}$中 C

图 2.22 构型$Cfg^1_{C-N-□}$ 中碳氮原子和近邻铁原子的态密度

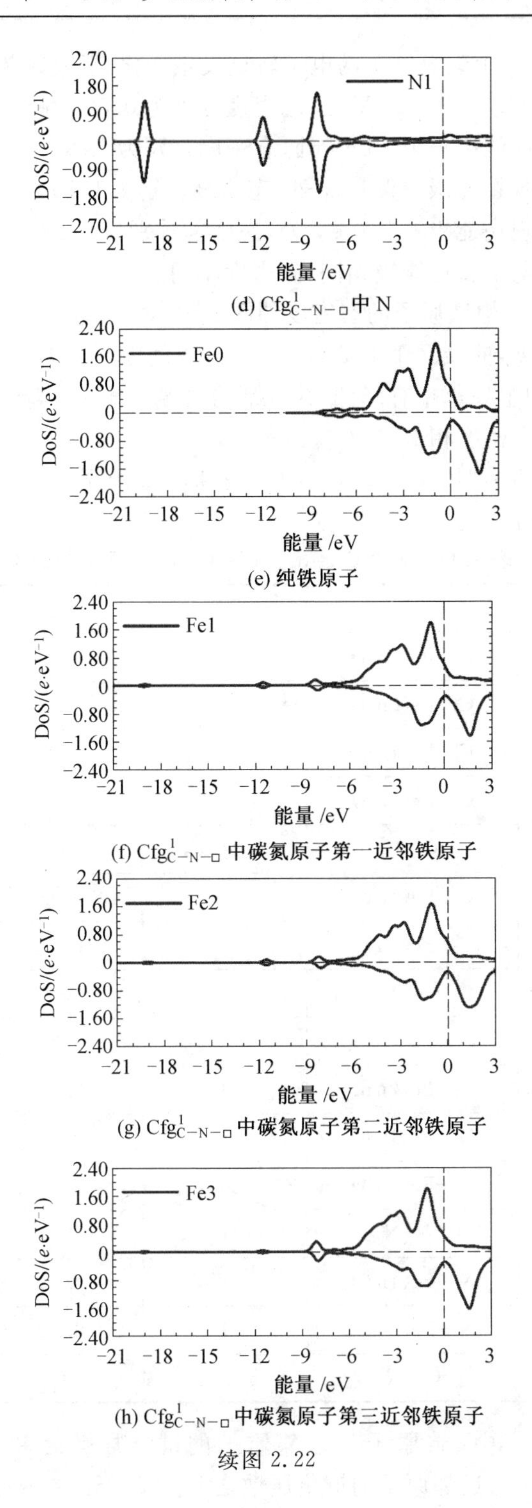

(d) $Cfg^{1}_{C-N-\square}$中 N

(e) 纯铁原子

(f) $Cfg^{1}_{C-N-\square}$中碳氮原子第一近邻铁原子

(g) $Cfg^{1}_{C-N-\square}$中碳氮原子第二近邻铁原子

(h) $Cfg^{1}_{C-N-\square}$中碳氮原子第三近邻铁原子

续图 2.22

构型$Cfg^{1}_{C-N-\square}$中碳氮原子的电子轨道发生杂化，形成四条电子轨道：第一条电子轨道出现在能级 −19.0 eV 处，态密度分别为 0.59 *e*/eV 和 1.31 *e*/eV；第二条电子轨道出现在能级 −11.5 eV 处，态密度分别为 0.73 *e*/eV 和 0.77 *e*/eV；第三条电子轨道出现在能级−8.1 eV 处，态密度分别为 1.10 *e*/eV 和 1.55 *e*/eV；第四条电子轨道出现在能级 −5.0 eV 处，态密度分别为 0.26 *e*/eV 和0.14 *e*/eV。碳氮原子的四条电子轨道能级相同，态密度不同。

构型$Cfg^{1}_{C-N-\square}$中铁原子的态密度如图 2.22(e)～(h) 所示，其中曲线 Fe0 是纯铁原子的态密度，曲线 Fe1、Fe2 和 Fe3 是外来间隙原子第一到第三近邻铁原子的态密度，它们的主峰都略有降低，并且都与碳氮原子发生杂化。碳原子和氮原子近邻铁原子的态密度相似。

在不同类型的构型$Cfg^{2}_{FIA1-FIA2-\square}$中，外来间隙原子与近邻原子的键集居数和键长如表 2.13 所示。

表 2.13 构型$Cfg^{2}_{FIA1-FIA2-\square}$中的键集居数和键长

Cfg	键	键的数量	键集居数	键长 /nm
$Cfg^{1}_{C-\square}$	C—Fe(1nn)	1	0.30	0.193
	C—Fe(2nn)	4	0.52	0.193
$Cfg^{2}_{C-C-\square}$	C—Fe(1nn)	1	0.32	0.185
	C—Fe(2nn)	4	0.53	0.192
	C—C	1	−0.03	0.235
$Cfg^{2}_{C-N-\square}$	C—Fe(1nn)	1	0.32	0.185
	C—Fe(2nn)	4	0.53	0.192
	C—N	1	−0.07	0.243
$Cfg^{1}_{N-\square}$	N—Fe(1nn)	1	0.33	0.180
	N—Fe(2nn)	4	0.43	0.190
$Cfg^{2}_{N-N-\square}$	N—Fe(1nn)	1	0.33	0.178
	N—Fe(2nn)	4	0.44	0.191
	N—N	1	−0.07	0.248
$Cfg^{2}_{C-N-\square}$	N—Fe(1nn)	1	0.33	0.178
	N—Fe(2nn)	4	0.44	0.191
	C—N	1	−0.07	0.243

在构型$Cfg^{1}_{C-\square}$中，碳原子与近邻原子的键集居数之和为 2.38。在构型$Cfg^{1}_{N-\square}$中，氮原子与近邻原子的键集居数之和为 2.05。在构型$Cfg^{2}_{C-C-\square}$中，一

个碳原子与近邻原子的键集居数之和为 2.41。在构型$Cfg^{2}_{N—N—□}$中，一个氮原子与近邻原子的键集居数之和为 2.02。在构型$Cfg^{2}_{C—N—□}$中，碳原子与近邻原子的键集居数之和为 2.37，氮原子与近邻原子的键集居数之和为 2.02。在构型$Cfg^{2}_{FIA1—FIA2—□}$中，每个外来间隙原子与近邻原子之间的键合强度变化很小。

从外来间隙原子和空位之间的相互作用能来看，碳氮原子和空位之间的相互作用能分别为 −0.80 eV(C—□) 和 −1.06 eV(N—□)；C—C—□ 的相互作用能为 −1.44 eV，大于两个 C—□ 的相互作用能 −1.60 eV，所以$Cfg^{2}_{C—C—□}$没有$Cfg^{1}_{C—□}$稳定。N—N—□ 的相互作用能为 −1.96 eV，大于两个 N—□ 的相互作用能 −2.12 eV，所以$Cfg^{2}_{N—N—□}$没有$Cfg^{1}_{N—□}$稳定。C—N—□ 的相互作用能为 −1.69 eV，大于一个 C—□ 和一个 N—□ 的相互作用能之和 −1.86 eV，所以$Cfg^{2}_{C—N—□}$没有$Cfg^{1}_{C—□}$和$Cfg^{1}_{N—□}$稳定。

在构型$Cfg^{2}_{C—C—□}$中碳原子及其近邻铁原子的态密度如图 2.23 所示。

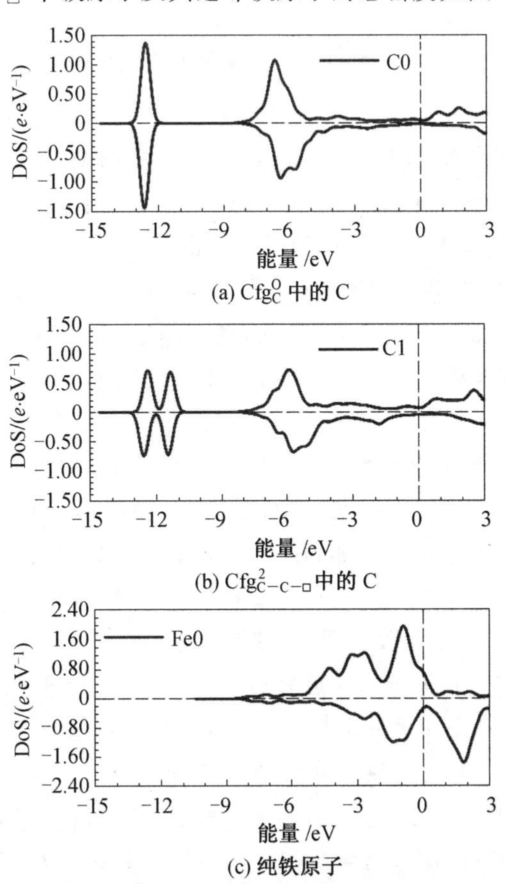

(a) Cfg^{0}_{C} 中的 C

(b) $Cfg^{2}_{C—C—□}$中的 C

(c) 纯铁原子

图 2.23　构型$Cfg^{2}_{C—C—□}$中碳原子及其近邻铁原子的态密度

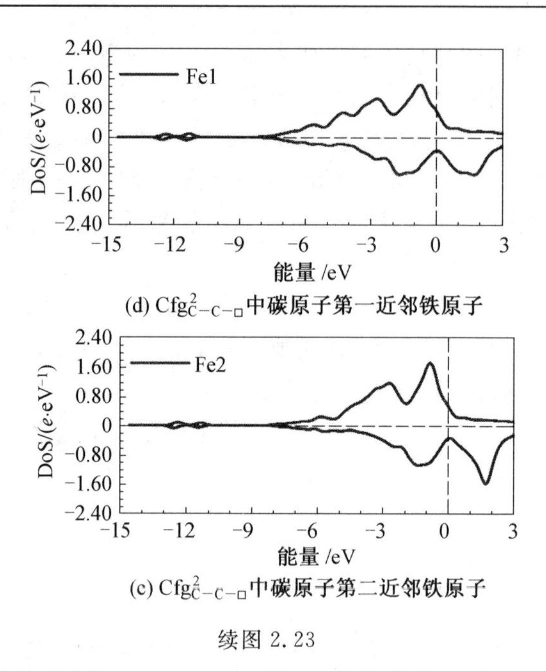

(d) $Cfg^2_{C-C-□}$中碳原子第一近邻铁原子

(c) $Cfg^2_{C-C-□}$中碳原子第二近邻铁原子

续图 2.23

碳原子的态密度如图 2.23(a)、(b) 所示，其中曲线 C0 是一个碳原子占据八面体间隙位置时的态密度，曲线 C1 是构型$Cfg^2_{C-C-□}$ 中碳原子的态密度。引入另外一个碳原子和一个空位以后，碳原子的态密度变化很大。s 轨道上的电子发生能级劈裂，能级分别为 －12.4 eV 和 －11.4 eV，态密度为 0.71 *e*/eV 和 0.69 *e*/eV。在能级为－11.4 eV 的轨道上，部分态密度来自于 p 轨道上电子的贡献，约为0.07 *e*/eV。p 轨道上电子的能级升高，为 －5.9 eV，态密度为 0.72 *e*/eV。

铁原子的态密度如图 2.23(c) ～ (e) 所示，其中曲线 Fe0 是纯铁原子的态密度，用作比较，曲线 Fe1 和 Fe2 是构型$Cfg^2_{C-C-□}$ 中碳原子第一近邻和第二近邻铁原子的态密度。碳原子第一近邻和第二近邻铁原子自旋向上电子的态密度峰能级均为－0.8 eV，态密度分别为 1.44 *e*/eV 和 1.73 *e*/eV；与纯铁原子相比，能级略有升高(＋0.1 eV)，态密度降低，分别降低了 0.54 *e*/eV 和 0.25 *e*/eV，第一近邻铁原子降低更多。碳原子第一近邻和第二近邻铁原子自旋向下电子的态密度峰能级均为 1.7 eV，态密度分别为 1.03 *e*/eV 和 1.58 *e*/eV，与纯铁原子相比，能级略有降低(－0.2 eV)，态密度降低，分别降低了 0.73 *e*/eV 和 0.18 *e*/eV，第一近邻铁原子降低更多。在能级－12.4 eV、－11.4 eV 和－5.9 eV 上第一近邻(第二近邻)铁原子的态密度分别为 0.08 *e*/eV(0.09 *e*/eV)、0.09 *e*/eV(0.07 *e*/eV)和0.34 *e*/eV (0.25 *e*/eV)，两者之间相差不大。

构型$Cfg^2_{N-N-□}$ 中氮原子及其近邻铁原子的态密度如图 2.24 所示。

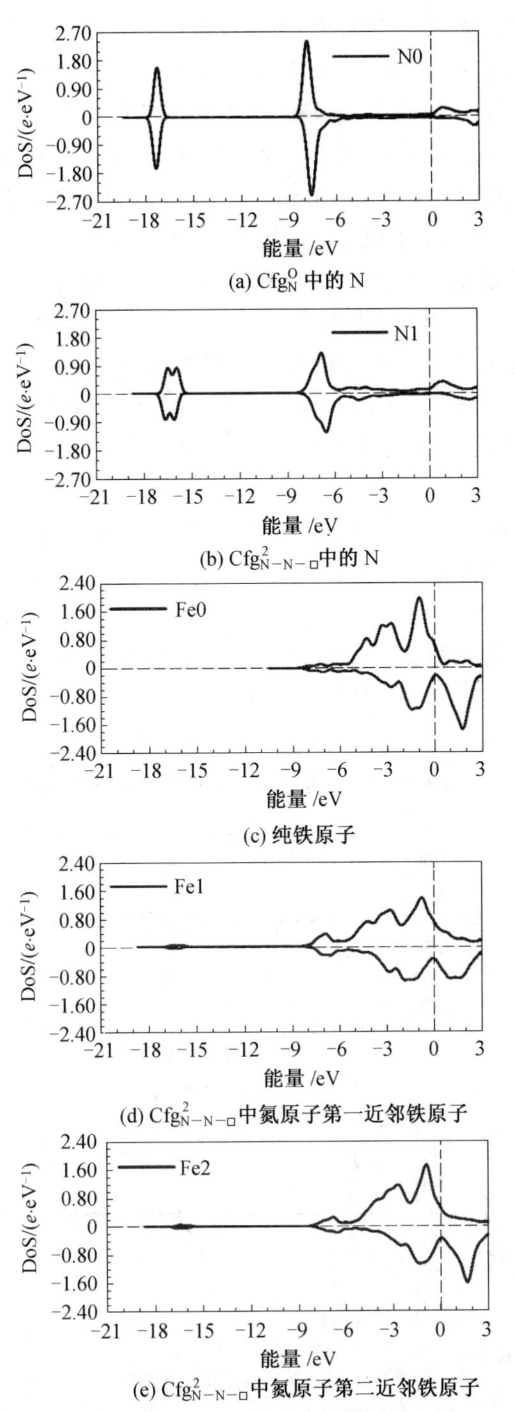

(a) Cfg_{N}^{O} 中的 N

(b) $Cfg_{N-N-\square}^{2}$ 中的 N

(c) 纯铁原子

(d) $Cfg_{N-N-\square}^{2}$ 中氮原子第一近邻铁原子

(e) $Cfg_{N-N-\square}^{2}$ 中氮原子第二近邻铁原子

图 2.24　构型 $Cfg_{N-N-\square}^{2}$ 中氮原子及其近邻铁原子的态密度

氮原子的态密度如图 2.24(a)、(b) 所示，其中曲线 N0 是一个氮原子占据八面体间隙位置时的态密度，曲线 N1 是构型 $Cfg^{2}_{N-N-\square}$ 中氮原子的态密度。引入另外一个氮原子和一个空位以后，氮原子的态密度变化很大。s 轨道上的电子发生能级劈裂，能级分别为 −16.5 eV 和 −16.0 eV，态密度为 0.81 *e*/eV 和 0.82 *e*/eV。在能级为 −16.0 eV 的轨道上，部分态密度来自于 p 轨道上电子的贡献，约为 0.03 *e*/eV。p 轨道上电子的能级升高，为 −6.9 eV，态密度为 1.27 *e*/eV。

铁原子的态密度如图 2.24(c)～(e) 所示。其中曲线 Fe0 是纯铁原子的态密度，用作比较，曲线 Fe1 和 Fe2 是构型 $Cfg^{2}_{N-N-\square}$ 中氮原子第一近邻和第二近邻铁原子的态密度。氮原子第一近邻和第二近邻铁原子自旋向上电子的态密度峰能级分别为 −0.8 eV 和 −0.9 eV，密度分别为 1.36 *e*/eV 和 1.72 *e*/eV；与纯铁原子相比，第一近邻铁原子能级略有升高(+0.1 eV)，第二近邻铁原子能级不变；态密度分别降低了 0.62 *e*/eV 和 0.26 *e*/eV，第一近邻铁原子降低更多。氮原子第一近邻铁原子自旋向下电子的态密度发生能级劈裂，能级分别为 1.1 eV 和 1.6 eV，态密度分别为 0.94 *e*/eV 和 0.93 *e*/eV。氮原子第二近邻铁原子自旋向下电子的态密度峰能级为 1.7 eV，态密度为 1.61 *e*/eV。与纯铁原子相比，第一近邻铁原子态密度降低更多。在能级 −16.5 eV、−16.0 eV 和 −6.9 eV 上第一近邻(第二近邻)铁原子的态密度分别为 0.05 *e*/eV(0.06 *e*/eV)、0.05 *e*/eV(0.04 *e*/eV) 和 0.35 *e*/eV(0.25 *e*/eV)，两者之间相差不大。

构型 $Cfg^{2}_{C-N-\square}$ 中碳氮原子及其近邻铁原子的态密度如图 2.25 所示。

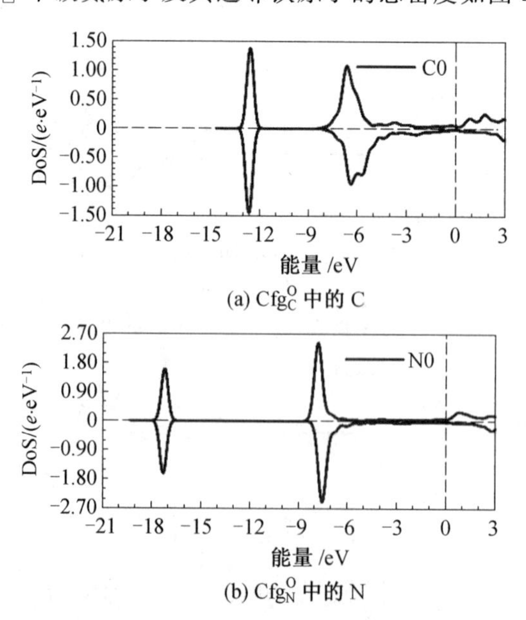

(a) Cfg^{O}_{C} 中的 C

(b) Cfg^{O}_{N} 中的 N

图 2.25 构型 $Cfg^{2}_{C-N-\square}$ 中碳氮原子及其近邻铁原子的态密度

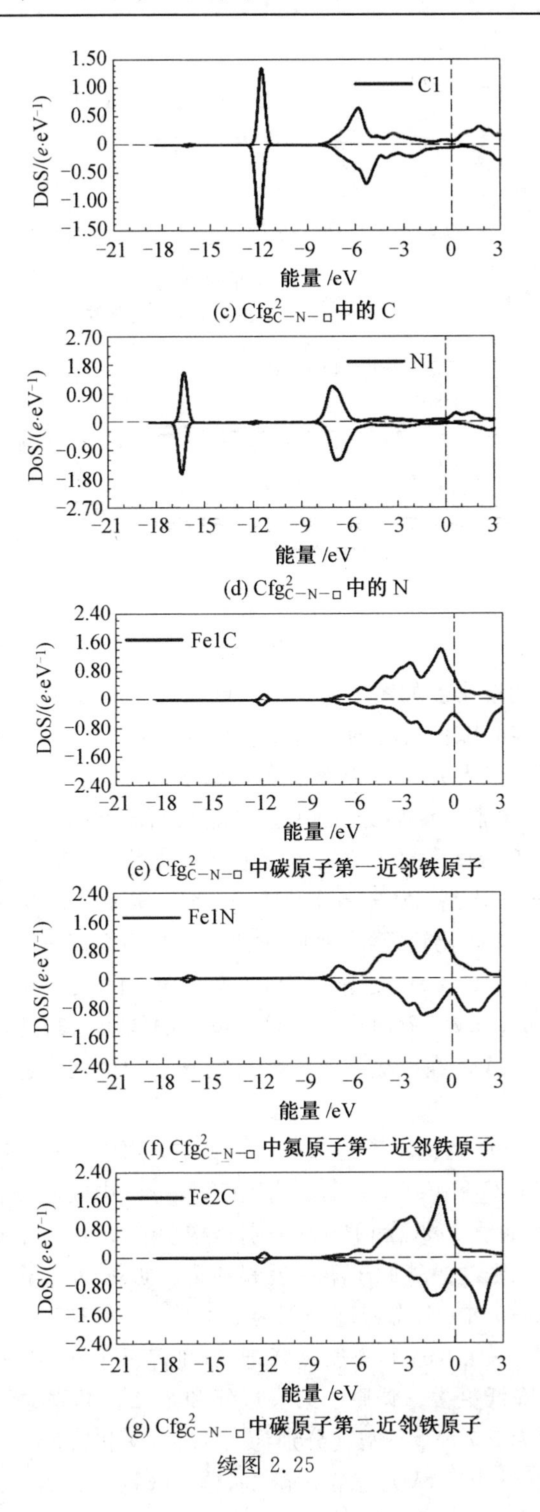

(c) $Cfg^{2}_{C-N-\square}$中的 C

(d) $Cfg^{2}_{C-N-\square}$中的 N

(e) $Cfg^{2}_{C-N-\square}$中碳原子第一近邻铁原子

(f) $Cfg^{2}_{C-N-\square}$中氮原子第一近邻铁原子

(g) $Cfg^{2}_{C-N-\square}$中碳原子第二近邻铁原子

续图 2.25

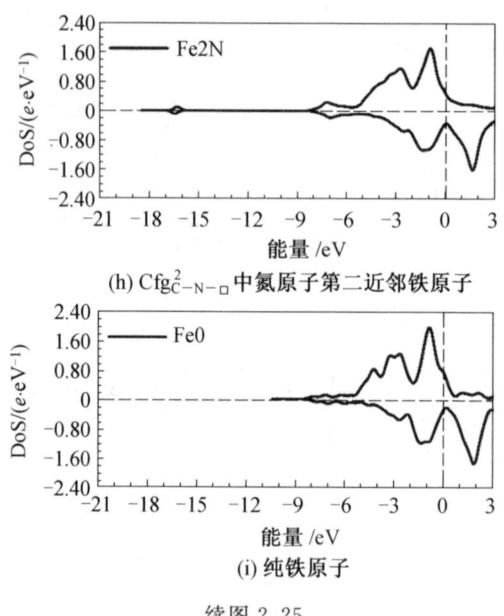

(h) $\mathrm{Cfg}^{2}_{\mathrm{C-N-\square}}$中氮原子第二近邻铁原子

(i) 纯铁原子

续图 2.25

碳和氮原子的态密度如图 2.25(a) ～ (d) 所示，其中曲线 C0 和 N0 是一个碳氮原子占据八面体间隙位置时的态密度，曲线 C1 和 N1 是构型$\mathrm{Cfg}^{2}_{\mathrm{C-N-\square}}$ 中碳和氮原子的态密度。引入另外一个外来间隙原子和一个空位以后，碳氮原子的态密度变化很大。碳原子 s 轨道上电子的能级升高，为 －11.8 eV，态密度为 1.34 e/eV，部分态密度来自于 p 轨道上电子的贡献，为 0.03 e/eV。碳原子 p 轨道上电子的能级也升高，为 －5.8 eV，态密度降低，为 0.65 e/eV。在能级 －16.3 eV 处有一个杂化轨道，态密度非常低，为 0.02 e/eV。氮原子 s 轨道上电子的能级升高，为－16.3 eV，态密度为 1.58 e/eV，部分态密度来自于 p 轨道上电子的贡献，为 0.02 e/eV。氮原子 p 轨道上电子的能级也升高，为－7.1 eV，态密度降低，为 1.15 e/eV。在能级 －11.8 eV 处有一个杂化轨道，态密度非常低，为 0.04 e/eV。

图 2.25(e) ～ (i) 是铁原子的态密度。其中，曲线 Fe0 是纯铁原子的态密度，用作比较，曲线 Fe1C 和 Fe1N 分别是构型$\mathrm{Cfg}^{2}_{\mathrm{C-N-\square}}$ 中碳原子和氮原子第一近邻铁原子的态密度，曲线 Fe2C 和 Fe2N 分别是构型$\mathrm{Cfg}^{2}_{\mathrm{C-N-\square}}$ 中碳原子和氮原子第二近邻铁原子的态密度。碳原子第一近邻和第二近邻铁原子自旋向上电子的态密度峰能级均为－0.8 eV，态密度分别为 1.42 e/eV 和 1.74 e/eV，与纯铁原子相比，能级略有升高(＋0.1 eV)，态密度降低，分别降低了 0.56 e/eV 和 0.24 e/eV，第一近邻铁原子降低更多。碳原子第一近邻和第二近邻铁原子自旋向下电子的态密度峰能级均为 1.7 eV，态密度分别为 1.04 e/eV 和 1.58 e/eV，与纯铁原子相比，能级略有降低(－0.2 eV)，态密度降低，分别降低了 0.72 e/eV 和 0.18 e/eV，

第一近邻铁原子降低更多。在能级 −11.8 eV 和 −5.8 eV 上第一近邻(第二近邻)铁原子的态密度分别为0.16 e/eV(0.15 e/eV)和0.34 e/eV(0.22 e/eV),两者之间相差不大。

氮原子第一近邻和第二近邻铁原子自旋向上电子的态密度峰能级分别为 −0.8 eV 和 −0.9 eV,态密度分别为1.35 e/eV和1.71 e/eV;与纯铁原子相比,第一近邻铁原子能级略有升高(+0.1 eV),第二近邻铁原子能级不变;态密度分别降低了0.63 e/eV和0.27 e/eV,第一近邻铁原子降低更多。氮原子第一近邻铁原子自旋向下电子的态密度发生能级劈裂,能级分别为1.0 eV和1.6 eV,态密度分别为0.94 e/eV和0.93 e/eV。氮原子第二近邻铁原子自旋向下电子的态密度峰能级为1.7 eV,态密度为1.61 e/eV。与纯铁原子相比,第一近邻铁原子态密度降低更多。在能级 −16.3 eV 和 −7.1 eV 上第一近邻(第二近邻)铁原子的态密度分别为0.09 e/eV(0.10 e/eV)和0.36 e/eV(0.23 e/eV),两者之间相差不大。

构型$Cfg^{1}_{FIA1-FIA2-□}$中(002)面电子密度的变化如图2.26所示。碳氮原子得电子,电子密度增加;近邻铁原子失电子,电子密度降低。与碳原子相比,氮原子的近邻铁原子失去电子更多。比较特殊的是两个外来间隙原子之间的电子密度分布。在两个碳原子之间,电子密度非常高,形成共价键。在碳原子和氮原子之间,电子密度略低于两个碳原子之间的电子密度,形成稍弱的共价键。在两个氮原子之间,电子密度不变,说明它们之间的相互作用很小。

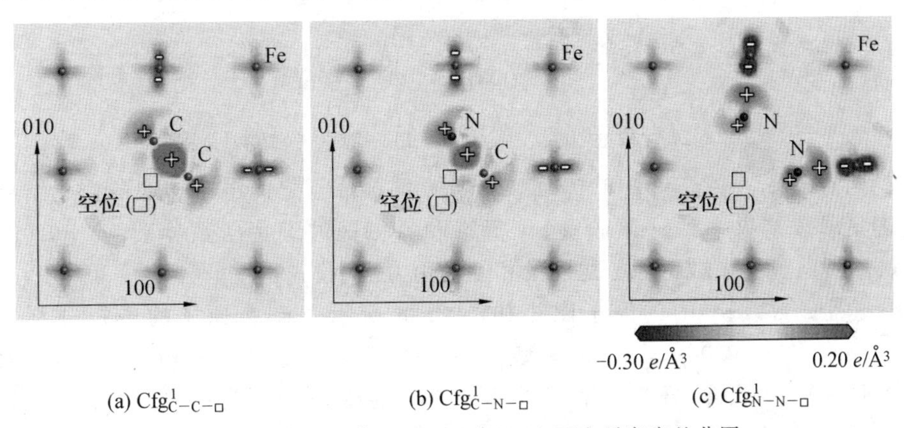

(a) $Cfg^{1}_{C-C-□}$　(b) $Cfg^{1}_{C-N-□}$　(c) $Cfg^{1}_{N-N-□}$

图2.26　构型$Cfg^{1}_{FIA1-FIA2-□}$中(002)面电子密度差分图

构型$Cfg^{1}_{FIA1-FIA2-□}$中(002)面两个外来间隙原子之间电子密度的变化结果与键集居数结果一致。碳碳键的键集居数为1.15,碳氮键的键集居数为0.97,说明碳碳键和碳氮键均为共价键,且碳碳键的强度大于碳氮键。氮氮键的键集居数为 −0.06,相互作用力很小。共价键在电子密度差分图上表现为两个外来间隙原子之间电子密度增加,电子密度越高共价键的强度越大。键集居数为零时,在电子密度差分图上表现为两个外来间隙原子之间电子密度不变。

构型$Cfg^{2}_{FIA1-FIA2-\square}$中$(1\bar{1}0)$面电子密度的变化如图 2.27 所示。碳氮原子得电子，电子密度增加；铁原子失电子，电子密度降低。与碳原子近邻铁原子相比，氮原子近邻的铁原子失去更多电子；并且，第一近邻铁原子失去的电子较第二近邻铁原子多。在两个外来间隙原子(C—C、C—N 和 N—N)之间，电子密度不变，说明它们之间的相互作用很小。

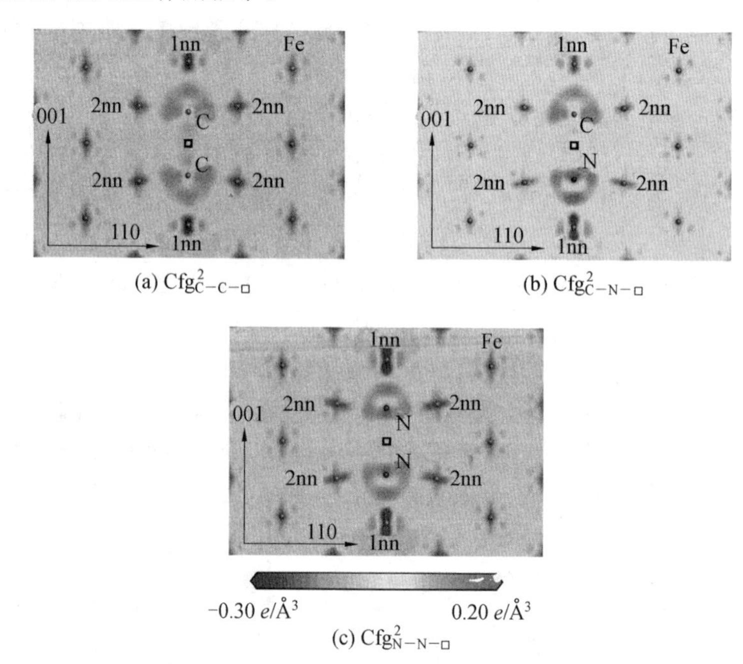

图 2.27 构型$Cfg^{2}_{FIA1-FIA2-\square}$中$(1\bar{1}0)$面电子密度差分图

构型$Cfg^{2}_{FIA1-FIA2-\square}$中$(1\bar{1}0)$面两个外来间隙原子之间电子密度的变化结果与键集居数结果一致。碳碳键、碳氮键和氮氮键的键集居数分别为－0.03、－0.07 和－0.07，成键原子之间的相互作用力很小。

构型$Cfg^{1}_{C-N-\square}$中的原子磁矩如图 2.28 所示。碳氮原子的磁矩分别为－0.18μ_B 和－0.08μ_B，小于构型Cfg^{O}_{FIA}中碳氮原子的磁矩(－0.26μ_B 和－0.16μ_B)。碳原子第一到第三近邻铁原子的磁矩分别为 1.84μ_B、2.10μ_B 和 2.22μ_B。氮原子第一到第三近邻铁原子的磁矩分别为 1.94μ_B、2.04μ_B 和 2.22μ_B。碳氮原子第一和第二近邻铁原子的磁矩小于纯铁原子的磁矩(2.20μ_B)，图中其余铁原子的磁矩大于纯铁原子的磁矩。

构型Cfg^{1}_{C-N}中碳氮原子的磁矩分别为－0.24μ_B 和－0.14μ_B，碳氮原子第一近邻铁原子的磁矩分别为 1.60μ_B 和 1.54μ_B。引入一个空位，形成构型$Cfg^{1}_{C-N-\square}$，碳氮原子的磁矩变化不大，但是因为碳氮原子之间相互吸引，所以碳氮原子与第一近邻铁原子之间的距离增加(由 0.172 nm 和 0.172 nm 变为

0.194 nm 和 0.193 nm)，进而减小对第一近邻铁原子磁矩的影响，第一近邻铁原子的磁矩分别增加 0.24μ_B 和 0.40μ_B。

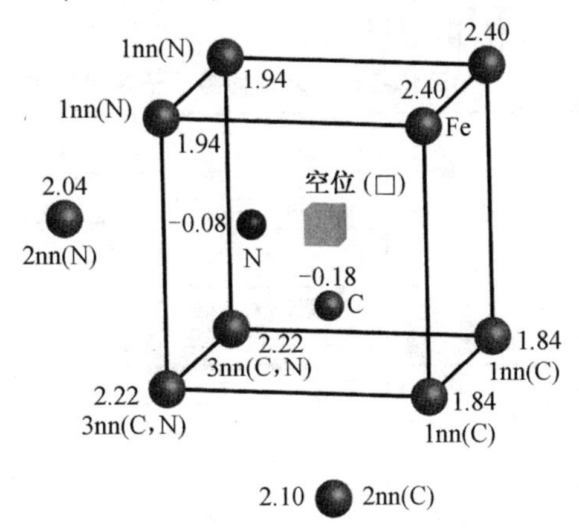

图 2.28　构型$Cfg^1_{C-N-□}$ 中的原子磁矩(μ_B)

当一个空位与 3～5 个外来间隙原子相互靠近时，可能形成的构型如图 2.15 所示，空位与外来间隙原子之间的相互作用能如表 2.14 所示。

当一个空位与三个外来间隙原子相互靠近时，可能形成两种构型，即 $Cfg^1_{3FIA-□}$ 和$Cfg^2_{3FIA-□}$。在这两种构型中，三个外来间隙原子所占据的位置都是空位的第一近邻八面体间隙位置，所不同的是它们的相对位置。在构型 $Cfg^1_{3FIA-□}$ 中，三个外来间隙原子与空位在一个平面上，其中两个外来间隙原子与空位共线，另一个外来间隙原子处于这条直线的垂线上。在构型$Cfg^2_{3FIA-□}$ 中，三个外来间隙原子互为第一近邻，三个间隙位置是等效的。

当三个碳原子与一个空位相互靠近时，它们之间的相互作用能在两种构型中均为负值，分别是 −1.96 eV 和 −0.93 eV，表示它们之间相互吸引，可能形成稳定的构型，比较而言，构型$Cfg^1_{3C-□}$ 更稳定。

当三个氮原子与一个空位相互靠近时，在构型$Cfg^1_{3N-□}$ 中它们之间的相互作用能为较小的负值(−0.18 eV)，表示它们之间相互吸引，但是吸引力很小，当氮原子浓度远大于空位浓度时才可能形成这种构型；在构型$Cfg^2_{3N-□}$ 中它们之间的相互作用能为正值(0.32 eV)，表示它们之间相互排斥，不能形成稳定的构型。

当三个外来间隙原子中既有碳原子又有氮原子时，它们在$Cfg^1_{3FIA-□}$ 中可能形成四种构型，即 C—C—N—□、C—N—N—□、N—C—N—□ 和 C—N—C—□。在这四种构型中，三个外来间隙原子与一个空位之间的相互作用能均为负值，表示它们之间相互吸引，均可形成稳定的构型。在$Cfg^2_{3FIA-□}$ 中可能形成两种构型，即 C—C—N—□ 和 C—N—N—□。在构型$Cfg^2_{C-C-N-□}$ 中，三个外来间隙原子与一个空位之间的相互作用能为负值，表示它们之间相互吸引，均可形成稳定的构型。在构型$Cfg^{2}_{C-N-N-□}$中，三个外来间隙原子与一个空位之间的相互作用能为正值，表示它们之间相互排斥，不能形成稳定的构型。综合比较，构型$Cfg^{1}_{C-C-N-□}$最稳定，相互作用能最负，为 −1.56 eV。

表 2.14　一个空位与多个外来间隙原子的相互作用能

Cfg	FIAs—□	$E_{Interact}$/eV
$Cfg^{1}_{FIA1-FIA2-FIA3-□}$	C—C—C—□	−1.96
	N—N—N—□	−0.18
	C—C—N—□	−1.56
	C—N—N—□	−0.42
	N—C—N—□	−1.20
	C—N—C—□	−0.68
$Cfg^{2}_{FIA1-FIA2-FIA3-□}$	C—C—C—□	−0.93
	N—N—N—□	0.32
	C—C—N—□	−0.43
	C—N—N—□	0.36
$Cfg^{1}_{FIA1-FIA2-FIA3-FIA4-□}$	C—C—C—C—□	−1.57
	N—N—N—N—□	3.08
	C—C—N—C—□	−0.13
	C—C—N—N—□	0.27
$Cfg^{2}_{FIA1-FIA2-FIA3-FIA4-□}$	C—C—C—C—□	0.31
	N—N—N—N—□	1.87
	C—C—N—C—□	0.80
	C—C—N—N—□	—
$Cfg_{FIA1-FIA2-FIA3-FIA4-FIA5-□}$	C—C—C—C—C—□	1.62
	N—N—N—N—N—□	—
	C—C—N—C—C—□	—

当一个空位与四个外来间隙原子相互靠近时，可能形成两种构型，即$Cfg^{1}_{4FIA-□}$和$Cfg^{2}_{4FIA-□}$。在这两种构型中，四个外来间隙原子所占据的位置都是空位的第一近邻八面体间隙位置，所不同的是它们之间的相对位置。在构型$Cfg^{1}_{4FIA-□}$中，四个外来间隙原子与空位在一个平面上，四个间隙位置是等效的。在构型$Cfg^{2}_{4FIA-□}$中，有三个外来间隙原子与空位在同一个平面上，另外一个外来

间隙原子与空位所在的直线与这个平面垂直。

当四个外来间隙原子均为碳原子时，在构型$Cfg^1_{4C-□}$ 和$Cfg^2_{4C-□}$ 中它们与空位之间的相互作用能分别为 -1.57 eV 和 0.31 eV，构型$Cfg^1_{4C-□}$ 可能形成，构型$Cfg^2_{4C-□}$ 不可能形成。

当四个外来间隙原子均为氮原子时，在构型$Cfg^1_{4N-□}$ 和$Cfg^2_{4N-□}$ 中它们与空位之间的相互作用能分别为 3.08 eV 和 1.87 eV，这两种构型均不可能形成。

当四个外来间隙原子中既有碳原子又有氮原子时，可能形成四种构型，即$Cfg^1_{C-C-N-C-□}$、$Cfg^1_{C-C-N-N-□}$、$Cfg^2_{C-C-N-C-□}$ 和$Cfg^2_{C-C-N-N-□}$，这四种构型都是在构型$Cfg^1_{C-C-N-□}$ 基础上发展而来。在构型$Cfg^1_{C-C-N-C-□}$ 中，四个外来间隙原子和空位之间的相互作用能为 -0.13 eV，当外来间隙原子浓度远大于空位浓度时才可能形成这种构型。在构型$Cfg^1_{C-C-N-N-□}$ 和$Cfg^2_{C-C-N-C-□}$ 中，四个外来间隙原子和空位之间的相互作用能为正值，分别是 0.27 eV 和 0.80 eV，说明这两种构型不能形成。在构型$Cfg^2_{C-C-N-N-□}$ 几何优化的过程中，结构会失稳，说明这种构型不能形成。

当一个空位与五个外来间隙原子相互靠近时，只有一种可能形成的构型，即$Cfg_{5FIA-□}$。当五个外来间隙原子均为碳原子时，它们与空位之间的相互作用为正值(1.62 eV)，构型不能形成。当五个外来间隙原子均为氮原子时，在构型$Cfg_{5N-□}$ 几何优化的过程中，结构会失稳，说明这种构型不能形成。当五个外来间隙原子中既有碳原子又有氮原子时，计算构型$Cfg_{C-C-N-C-C-□}$，其是在构型$Cfg^1_{C-C-N-C-□}$ 基础上发展而来。在构型$Cfg_{C-C-N-C-C-□}$ 几何优化的过程中，结构会失稳，说明这种构型也不能形成。

通过以上计算，首先得出了一个空位分别与 1 ～ 5 个外来间隙原子之间的相互作用结果，接下来对一个空位与多个外来间隙原子之间的相互作用进行总结，如图 2.29 所示。

当一个空位与一个外来间隙原子靠近时，可以形成稳定的构型，即$Cfg^1_{C-□}$ 和$Cfg^1_{N-□}$，分别释放能量 -0.80 eV 和 -1.06 eV。

当一个空位与两个外来间隙原子靠近时，也可以形成稳定的构型。当两个外来间隙原子均为碳原子时，构型$Cfg^1_{C-C-□}$ 最稳定，两个碳原子均占据空位位置的第一近邻八面体间隙位置，并且沿着〈110〉方向排列。构型$Cfg^1_{C-C-□}$ 是由构型$Cfg^1_{C-□}$ 再吸引一个碳原子而来，这一过程将释放能量 -1.03 eV。当两个外来间隙原子均为氮原子时，构型$Cfg^2_{N-N-□}$ 最稳定，两个氮原子与空位在一条直线上，占据空位两侧的第一近邻八面体间隙位置。构型$Cfg^2_{N-N-□}$ 是由构型$Cfg^1_{N-□}$ 再吸引一个氮原子而来，这一过程将释放能量 -0.90 eV。当两个外来间隙原子为碳原子和氮原子时，构型$Cfg^2_{C-N-□}$ 最稳定，碳原子和氮原子与空位在一条直线上。如果构型$Cfg^2_{C-N-□}$是由构型$Cfg^1_{C-□}$再吸引一个氮原子而来，这一过程将释放能量−0.89 eV；如果构型$Cfg^2_{C-N-□}$是由构型$Cfg^1_{N-□}$再吸引一个碳原子而来，这一过程将释放能量−0.63 eV。

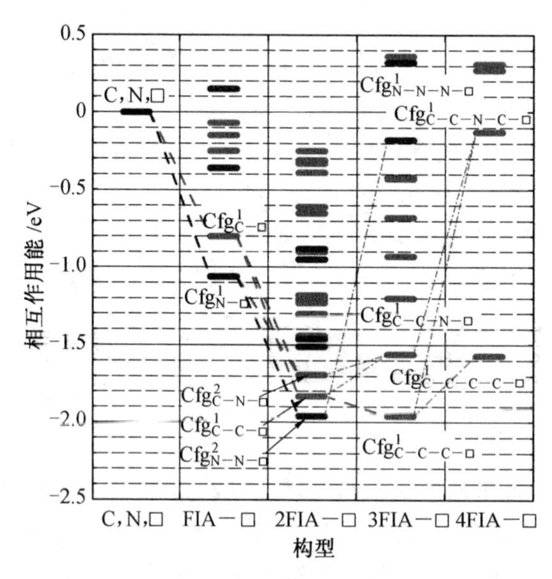

图 2.29 一个空位与 1 ~ 4 个外来间隙原子的相互作用能变化图

当一个空位与三个外来间隙原子相互靠近时，只有构型$Cfg^1_{C-C-C-□}$才能稳定形成，它是由$Cfg^1_{C-C-□}$再吸引一个碳原子而来，这一过程将释放能量−0.13 eV。尽管还有一些构型，如$Cfg^1_{N-N-N-□}$和$Cfg^1_{C-C-N-□}$，一个空位与三个外来间隙原子之间的相互作用能为负值，相互吸引。但是，当它们由$Cfg^1_{2FIA-□}$在吸引一个外来间隙原子而来时，需要吸收能量，因此不容易形成，只有外来间隙原子浓度远大于空位浓度时才可能形成。

综上所述，一个空位最多可以吸引三个碳原子，或两个氮原子，或一个碳原子和一个氮原子。

2.2.2 碳氮原子与两个空位的相互作用

一个外来间隙原子和两个空位之间可能形成的构型如图 2.30 所示。在构型$Cfg^1_{FIA-□-□}$和$Cfg^2_{FIA-□-□}$中，空位占据位置 A 和 B，相互之间第一近邻；外来间隙原子占据八面体间隙位置 D 和 E，与空位 B 第一近邻。在构型$Cfg^3_{FIA-□-□}$、$Cfg^4_{FIA-□-□}$和$Cfg^5_{FIA-□-□}$中，空位占据位置 A 和 C，相互之间第二近邻；外来间隙原子占据八面体间隙位置 F、G 和 H，其中外来间隙 F 和 G 与空位 A 第一近邻，间隙 H 与空位 A 和 B 均为第一近邻。

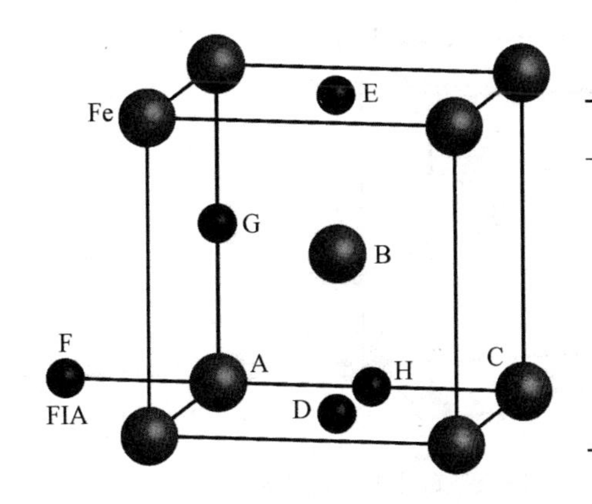

构型	FIA—□—□ 位置
$Cfg^{1}_{FIA-\square-\square}$	D—A—B
$Cfg^{2}_{FIA-\square-\square}$	E—A—B
$Cfg^{3}_{FIA-\square-\square}$	F—A—C
$Cfg^{4}_{FIA-\square-\square}$	G—A—C
$Cfg^{5}_{FIA-\square-\square}$	H—A—C

图 2.30　一个外来间隙原子和两个空位可能形成的构型

在不同构型中，一个外来间隙原子和两个空位的相互作用能如表 2.15 所示。所有相互作用能均为负值，表示它们之间相互吸引，都能够形成稳定的构型。构型$Cfg^{5}_{FIA-\square-\square}$ 的相互作用能最负，结构最稳定。在构型$Cfg^{5}_{FIA-\square-\square}$ 中，两个空位相互之间为第二近邻，外来间隙原子占据两个空位之间的八面体间隙位置。

表 2.15　一个外来间隙原子和两个空位的相互作用能

构型	$E^{C-\square-\square}_{Interact}$/eV	$E^{N-\square-\square}_{Interact}$/eV
$Cfg^{1}_{FIA-\square-\square}$	−0.71	−1.16
$Cfg^{2}_{FIA-\square-\square}$	−1.16	−1.36
$Cfg^{3}_{FIA-\square-\square}$	−0.97	−1.24
$Cfg^{4}_{FIA-\square-\square}$	−0.69	−0.95
$Cfg^{5}_{FIA-\square-\square}$	−1.39	−1.65

一个碳氮原子和一个空位之间的相互作用能为 −0.80 eV(−1.06 eV)；一个碳氮原子和两个空位之间的相互作用能为 −1.39 eV(−1.65 eV)，大于两个 C—□(N—□) 的相互作用能 −1.60 eV(−2.12 eV)，所以$Cfg^{5}_{FIA-\square-\square}$ 没有 $Cfg^{1}_{C-\square}$($Cfg^{1}_{N-\square}$) 稳定。当外来间隙原子的浓度低于空位浓度时，可能形成 $Cfg^{5}_{FIA-\square-\square}$；当外来间隙原子的浓度高于空位浓度时，优先形成 $Cfg^{1}_{C-\square}$($Cfg^{1}_{N-\square}$)。

2.2.3　碳氮原子与自间隙原子的相互作用

碳氮原子与自间隙原子(SIA) 靠近时，可能的构型如图 2.31 所示。

在体心立方结构铁中，自间隙原子可能形成的三个方向〈100〉、〈110〉和〈111〉中，〈110〉方向最为稳定，所以在构型时只考虑〈110〉方向的自间隙原子。在三种构型中，碳氮原子占据八面体间隙位置。

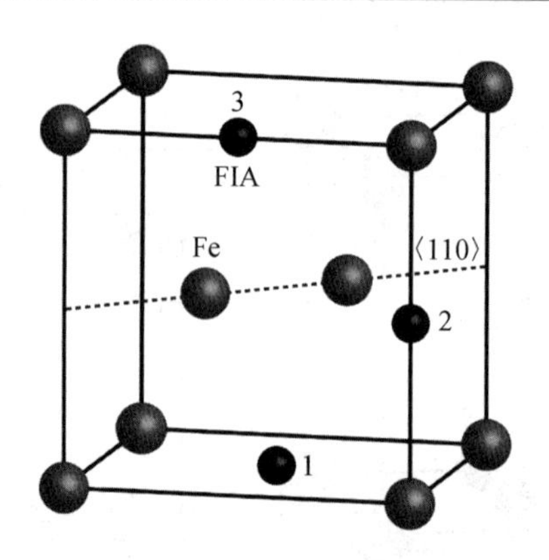

图 2.31 碳氮原子与自间隙原子可能形成的构型

在不同构型中，碳氮原子与自间隙原子之间的相互作用能如表 2.16 所示。在三种构型中，两者之间相互作用能均为正值，碳氮原子与自间隙原子之间相互排斥。与自间隙原子之间的排斥力碳原子小于氮原子，特别是在构型 $Cfg^{1}_{FIA-SIA}$ 中。

表 2.16 碳氮原子和自间隙原子的相互作用能

构型	$E^{C-SIA}_{Interact}$/eV	$E^{N-SIA}_{Interact}$/eV
$Cfg^{1}_{FIA-SIA}$	0.35	0.74
$Cfg^{2}_{FIA-SIA}$	0.53	0.85
$Cfg^{3}_{FIA-SIA}$	0.32	0.34

2.3 氧原子的占位及其与碳原子、空位之间的相互作用

渗碳和渗氮是被广泛应用的表面改性方法，用来提高金属材料表面硬度和耐磨性。氧化常用来提高铁基合金渗碳和渗氮改性层的耐蚀性。在渗碳、渗氮和氧化过程中，C、N 和 O 这些半径比较小的原子扩散进入铁的晶格间隙中，形成间隙固溶体。在改性层中，由 C、N 和 O 溶质原子形成的间隙固溶体被称为扩散层。在扩散层中，溶质原子的浓度从表面到心部逐渐降低。当表面层中溶质原子的浓度超过溶解度极限值时，溶质原子就会发生沉淀析出，形成化合物，例如 Fe_3C、Fe_4N、$Fe_{2-3}N$、Fe_3O_4、Fe_2O_3 等。本节主要研究氧原子在体心立方结构铁中的占位及其与碳原子、空位之间的相互作用。

2.3.1 氧原子的占位及其扩散性质

在体心立方结构铁中，引入一个氧原子，它可能占据置换位置(Sub)、八面体

间隙位置(Oct)和四面体间隙位置(Tet),如图 2.32 所示。

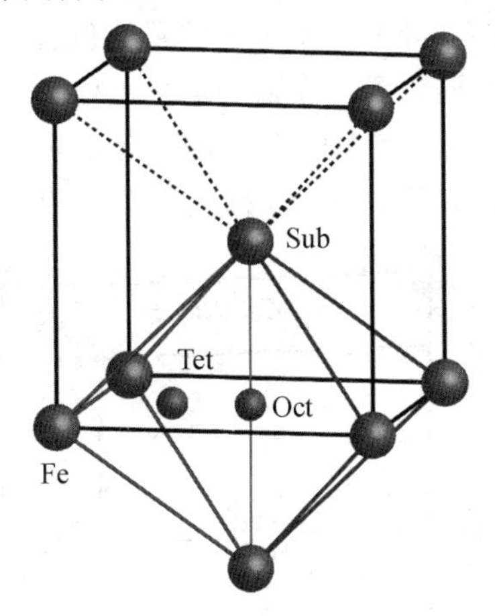

图 2.32　体心立方结构铁中氧原子可能占据的位置

氧原子和碳原子在体心立方结构铁中不同位置时的溶解能和迁移能如表 2.17 所示。占据置换位置、八面体间隙位置、四面体间隙位置时,碳原子的溶解能分别为 −4.75 eV、−7.15 eV、−6.20 eV;氧原子的溶解能分别为 −1.31 eV、−2.89 eV、−2.43 eV。无论是碳原子还是氧原子,它们的溶解能均为负值,说明碳原子和氧原子都可以占据这些位置。与氧原子比较,碳原子的溶解能更负,可以说明碳原子占据这些位置时更稳定。相比于置换位置和四面体间隙位置,氧原子占据八面体间隙位置时溶解能更负,说明氧原子占据八面体间隙位置时更稳定,氧原子优先占据八面体间隙位置。

表 2.17　氧原子和碳原子的溶解能和迁移能　eV

构型	O	C
Cfg_{FIA}^{Sub}	−1.31	−4.75
Cfg_{FIA}^{Oct}	−2.89	−7.15
Cfg_{FIA}^{Tet}	−2.43	−6.20
E_{FIA}^{Mig}	0.46	0.95

在表 2.17 中,最后一行给出了氧原子和碳原子的迁移能。这一迁移能是外来间隙原子(O 或 C)占据四面体间隙位置与八面体间隙位置的溶解能之差。在体心立方结构铁中,氧原子和碳原子的迁移能分别为 0.46 eV 和 0.95 eV。

采用过渡态搜索方法,同样可以获得氧原子的迁移能。在体心立方结构铁中,氧原子可能的迁移路径如图 2.33 所示。通过前面的计算结果可知,在体心立方结构铁中氧原子优先占据八面体间隙位置。图中位置 1、2、3 和 4 都是八面体间隙位置。当氧原子占据位置 1 时,它可能的迁移路径有 1→2、1→3 和 1→4。

位置2是位置1的第一近邻八面体间隙位置,还有3个等同位置。位置3是位置1的第二近邻八面体间隙位置,还有7个等同位置。位置4是位置1的第三近邻八面体间隙位置,还有7个等同位置。在路径1→2上,氧原子从位置[0,0,0]迁移到[1/2,0,0]。在路径1→3上,氧原子从位置[0,0,0]迁移到[1/2,1/2,0]。在路径1→4上,氧原子从位置[0,0,0]迁移到[1/2,1/2,1/2]。

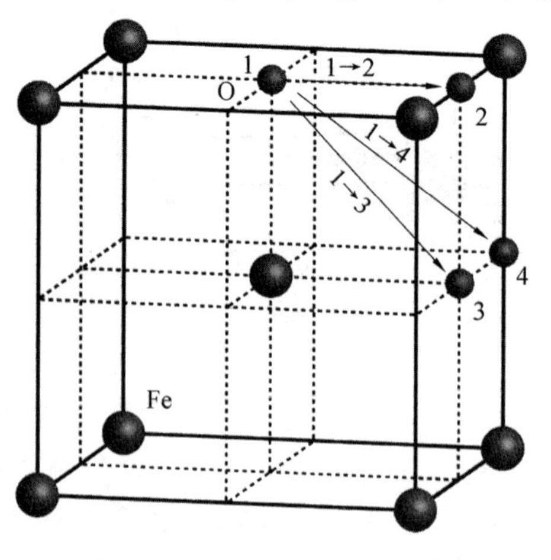

图2.33 体心立方结构铁中氧原子可能的迁移路径

在体心立方结构铁中,氧原子在不同路径上的迁移能如图2.34所示。在路径1→2、1→3和1→4上,氧原子的迁移能分别为0.46 eV、0.46 eV和1.82 eV。沿着路径1→2和1→3,氧原子的迁移能最小。

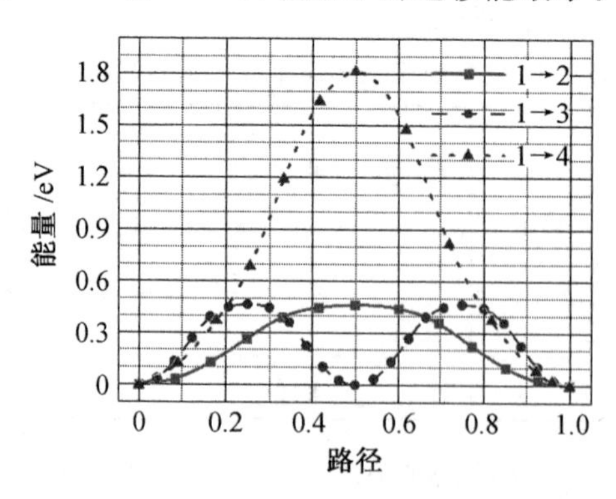

图2.34 氧原子在不同路径上的迁移能

从迁移能计算结果来看,路径1→3和路径1→2相同。实际上,氧原子从位置1迁移到位置3的路径发生了改变,由路径1→3转变为1→2→3。然而,沿着路径2→3的迁移,与路径1→2相似。也就是说,氧原子的迁移,由路径1→3,转变为2个路径1→2,需要2倍的路径1→2的迁移能。因此,氧原子沿着路径1→3的迁移能为0.92 eV。

在体心立方结构铁中，氧原子沿着路径 1→4 迁移时，获得了最大的迁移能，为1.82 eV。这是因为，路径 1→4 的中点恰好处于体心立方结构密排方向{111}上，氧原子要从一个八面体间隙位置穿过最密排的两个铁原子的中间迁移到另外一个八面体间隙位置，所需要的迁移能是最大的，为 1.82 eV。

沿着路径 1→2 迁移时，氧原子所需要的能量是最小的，为 0.46 eV。这一迁移能恰好等于氧原子占据四面体间隙位置与八面体间隙位置的溶解能之差，如表 2.17 所示。因此，在体心立方结构铁中，氧原子最有可能是沿着路径 1→2 迁移，即氧原子从一个八面体间隙位置迁移到第一近邻的八面体间隙位置，迁移能为 0.46 eV。而且，第一近邻两个八面体间隙位置的中间点恰好是四面体间隙位置。

有无外来间隙原子(FIA) 时八面体间隙位置(Oct) 附近的结合键如图 2.35 所示。不同构型中八面体间隙位置附近的结合键、键数量、键长和键集居数如表 2.18 所示。

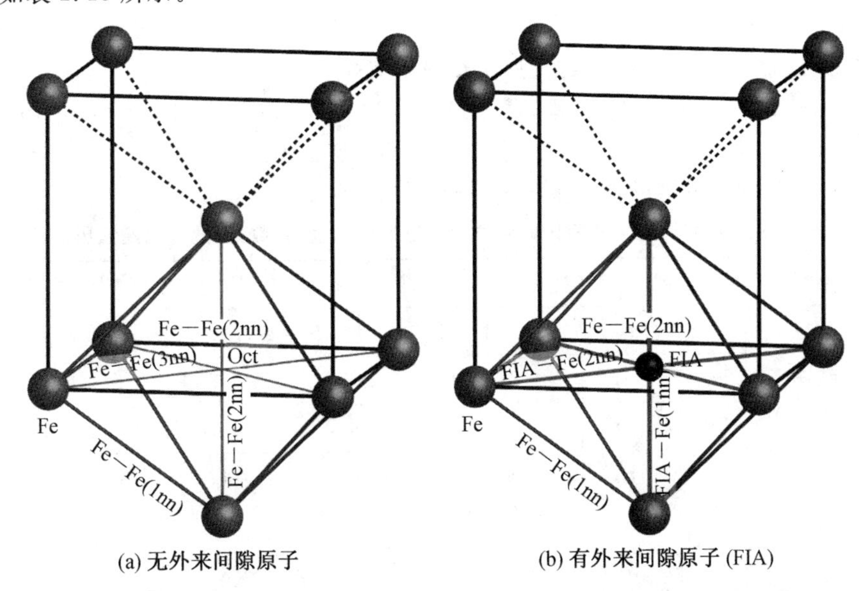

图 2.35　有无外来间隙原子(FIA) 时八面体间隙位置(Oct) 附近的结合键

如图 2.35(a) 所示，在体心立方结构铁中，一个八面体间隙位置(Oct) 附近有 8 个第一近邻(1nn) 的 Fe—Fe 键、5 个第二近邻(2nn) 的 Fe—Fe 键和 2 个第三近邻(3nn) 的 Fe—Fe 键。在 Fe—Fe(1nn) 键中，两个铁原子第一近邻，并且沿着〈111〉晶向排列。在 Fe—Fe(2nn) 键中，两个铁原子第二近邻，并且沿着〈100〉晶向排列。在 Fe—Fe(3nn) 键中，两个铁原子第三近邻，并且沿着〈110〉晶向排列。

如表 2.18 所示，第一、二和三近邻 Fe—Fe 键集居数分别为 0.26、0.08 和

－0.18，一个八面体间隙位置附近 Fe—Fe 键集居数和为 2.12。

如图 2.35(b) 所示，在体心立方结构铁中，一个外来间隙原子(FIA) 占据八面体间隙位置时，附近有 8 个第一近邻(1nn) 的 Fe—Fe 键，4 个第二近邻(2nn) 的 Fe—Fe 键，2 个第一近邻的 FIA—Fe 键，4 个第二近邻的 FIA—Fe 键。

如表 2.18 所示，在外来间隙原子附近，第一近邻 Fe—Fe(1nn) 键的键集居数由 0.26 减小为 0.12(O) 和 0.11(C)，第二近邻 Fe—Fe(2nn) 键的键集居数由 0.08 减小为 0.05(O) 和 0.04(C)。引入一个外来间隙原子(FIA) 后，一个 Fe—Fe(2nn) 键和两个 Fe—Fe(3nn) 键消失，形成了两个 FIA—Fe(1nn) 键和 4 个 FIA—Fe(2nn)。第一近邻和第二近邻 C—Fe(1nn) 键和 C—Fe(2nn) 键的键集居数分别为 0.50 和 0.38，均强于 Fe—Fe(1nn) 键(0.26)。第一近邻和第二近邻 O—Fe(1nn) 键和 O—Fe(2nn) 键的键集居数分别为 0.32 和 0.18，只有 O—Fe(1nn) 键强于 Fe—Fe(1nn) 键(0.26)。在体心立方结构铁八面体间隙位置引入外来原子(FIA) 后，键集居数和由 2.12 增加到 2.52(O) 和 3.56(C)。因此，在体心立方结构铁基合金中引入少量碳原子或氧原子形成稀固溶体后，材料的强度提高；而且，碳原子的强化作用比氧原子更显著。

如表 2.18 所示，第一近邻和第二近邻 C—Fe 键的键长分别 0.175 nm 和 0.196 nm，第一近邻和第二近邻 O—Fe 键的键长分别 0.177 nm 和 0.200 nm。O—Fe 键的键长大于 C—Fe 键的键长。

表 2.18 不同构型中八面体间隙位置附近的结合键、键数量、键长和键集居数

构型	键	键数量	键长 /nm	键集居数	键集居数和
纯铁	Fe—Fe(1nn)	8	0.244	0.26	2.12
	Fe—Fe(2nn)	5	0.282	0.08	
	Fe—Fe(3nn)	2	0.398	－0.18	
Cfg_O^{Oct}	Fe—Fe(1nn)	8	0.267	0.12	2.52
	Fe—Fe(2nn)	4	0.283	0.05	
	O—Fe(1nn)	2	0.177	0.32	
	O—Fe(2nn)	4	0.200	0.18	
Cfg_C^{Oct}	Fe—Fe(1nn)	8	0.263	0.11	3.56
	Fe—Fe(2nn)	4	0.277	0.04	
	C—Fe(1nn)	2	0.175	0.50	
	C—Fe(2nn)	4	0.196	0.38	

2.3.2　氧原子和碳原子之间的相互作用

在体心立方结构铁中引入两个外来间隙原子(C 或 O)，可能形成七种构型，如图 2.36 所示。不同构型中两个外来间隙原子之间的相互作用能、弛豫和键集居数如表 2.19 所示。

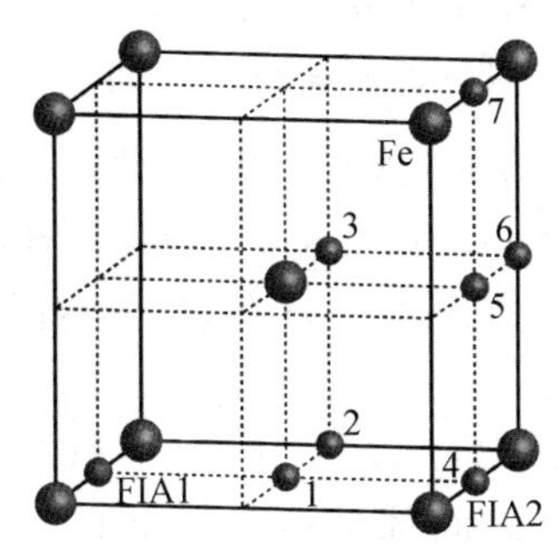

图 2.36　体心立方结构铁中氧原子和碳原子可能形成的构型

表 2.19　不同构型中两个外来间隙原子之间的相互作用能、弛豫和键集居数

构型	d_0 (a_0)	O—O			C—O			C—C		
		E_i /eV	$\frac{\Delta d}{d_0}$ /%	键集居数	E_i /eV	$\frac{\Delta d}{d_0}$ /%	键集居数	E_i /eV	$\frac{\Delta d}{d_0}$ /%	键集居数
$Cfg^1_{FIA1-FIA2}$	1/2	0.90	65.3	−0.12	0.22	104.3	−0.03	2.32	10.1	0.74
$Cfg^2_{FIA1-FIA2}$	$\sqrt{2}/2$	0.65	14.4	−0.11	1.09	20.3	−0.07	0.97	15.1	0.01
$Cfg^3_{FIA1-FIA2}$	$\sqrt{3}/2$	0.18	1.3	−0.07	0.42	8.4	−0.04	0.41	8.2	−0.03
$Cfg^4_{FIA1-FIA2}$	1	0.12	−5.2	−0.04	0.22	2.2	−0.03	0.16	2.8	−0.03
$Cfg^5_{FIA1-FIA2}$	$\sqrt{5}/2$	0.45	5.4	0.00	0.31	3.9	−0.01	0.12	4.4	−0.01
$Cfg^6_{FIA1-FIA2}$	$\sqrt{6}/2$	0.36	0.5	0.00	0.26	0.2	0.00	0.17	−0.1	−0.01
$Cfg^7_{FIA1-FIA2}$	$\sqrt{2}$	0.38	−3.1	0.00	0.30	−1.1	−0.01	0.22	−0.5	−0.01

在构型$Cfg^1_{FIA1-FIA2}$中，原子 FIA2 占据位置 1，坐标为[1/2,0,0](相对于原子 FIA1)，两个外来间隙原子沿着⟨100⟩晶向分布，两个外来间隙原子之间的距离为$(1/2)a_0$。在构型$Cfg^2_{FIA1-FIA2}$中，原子 FIA2 占据位置 2，坐标为[1/2,1/2,0](相对于原子 FIA1)，两个外来间隙原子沿着⟨110⟩晶向分布，两个外来间隙原子之间的距离为$(\sqrt{2}/2)a_0$。在构型$Cfg^3_{FIA1-FIA2}$中，原子 FIA2 占据位置 3，坐标为[1/2,1/2,1/2](相对于原子 FIA1)，两个外来间隙原子沿着⟨111⟩晶向分布，两个外来间隙原子之间的距离为$(\sqrt{3}/2)a_0$。在构型$Cfg^4_{FIA1-FIA2}$中，原子 FIA2 占据位置 4，坐标为[1,0,0](相对于原子 FIA1)，两个外来间隙原子沿着⟨100⟩晶向分

布，两个外来间隙原子之间的距离为 a_0。在构型$Cfg^5_{FIA1-FIA2}$中，原子 FIA2 占据位置 5，坐标为[1,1/2,0]（相对于原子 FIA1），两个外来间隙原子沿着〈210〉晶向分布，两个外来间隙原子之间的距离为$(\sqrt{5}/2)a_0$。在构型$Cfg^6_{FIA1-FIA2}$中，原子 FIA2 占据位置 6，坐标为[1,1/2,1/2]（相对于原子 FIA1），两个外来间隙原子沿着〈211〉晶向分布，两个外来间隙原子之间的距离为$(\sqrt{6}/2)a_0$。在构型$Cfg^7_{FIA1-FIA2}$中，原子 FIA2 占据位置 7，坐标为[1,1,0]（相对于原子 FIA1），两个外来间隙原子沿着〈110〉晶向分布，两个外来间隙原子之间的距离为$\sqrt{2}a_0$。

在体心立方结构单胞中，有 18 个八面体间隙位置，包括 12 个棱边中点和 6 个面心位置。在图 2.36 中，位置 1、2、…、7 代表了所有的八面体间隙位置，分别有 2、4、2、2、2、4、1 个等同位置。

两个外来间隙原子之间（O—O、C—O 和 C—C）的相互作用能（E_i）均为正数，表示在这些构型中它们之间都是相互排斥的。C—O 之间的排斥力最大，C—C 之间的排斥力次之，O O 之间的排斥力最小。

从构型 1 到构型 4，两个外来间隙原子之间的距离逐渐增大，相互作用能逐渐降低，排斥力逐渐减小。从构型 5 到构型 7，两个外来间隙原子之间的相互作用能变化不明显。

在构型Cfg^1_{C-O}中，碳原子和氧原子之间的相互作用能为 0.22 eV，等于构型Cfg^4_{C-O}中两个原子之间的相互作用能。出现这种情况是因为在弛豫过程中构型Cfg^1_{C-O}的碳原子从位置 1 迁移到了位置 4，转变为构型Cfg^4_{C-O}。这一构型的转变，碳原子的迁移，也说明了碳原子和氧原子之间的排斥力。

弛豫前两个外来间隙原子之间的距离小于 a_0 时，它们之间的距离在弛豫后会变大。构型Cfg^1_{O-O}和Cfg^2_{O-O}弛豫后，两个氧原子之间的距离分别增加 65.3% 和 14.4%。构型Cfg^1_{C-O}、Cfg^2_{C-O}和Cfg^3_{C-O}弛豫后，碳原子和氧原子之间的距离分别增加 104.3%、20.3% 和 8.4%。构型Cfg^1_{C-C}、Cfg^2_{C-C}和Cfg^3_{C-C}弛豫后，两个碳原子之间的距离分别增加 10.1%、15.1% 和 8.2%。

构型Cfg^1_{C-C}中 C—C 键的键集居数为 0.74，两个碳原子之间形成共价键。除了构型Cfg^1_{C-C}中的 C—C 键，所有其他的 C—C、C—O 和 O—O 键的键集居数都接近零。因此，除了构型Cfg^1_{C-C}中的 C—C 键，弛豫后其他构型中两个外来间隙原子（C—C、C—O 和 O—O）之间的相互作用近似为零。

构型Cfg^{Oct}_O和Cfg^1_{O-O}中铁原子和氧原子的态密度如图 2.37 所示。

纯铁原子的态密度如图 2.37(a) 所示，α 态和 β 态的最高峰 1.98 e/eV 和 −1.76 e/eV 分别位于 −0.88 eV 和 1.85 eV 处。

构型Cfg^{Oct}_O中氧原子的态密度有两对峰值，如图 2.37(b) 所示。氧原子 α 态最高峰 3.49 e/eV 和次高峰 1.75 e/eV 分别位于 −9.09 eV 和 −22.42 eV 处；氧

原子β态最高峰 −3.39 e/eV 和次高峰 −1.77 e/eV 分别位于 −8.75 eV 和 −22.31 eV 处。

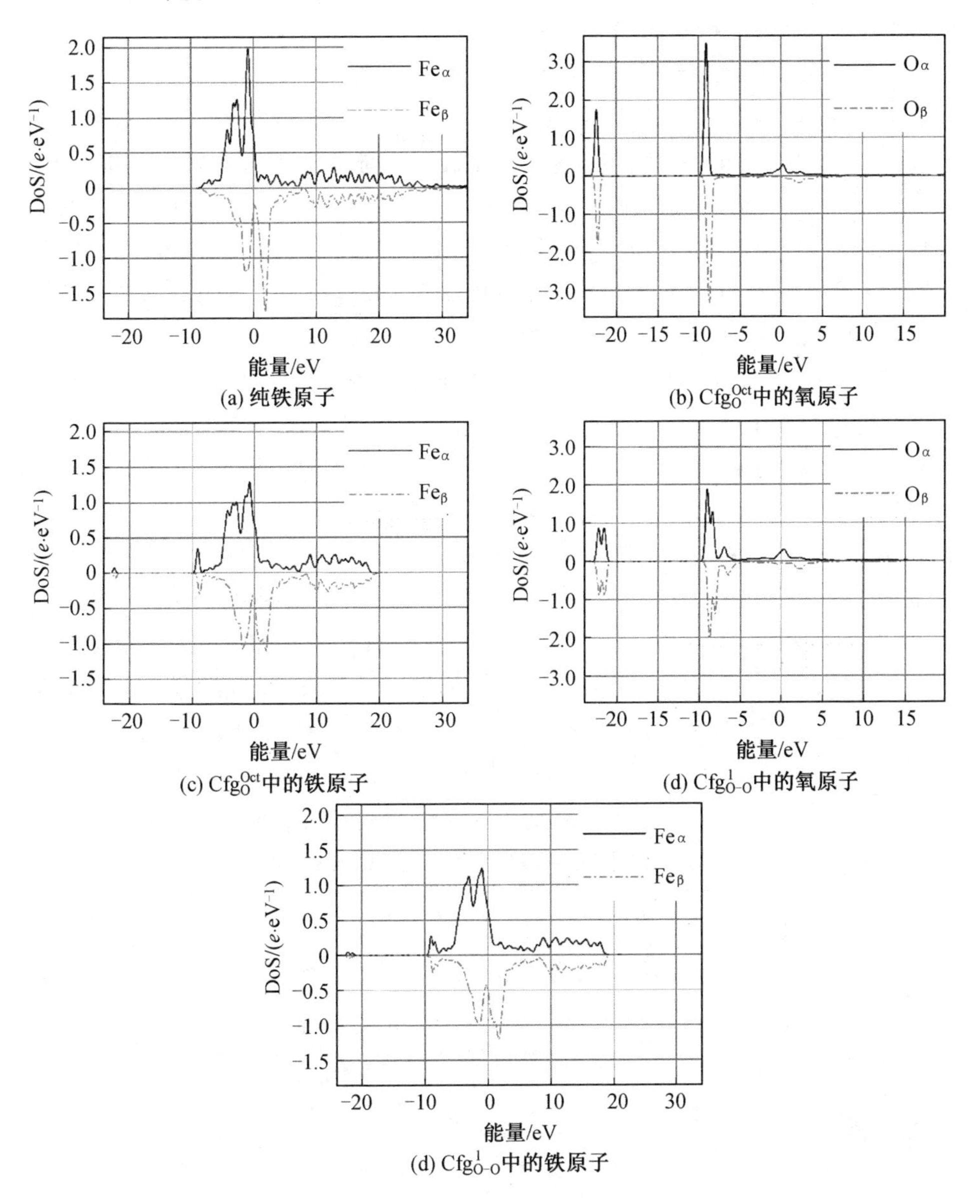

(a) 纯铁原子

(b) Cfg$_O^{Oct}$中的氧原子

(c) Cfg$_O^{Oct}$中的铁原子

(d) Cfg$^1_{O\text{-}O}$中的氧原子

(d) Cfg$^1_{O\text{-}O}$中的铁原子

图 2.37　不同构型中铁原子和氧原子的态密度

构型Cfg$_O^{Oct}$中与氧原子第一近邻的铁原子态密度如图 2.37(c) 所示。与纯铁原子的态密度相比，构型Cfg$_O^{Oct}$中与氧原子第一近邻铁原子态密度的变化如下：(1) 最高峰明显降低。α 态和 β 态的最高峰 1.29 e/eV 和 −1.12 e/eV 分别位于

-0.78 eV和1.83 eV处。(2) 出现两对杂化峰。α态杂化最高峰0.35 e/eV和次高峰 0.07 e/eV 分别位于 -9.14 eV 和 -22.42 eV 处;β 态杂化最高峰 -0.30 e/eV 和次高峰 -0.07 e/eV 分别位于 -8.81 eV 和 -22.31 eV 处。

构型Cfg^{1}_{O-O}中氧原子每一个态密度峰都劈裂为两个峰,如图 2.37(d) 所示。在氧原子α态密度较高能级上,最高峰 1.88 e/eV 和次高峰 1.29 e/eV 分别位于 -9.03 eV 和 -8.41 eV 处;在氧原子β态密度较高能级上,最高峰 -2.04 e/eV 和次高峰 -1.38 e/eV 分别位于 -8.75 eV 和 -8.09 eV 处。在氧原子α态密度较低能级上,最高峰 0.88 e/eV 和次高峰 0.87 e/eV 分别位于 -21.50 eV 和 -22.16 eV 处;在氧原子β态密度较低能级上,最高峰 -0.89 e/eV 和次高峰 -0.88 e/eV 分别位于 -21.46 eV 和 -22.10 eV 处。

构型Cfg^{1}_{O-O}中与氧原子第一近邻铁原子的态密度如图 2.37(e) 所示,每一个杂化峰都发生了劈裂。在铁原子α态密度较高能级上,最高峰 0.27 e/eV 和次高峰0.19 e/eV 分别位于-9.03 eV 和-8.40 eV 处;在铁原子β态密度较高能级上,最高峰-0.25 e/eV 和次高峰-0.17 e/eV 分别位于-8.75 eV 和-8.08 eV处。在铁原子α态密度较低能级上,最高峰 0.05 e/eV 和次高峰0.03 e/eV 分别位于 -22.16 eV 和 -21.50 eV 处;在铁原子β态密度较低能级上,最高峰 -0.04 e/eV 和次高峰 -0.03 e/eV 分别位于 -22.10 eV 和-21.46 eV 处。

构型Cfg^{Oct}_{O}和Cfg^{1}_{O-O}中氧原子及其近邻铁原子不同轨道上的电子分布、电荷数和磁矩如表 2.20 所示。纯铁原子的外层电子数为 8,在 s、p 和 d 轨道上的电子数分别为 0.68、0.69 和 6.62。纯铁原子的电荷数和磁矩分别为 0.00e 和 2.20μ_B。孤立氧原子的外层电子数为 6,在 s 和 p 轨道上的电子数分别为 2 和 4。

表 2.20 不同构型中铁原子和氧原子不同轨道上的电子分布、电荷数和磁矩

	纯铁原子	Cfg^{Oct}_{O} 中铁原子	Cfg^{Oct}_{O} 中氧原子	Cfg^{1}_{O-O} 中铁原子	Cfg^{1}_{O-O} 中氧原子
s	0.68	0.66	1.83	0.63	1.83
p	0.69	0.64	4.74	0.67	4.71
d	6.62	6.65	0.00	6.63	0.00
总电子数	8.00	7.95	6.57	7.94	6.53
电荷数(e)	0.00	0.05	-0.57	0.06	-0.53
$M(\mu_B)$	2.20	1.82	0.06	2.06	0.00

在构型Cfg^{Oct}_{O}中,氧原子 s 和 p 轨道上电子数的变化分别为-0.17和$+0.74$,氧原子的电子总数、电荷数和磁矩分别为6.57、$-0.57e$和0.06μ_B。在构型Cfg^{Oct}_{O}

中，与氧原子第一近邻的铁原子 s、p 和 d 轨道上电子数的变化为 −0.02、−0.05 和 +0.03，铁原子的电子总数、电荷数和磁矩分别为 7.95、0.05e 和1.82μ_B。

在构型Cfg^1_{O-O} 中，氧原子 s 和 p 轨道上电子数的变化分别为 −0.17 和 +0.71，氧原子的电子总数、电荷数和磁矩分别为 6.53、−0.53e 和 0.00μ_B。在构型Cfg^1_{O-O} 中，与氧原子第一近邻的铁原子 s、p 和 d 轨道上电子数的变化为 −0.05、−0.02 和 +0.01，铁原子的电子总数、电荷数和磁矩分别为 7.94、0.06e 和2.06μ_B。

在构型Cfg^{Oct}_O 中，氧原子得电子(−0.57e)，氧原子第一近邻铁原子失电子(0.05e)。同样，在构型Cfg^1_{O-O} 中，氧原子得电子(−0.53e)，氧原子第一近邻铁原子失电子(0.06e)。

在构型Cfg^{Oct}_O 和Cfg^1_{O-O} 中，氧原子及其近邻铁原子外层电子数的上述变化可以在图 2.38 中直观地看出来。

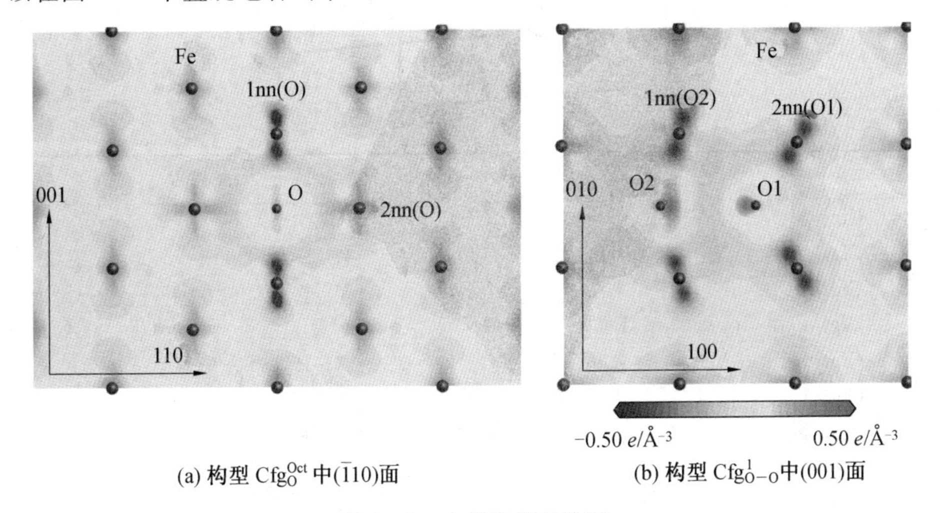

(a) 构型 Cfg^{Oct}_O 中($\bar{1}10$)面　(b) 构型 Cfg^1_{O-O}中(001)面

图 2.38　电子密度差分图

图 2.38(a) 为构型Cfg^{Oct}_O 中($\bar{1}10$) 晶面的电子密度差分图。沿着[001] 方向的与氧原子第一近邻的铁原子明显失电子，O—Fe(1nn) 键长为0.177 nm。沿着[110] 方向的氧原子及其第二近邻的铁原子没有明显的得失电子变化，O—Fe(2nn) 键长为 0.200 nm。

图 2.38(b) 为构型Cfg^1_{O-O} 中(001) 晶面的电子密度差分图。与 O2 第一近邻的铁原子和与 O1 第二近邻的铁原子明显失电子，氧原子得电子。而且，得到的电子分布在两个氧原子之间。

2.3.3 氧原子、碳原子、空位之间的相互作用

在体心立方结构铁中，引入一个空位和 1 ～ 6 个外来间隙原子(FIA) 后，它们可能形成的构型如图 2.39 所示。在这些构型中，一个空位置换体心位置的铁原子，占据体心位置。

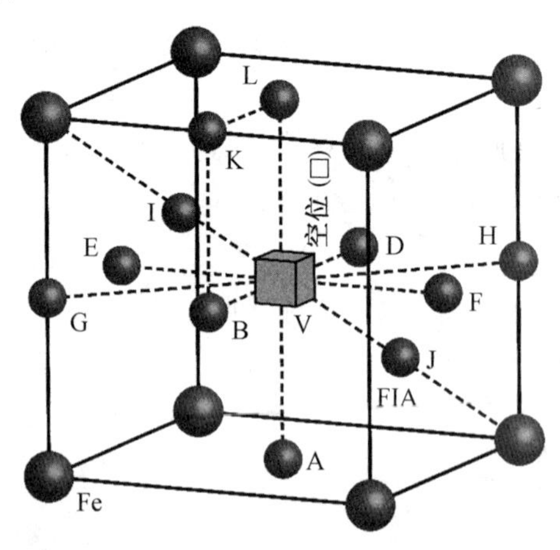

构型	FIA 位置
$Cfg^1_{FIA-□}$	A
$Cfg^2_{FIA-□}$	G
$Cfg^3_{FIA-□}$	V
$Cfg^4_{FIA-□}$	I
$Cfg^1_{FIA1-FIA2-□}$	A—B
$Cfg^2_{FIA1-FIA2-□}$	A—L
$Cfg^3_{FIA1-FIA2-□}$	G—H
$Cfg^4_{FIA1-FIA2-□}$	I—J
$Cfg^5_{FIA1-FIA2-□}$	A—G
$Cfg^6_{FIA1-FIA2-□}$	A—K
$Cfg^1_{FIA1-FIA2-FIA3-□}$	A—B—L
$Cfg^2_{FIA1-FIA2-FIA3-□}$	A—B—E
$Cfg^1_{FIA1-FIA2-FIA3-FIA4-□}$	A—B—L—D
$Cfg^2_{FIA1-FIA2-FIA3-FIA4-□}$	A—B—L—E
$Cfg_{FIA1-FIA2-FIA3-FIA4-FIA5-□}$	A—B—L—D—E
$Cfg_{FIA1-FIA2-FIA3-FIA4-FIA5-FIA6-□}$	A—B—L—D—E—F

图 2.39 体心立方结构铁中一个空位与 1 ～ 6 个外来间隙原子(FIA) 可能形成的构型

在体心立方结构铁中，引入一个空位和一个外来间隙原子(FIA) 后，它们可能形成四种构型，如图 2.39 和表 2.21 所示。在构型$Cfg^1_{FIA-□}$ 中，外来间隙原子(FIA) 占据与空位第一近邻的八面体间隙位置，有六个等同位置，即六个面心位

置。在构型$Cfg^2_{FIA-□}$中，外来间隙原子(FIA)占据与空位第二近邻的八面体间隙位置，有 12 个等同位置，即 12 个棱边中点位置。在构型$Cfg^3_{FIA-□}$中，外来间隙原子(FIA)占据空位的位置。在构型$Cfg^4_{FIA-□}$中，外来间隙原子(FIA)占据⟨111⟩晶向上空位及其第一近邻铁原子的中点上。

表 2.21 中给出了一个碳原子或氧原子与一个空位之间的相互作用($E_i^{FIA-□}$)，四种构型$Cfg^i_{FIA-□}$($i=1,\cdots,4$)中碳或氧与空位之间的相互作用能均为负数，表示碳或氧原子与空位之间为吸引力，即空位会吸引近邻的占据不同位置的碳原子或氧原子。而且，O—□之间的吸引力大于 C—□。

外来间隙原子和空位之间吸引力的最大值(C—□的－0.80 eV 和 O—□的－1.97 eV)出现在构型$Cfg^1_{FIA-□}$中。在体心立方结构铁中，一个外来间隙原子和一个空位分别位于第一近邻的两个八面体间隙位置时，形成的构型$Cfg^1_{FIA-□}$最稳定。

外来间隙原子和空位之间的吸引力使得它们之间的距离$d_{FIA-□}$变得更近，如表 2.21 所示。在构型$Cfg^1_{FIA-□}$中，C—□之间的距离由 0.50a_0 减小为 0.38a_0，O—□之间的距离由 0.50a_0 减小为 0.41a_0。

表 2.21　一个外来间隙原子和一个空位可能形成的构型、图形、相互作用能和距离

构型	图形	$E_i^{C-□}$/eV	$d_{C-□}$(a_0)	$E_i^{O-□}$/eV	$d_{O-□}$(a_0)
$Cfg^1_{FIA-□}$	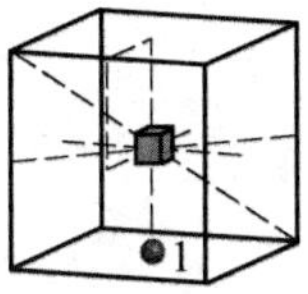	－0.80	0.50 0.38	－1.97	0.50 0.41
$Cfg^2_{FIA-□}$	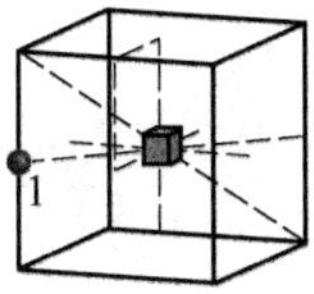	－0.15	0.71 0.59	－1.32	0.71 0.09
$Cfg^3_{FIA-□}$	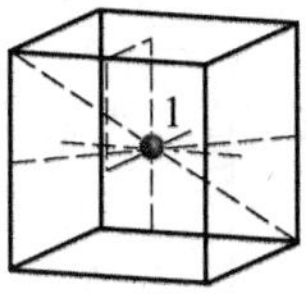	－0.07	0.00 0.00	－0.88	0.00 0.00
$Cfg^4_{FIA-□}$	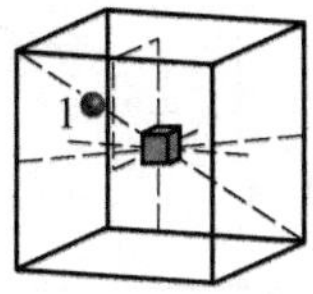	－0.25	0.43 0.22	－1.22	0.43 0.08

外来间隙原子和空位之间的吸引力最小值出现在构型$\mathrm{Cfg}^{3}_{\mathrm{FIA}-\square}$中，C—□之间的相互作用能为－0.07 eV，O—□之间的相互作用能为－0.88 eV。在构型$\mathrm{Cfg}^{3}_{\mathrm{FIA}-\square}$中，外来间隙原子(FIA)占据空位位置，位于置换位置。在构型$\mathrm{Cfg}^{3}_{\mathrm{FIA}-\square}$中，外来间隙原子和空位之间的吸引力最小，说明：在体心立方结构铁中，置换位置并不是外来间隙原子优先占据的位置。

在体心立方结构铁中，引入两个外来间隙原子和一个空位，可能形成六种构型，如图 2.39 和表 2.22 所示。

表 2.22 两个外来间隙原子和一个空位可能形成的构型、图形和相互作用能 eV

构型	图形	C—C—□	C—O—□	O—C—□	O—O—□
$\mathrm{Cfg}^{1}_{\mathrm{FIA1-FIA2}-\square}$	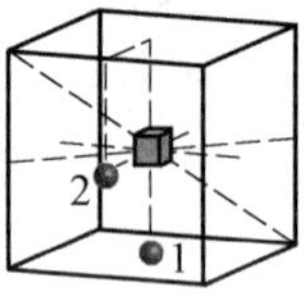	－1.83	－1.41	－1.41	－2.72
$\mathrm{Cfg}^{2}_{\mathrm{FIA1-FIA2}-\square}$	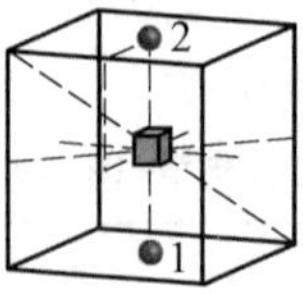	－1.44	－2.61	－2.61	－3.89
$\mathrm{Cfg}^{3}_{\mathrm{FIA1-FIA2}-\square}$	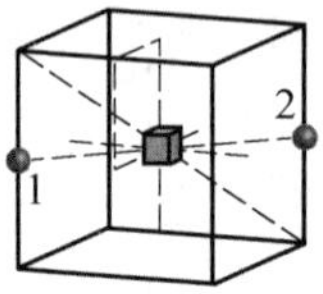	－0.25	－1.47	－1.47	－1.96
$\mathrm{Cfg}^{4}_{\mathrm{FIA1-FIA2}-\square}$	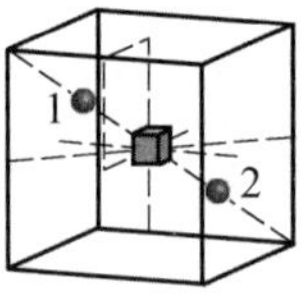	－1.23	－0.41	－0.41	－0.80
$\mathrm{Cfg}^{5}_{\mathrm{FIA1-FIA2}-\square}$	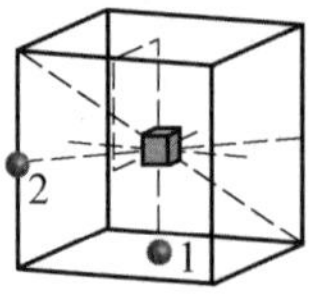	－0.33	－1.13	－1.56	－2.50
$\mathrm{Cfg}^{6}_{\mathrm{FIA1-FIA2}-\square}$	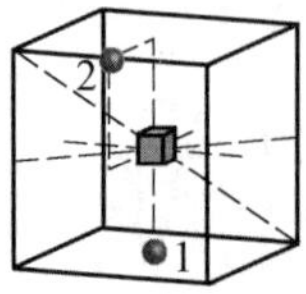	－0.90	－1.65	－2.12	－2.90

在构型$Cfg^{i}_{FIA1-FIA2-□}$($i=1,2,5,6$) 中,第一个外来间隙原子(FIA1) 位于与空位第一近邻的八面体间隙位置上。在构型$Cfg^{i}_{FIA1-FIA2-□}$($i=1,2$) 中,第二个外来间隙原子(FIA2) 也是位于与空位第一近邻的八面体间隙位置上,两个外来间隙原子分别沿着〈110〉和〈100〉方向排列。在构型$Cfg^{i}_{FIA1-FIA2-□}$($i=5,6$) 中,第二个外来间隙原子(FIA2) 位于与空位第二近邻的八面体间隙位置上。在构型$Cfg^{3}_{FIA1-FIA2-□}$ 中,两个外来间隙原子沿着〈110〉方向排列,占据与空位第二近邻的八面体间隙位置。在构型$Cfg^{4}_{FIA1-FIA2-□}$ 中,两个外来间隙原子沿着〈111〉方向紧邻空位排列。

如表 2.22 所示,在构型$Cfg^{i}_{FIA1-FIA2-□}$($i=1,2,3,4,5,6$) 中,全部的一个空位和两个外来间隙原子之间的相互作用能均为负数,表示它们之间是相互吸引的。因此,在体心立方结构铁中,一个空位可以吸引两个外来间隙原子(C—C、C—O、O—C 或 O—O),形成稳定的 C—C—□、O—O—□ 和 C—O—□ 构型。

尽管 C—C—□、O—O—□ 和 C—O—□ 可以形成稳定的构型,但是其中最稳定的构型却有所区别。对于 C—C—□,最负的相互作用能 −1.83 eV 出现在构型$Cfg^{1}_{C-C-□}$ 中。构型$Cfg^{1}_{C-C-□}$ 最稳定,两个碳原子沿着〈110〉方向排列,并且占据着与空位第一近邻的八面体间隙位置。对于 C—O—□、O—C—□ 和 O—O—□,最负的相互作用能 −2.61 eV、−2.61 eV 和 −3.89 eV 出现在构型$Cfg^{2}_{FIA1-FIA2-□}$ 中。对于 C—O—□、O—C—□ 和 O—O—□ 来说,构型$Cfg^{2}_{FIA1-FIA2-□}$ 最稳定,两个外来间隙原子沿着〈100〉方向排列,并且占据着空位两侧第一近邻的八面体间隙位置。

构型$Cfg^{1}_{C-□}$、$Cfg^{1}_{O-□}$ 和$Cfg^{2}_{C-O-□}$ 中的结合键、键数量、键集居数和键长如表 2.23 所示。

表 2.23　不同构型中的结合键、键数量、键集居数和键长

构型	键	键数量	键集居数	键长 /nm
$Cfg^{1}_{C-□}$	C—Fe(1nn)	1	0.30	0.192
	C—Fe(2nn)	4	0.52	0.193
$Cfg^{1}_{O-□}$	O—Fe(1nn)	1	0.24	0.184
	O—Fe(2nn)	4	0.30	0.196
$Cfg^{2}_{C-O-□}$	C—Fe(1nn)	1	0.33	0.185
	C—Fe(2nn)	4	0.53	0.192
	O—Fe(1nn)	1	0.25	0.182
	O—Fe(2nn)	4	0.31	0.197
	C—O	1	−0.07	0.236

构型$Cfg^{1}_{C-\square}$中有 1 个 C—Fe(1nn) 键和 4 个 C—Fe(2nn) 键。第一近邻 C—Fe 键的键集居数和键长分别为 0.30 和 0.192 nm，第二近邻 C—Fe 键的键集居数和键长分别为 0.52 和 0.193 nm。

构型$Cfg^{1}_{O-\square}$中有 1 个 O—Fe(1nn) 键和 4 个 O—Fe(2nn) 键。第一近邻 O—Fe 键的键集居数和键长分别为 0.24 和 0.184 nm，第二近邻 O—Fe 键的键集居数和键长分别为 0.30 和 0.196 nm。

构型$Cfg^{2}_{C-O-\square}$中有 1 个 C—Fe(1nn) 键、4 个 C—Fe(2nn) 键、1 个 O—Fe(1nn) 键、4 个 O—Fe(2nn) 键和 1 个 C—O 键。第一近邻 C—Fe 键的键集居数和键长分别为 0.33 和 0.185 nm，第二近邻 C—Fe 键的键集居数和键长分别为 0.53 和 0.192 nm，第一近邻 O—Fe 键的键集居数和键长分别为 0.25 和 0.182 nm，第二近邻 O—Fe 键的键集居数和键长分别为 0.31 和 0.197 nm，C—O 键的键集居数和键长分别为 －0.07 和 0.236 nm。

三个构型$Cfg^{1}_{C-\square}$、$Cfg^{1}_{O-\square}$和$Cfg^{2}_{C-O-\square}$中的 FIA—Fe 键的性质是类似的，没有明显区别。在构型$Cfg^{2}_{C-O-\square}$中，由于 C—O 之间的相互作用，构型$Cfg^{1}_{C-\square}$中 C—Fe(1nn) 键的键长 0.192 nm 减小为构型$Cfg^{2}_{C-O-\square}$中 C—Fe(1nn) 键的键长 0.185 nm。

构型$Cfg^{1}_{O-\square}$和$Cfg^{2}_{C-O-\square}$中氧原子及其近邻铁原子不同轨道上的电子分布、电荷数和磁矩如表 2.24 所示。

表 2.24 不同构型中铁原子和氧原子不同轨道上的电子分布、电荷数和磁矩

	Fe	$Cfg^{1}_{O-\square}$			$Cfg^{2}_{C-O-\square}$		
		O	Fe(1nn)	Fe(2nn)	O	Fe(1nn)	Fe(2nn)
s	0.68	1.85	0.66	0.60	1.85	0.68	0.60
p	0.69	4.66	0.66	0.71	4.66	0.59	0.71
d	6.62	0.00	6.69	6.61	0.00	6.67	6.61
总电子数	8.00	6.51	8.00	7.92	6.51	7.94	7.92
电荷数(e)	0.00	－0.51	0.00	0.08	－0.51	0.06	0.08
$M(\mu_B)$	2.20	0.02	2.76	4.60	0.02	3.28	4.56

在构型$Cfg^{1}_{O-\square}$和$Cfg^{2}_{C-O-\square}$中，氧原子得电子，电荷数为 －0.51e。氧原子 s 和 p 轨道上的电子数分别为 1.85 和 4.66。氧原子总电子数和磁矩分别为 6.51 和 0.02μ_B。

在构型$Cfg^{1}_{O-\square}$中，与氧原子第一近邻的铁原子，s 和 p 轨道上的电子数由 0.68 和 0.69 减小为 0.66 和 0.66，d 轨道上的电子数由 6.62 增加为 6.69。铁原子总电子数、电荷数和磁矩分别为 8.00、0.00e 和 2.76μ_B。

在构型$Cfg^1_{O-□}$中，与氧原子第二近邻的铁原子，s 和 d 轨道上的电子数由 0.68 和 6.62 减小为 0.60 和 6.61，p 轨道上的电子数由 0.69 增加为 0.71。铁原子总电子数、电荷数和磁矩分别为 7.92、0.08e 和 4.60μ_B。

在构型$Cfg^2_{C-O-□}$中，与氧原子第一近邻的铁原子，p 轨道上的电子数由 0.69 减小为和 0.59，d 轨道上的电子数由 6.62 增加为 6.67。铁原子总电子数、电荷数和磁矩分别为 7.94、0.06e 和 3.28μ_B。

在构型$Cfg^2_{C-O-□}$中，与氧原子第二近邻的铁原子，s 和 d 轨道上的电子数由 0.68 和 6.62 减小为 0.60 和 6.61，p 轨道上的电子数由 0.69 增加为 0.71。铁原子总电子数、电荷数和磁矩分别为 7.92、0.08e 和 4.56μ_B。

构型$Cfg^1_{C-□}$、$Cfg^1_{O-□}$和$Cfg^2_{C-O-□}$中，碳原子和氧原子及其近邻铁原子的外层电子数的变化可以通过电子密度差分图直观地观察出来。构型$Cfg^1_{O-□}$、$Cfg^2_{C-O-□}$和$Cfg^1_{C-□}$中$(\bar{1}10)$晶面的电子密度差分图如图 2.40 所示。

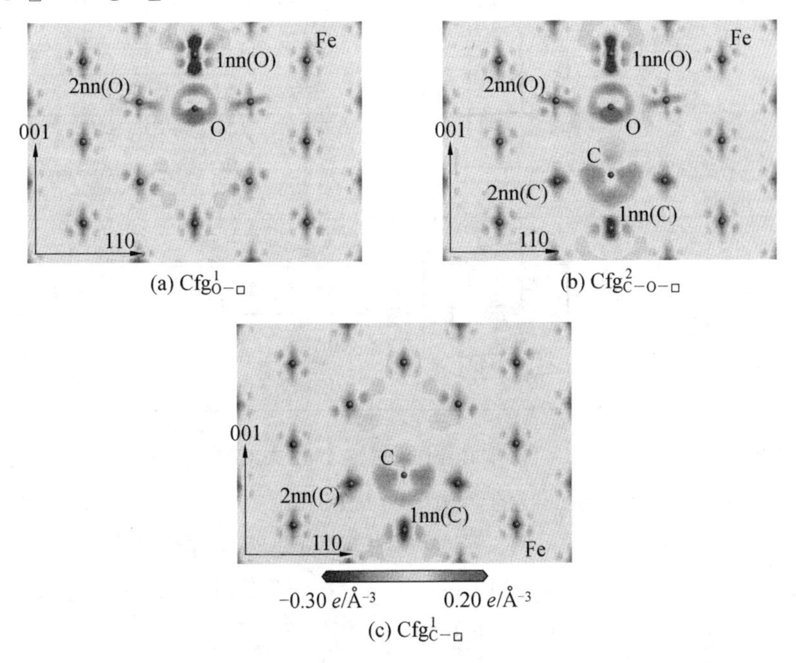

(a) $Cfg^1_{O-□}$　(b) $Cfg^2_{C-O-□}$　(c) $Cfg^1_{C-□}$

图 2.40　不同构型中$(\bar{1}10)$晶面的电子密度差分图

在构型$Cfg^2_{C-O-□}$中，碳原子和氧原子及其近邻铁原子周围电子密度的变化与构型$Cfg^1_{O-□}$和$Cfg^1_{C-□}$相似。构型$Cfg^2_{C-O-□}$中 O—□ 距离 0.42a_0 略大于构型$Cfg^1_{O-□}$中 O—□ 距离 0.41a_0。构型$Cfg^2_{C-O-□}$中 C—□ 距离 0.42a_0 大于构型$Cfg^1_{C-□}$中 C—□ 距离 0.38a_0。氧原子周围的电子分布与碳原子有显著的差异。氧原子周围的电子分布呈现局域化，类似“钻戒”形状。与氧原子对比，碳原子周围的电子分布呈现非局域化，相对均匀地分布在碳原子及其近邻铁原子之间。

从前面的计算结果可知：在体心立方结构铁中，在一个空位附近引入一个或两个外来间隙原子时，它们优先占据与空位第一近邻的八面体间隙位置。对于FIA—□，构型$Cfg^{1}_{FIA-\square}$最稳定。对于C—C—□，构型$Cfg^{1}_{C-C-\square}$最稳定，两个碳原子沿着〈110〉方向排列。对于C—O—□、O—C—□和O—O—□，构型$Cfg^{2}_{FIA1-FIA2-\square}$最稳定，两个外来间隙原子沿着〈100〉方向分布在空位的两端。根据这一计算结果，在体心立方结构铁中引入第三个外来间隙原子时，它也将优先占据与空位第一近邻的八面体间隙位置，可能形成两种构型，如图2.39和表2.25所示。

表2.25　三个外来间隙原子和一个空位可能形成的构型、图形和相互作用能

构型	图形	3 FIAs—□	E_i/eV
$Cfg^{1}_{FIA1-FIA2-FIA3-\square}$	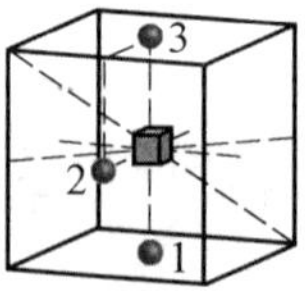	C—C—C—□	−1.97
		O—O—O—□	−3.38
		C—C—O—□	−1.86
		C—O—O—□	—
		O—C—O—□	−1.90
		C—O—C—□	−0.43
$Cfg^{2}_{FIA1-FIA2-FIA3-\square}$	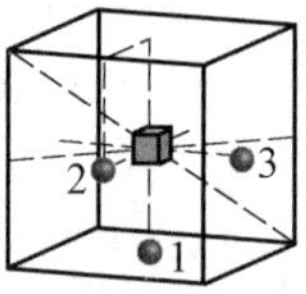	C—C—C—□	−0.94
		O—O—O—□	−2.76
		C—C—O—□	−1.23
		C—O—O—□	−1.22

构型$Cfg^{1}_{FIA1-FIA2-FIA3-\square}$中，空位周围的三个外来间隙原子分布在{100}晶面上，位置1和位置3是相互等同的。构型$Cfg^{2}_{FIA1-FIA2-FIA3-\square}$中，空位周围的三个外来间隙原子分布在{111}晶面上，三个间隙位置都是相互等同的。

对于C—C—C—□和O—O—O—□，考虑了$Cfg^{1}_{FIA1-FIA2-FIA3-\square}$和$Cfg^{2}_{FIA1-FIA2-FIA3-\square}$两种构型。最负的相互作用能（C—C—C—□的−1.97 eV和O—O—O—□的−3.38 eV）在构型$Cfg^{1}_{FIA1-FIA2-FIA3-\square}$中得到，即$Cfg^{1}_{C-C-C-\square}$和$Cfg^{1}_{O-O-O-\square}$是它们在体心立方结构铁中可能形成的最稳定的构型。

在体心立方结构铁中，引入一个空位、一个氧原子和两个碳原子时，考虑了$Cfg^{1}_{C-C-O-\square}$、$Cfg^{1}_{C-O-C-\square}$和$Cfg^{2}_{C-C-O-\square}$三种构型。在这三种构型中，构型$Cfg^{1}_{C-C-O-\square}$中点缺陷之间的相互作用能最负，为−1.86 eV。也就是说，构型$Cfg^{1}_{C-C-O-\square}$最稳定，是C—C—O—□在体心立方结构铁中最可能形成的构型。

在体心立方结构铁中，引入一个空位、一个碳原子和两个氧原子时，同样考虑了$\mathrm{Cfg}^{1}_{\mathrm{C-O-O-\square}}$、$\mathrm{Cfg}^{1}_{\mathrm{O-C-O-\square}}$和$\mathrm{Cfg}^{2}_{\mathrm{C-O-O-\square}}$三种构型。构型$\mathrm{Cfg}^{1}_{\mathrm{C-O-O-\square}}$是不能稳定存在的，位置 3 上的氧原子会迁移到更远的间隙位置上。对于其余两种构型，构型$\mathrm{Cfg}^{1}_{\mathrm{O-C-O-\square}}$中点缺陷之间的相互作用能最负，为 −1.90 eV。即构型$\mathrm{Cfg}^{1}_{\mathrm{O-C-O-\square}}$最稳定，是 O—C—O—□ 在体心立方结构铁中最可能形成的构型。

因此，在体心立方结构铁中，引入一个空位和三个外来间隙原子时，它们优先排列在{100}晶面上，可能形成稳定的构型$\mathrm{Cfg}^{1}_{\mathrm{C-C-C-\square}}$、$\mathrm{Cfg}^{1}_{\mathrm{O-O-O-\square}}$、$\mathrm{Cfg}^{1}_{\mathrm{C-C-O-\square}}$和$\mathrm{Cfg}^{1}_{\mathrm{O-C-O-\square}}$。

在最稳定的构型$\mathrm{Cfg}^{1}_{\mathrm{FIA1-FIA2-FIA3-\square}}$基础上，引入第四个外来间隙原子时，可能形成两种构型如图 2.39 和表 2.26 所示。

表 2.26　四个外来间隙原子和一个空位可能形成的构型、图形和相互作用能

构型	图形	4 FIAs—□	E_{i}/eV
$\mathrm{Cfg}^{1}_{\mathrm{FIA1-FIA2-FIA3-FIA4-\square}}$		C—C—C—C—□	−1.40
		O—O—O—O—□	−0.86
		C—C—C—O—□	−0.75
		O—O—O—C—□	0.44
		C—C—O—O—□	−0.28
		C—O—C—O—□	1.78
$\mathrm{Cfg}^{2}_{\mathrm{FIA1-FIA2-FIA3-FIA4-\square}}$		C—C—C—C—□	0.53
		O—O—O—O—□	−2.79
		C—C—C—O—□	—
		C—C—O—C—□	−0.15
		O—O—O—C—□	−1.02
		O—O—C—O—□	−0.97
		C—C—O—O—□	—
		C—O—C—O—□	0.82
		O—C—O—C—□	−0.75

在体心立方结构铁中，引入一个空位和四个碳原子，考虑了两种构型$\mathrm{Cfg}^{1}_{\mathrm{C-C-C-C-\square}}$和$\mathrm{Cfg}^{2}_{\mathrm{C-C-C-C-\square}}$。对于构型$\mathrm{Cfg}^{2}_{\mathrm{C-C-C-C-\square}}$，点缺陷之间的相互作用能为正值 0.53 eV，说明这种构型不能够稳定存在，不可能形成。构型$\mathrm{Cfg}^{1}_{\mathrm{C-C-C-C-\square}}$中，点缺陷之间的相互作用能为负值 −1.40 eV，说明这一构型可以形成，并且能够稳定存在。因此，在体心立方结构铁中，一个空位可以吸引四

个碳原子,形成稳定的构型$Cfg^1_{C-C-C-C-\square}$,一个空位及其周围的四个碳原子均位于{100}晶面上。

在体心立方结构铁中,引入一个空位和四个氧原子,考虑了两种构型$Cfg^1_{O-O-O-O-\square}$和$Cfg^2_{O-O-O-O-\square}$。在这两种构型中,点缺陷之间的相互作用能均为负值,分别为－0.86 eV和－2.79 eV,说明这两种构型都可以形成,并且能够稳定存在。构型$Cfg^2_{O-O-O-O-\square}$中点缺陷之间的相互作用能更负,结构更加稳定,一个空位和三个氧原子排列在{100}晶面上,另外一个氧原子位于与该晶面垂直的晶向上。

在体心立方结构铁中,一个空位、三个碳原子和一个氧原子相互靠近时,考虑了三种构型$Cfg^1_{C-C-C-O-\square}$、$Cfg^2_{C-C-C-O-\square}$和$Cfg^2_{C-C-O-C-\square}$。构型$Cfg^2_{C-C-C-O-\square}$是不稳定的,不能形成,其中的氧原子将迁移到更远的位置。构型$Cfg^1_{C-C-C-O-\square}$和$Cfg^2_{C-C-O-C-\square}$中点缺陷之间的相互作用能均为负值,分别为－0.75 eV和－0.15 eV,说明这两种构型都可以稳定存在。然而,构型$Cfg^1_{C-C-C-O-\square}$中点缺陷之间的相互作用能为更值,结构更稳定。因此,在体心立方结构铁中,一个空位、三个碳原子和一个氧原子相互靠近时,它们都分布在{100}晶面上,空位在中间,四个外来间隙原子分别占据与空位第一近邻的四个八面体间隙位置上。

在体心立方结构铁中,一个空位、一个碳原子和三个氧原子相互靠近时,考虑了三种构型$Cfg^1_{O-O-O-C-\square}$、$Cfg^2_{O-O-O-C-\square}$和$Cfg^2_{O-O-C-O-\square}$。构型$Cfg^1_{O-O-O-C-\square}$中点缺陷之间的相互作用能为正数(0.44 eV),表明这种构型不稳定,不能形成。构型$Cfg^2_{O-O-O-C-\square}$和$Cfg^2_{O-O-C-O-\square}$中点缺陷之间的相互作用能为负值,分别为－1.02 eV和－0.97 eV,表明这两种构型都是稳定的,是可能形成的。相对来说,构型$Cfg^2_{O-O-O-C-\square}$更稳定。

在体心立方结构铁中,一个空位、两个碳原子和两个氧原子相互靠近时,考虑了$Cfg^1_{C-C-O-O-\square}$、$Cfg^1_{C-O-C-O-\square}$、$Cfg^2_{C-C-O-O-\square}$、$Cfg^2_{C-O-C-O-\square}$和$Cfg^2_{O-C-O-C-\square}$五种构型。构型$Cfg^2_{C-C-O-O-\square}$不稳定,两个碳原子将迁移到更远的位置上。构型$Cfg^1_{C-O-C-O-\square}$和$Cfg^2_{C-O-C-O-\square}$中点缺陷之间的相互作用能为正值,分别为1.78 eV和0.82 eV,表明这两种构型不稳定,不能形成。构型$Cfg^1_{C-C-O-O-\square}$和$Cfg^2_{O-C-O-C-\square}$中点缺陷之间的相互作用能为负值,分别为－0.28 eV和－0.75 eV,表明这两种构型是稳定的,是可以形成的。相对来说,构型$Cfg^2_{O-C-O-C-\square}$更稳定。

在体心立方结构铁中,引入一个空位和五个外来间隙原子时,考虑了构型$Cfg_{FIA1-FIA2-FIA3-FIA4-FIA5-\square}$,如图2.39和表2.27所示。

表2.27　五个外来间隙原子和一个空位可能形成的构型、图形和相互作用能

构型	图形	5 FIAs—□	E_i/eV
$Cfg_{FIA1—FIA2—FIA3—FIA4—FIA5—□}$		C—C—C—C—C—□	1.99
		O—O—O—O—O—□	—
		C—C—C—C—O—□	1.27
		O—O—O—O—C—□	—
		O—C—C—C—C—□	—
		C—O—O—O—O—□	—
		C—C—C—O—O—□	—
		O—O—O—C—C—□	—
		C—O—C—O—C—□	—
		O—C—O—C—O—□	—
		C—C—O—O—C—□	—
		O—O—C—C—O—□	—

构型$Cfg_{C—C—C—C—C—□}$和$Cfg_{C—C—C—C—O—□}$中点缺陷之间的相互作用能为正值，分别为1.99 eV和1.27 eV，表明点缺陷之间为排斥力，构型不稳定。对于考虑的其余十种构型，都是不稳定的，是不能形成的，空位周围的个别外来间隙原子将迁移到更远的位置上。

在体心立方结构铁中，引入一个空位和六个外来间隙原子时，考虑了构型$Cfg_{FIA1—FIA2—FIA3—FIA4—FIA5—FIA6—□}$，如图2.39和表2.28所示。

在计算的八种构型中，五种构型$Cfg_{O—O—O—O—O—O—□}$、$Cfg_{O—O—O—O—O—C—□}$、$Cfg_{O—O—O—O—C—C—□}$、$Cfg_{C—C—C—C—O—O—□}$、$Cfg_{C—O—O—C—O—C—□}$中点缺陷之间的相互作用能为正值，分别为3.14 eV、5.15 eV、7.28 eV、8.49 eV和4.08 eV，表明点缺陷之间为排斥力，构型不稳定。其余的三种构型是不稳定的，是不能形成的，构型弛豫过程中个别外来间隙原子将迁移到更远的位置上。

当$n=1$时，一个空位和一个外来间隙原子(FIA)可以形成稳定的构型$Cfg^1_{FIA—□}$，相互作用能分别为−0.80 eV(C—□)和−1.97 eV(O—□)，FIA占据与空位第一近邻的八面体间隙位置。

当$n=2$时，一个空位和两个外来间隙原子(FIAs)可以形成稳定的构型。对于C—C—□，构型$Cfg^1_{C—C—□}$最稳定，相互作用能为−1.83 eV。对于C—O—□，构型$Cfg^2_{C—O—□}$最稳定，相互作用能为−2.61 eV。对于O—O—□，构型$Cfg^2_{O—O—□}$最稳定，相互作用能为−3.89 eV。在构型$Cfg^1_{C—□}$中引入一个碳原子，可以形成最稳定的构型$\mathrm{Cfg}^{1}_{\mathrm{C-C-\square}}$，两个碳原子占据着与空位第一近邻的两个八面体间隙位置，沿着〈110〉方向排列。构型$\mathrm{Cfg}^{1}_{\mathrm{C-C-\square}}$中C—C—□相互作用能(−1.83 eV)低于两个构型$\mathrm{Cfg}^{1}_{\mathrm{C-\square}}$中C—□相互作用能(−0.80×2=−1.60 eV)。一个构型$\mathrm{Cfg}^{1}_{\mathrm{C-C-\square}}$比两个构型$\mathrm{Cfg}^{1}_{\mathrm{C-\square}}$更稳定。在构型$\mathrm{Cfg}^{1}_{\mathrm{O-\square}}$中引入一个氧原子，可以形成最稳定的构型$\mathrm{Cfg}^{2}_{\mathrm{O-O-\square}}$，两个氧原子占据着与空位第一近邻的两个八面体间隙位置，沿着〈100〉方向排列。构型$\mathrm{Cfg}^{2}_{\mathrm{O-O-\square}}$中O—O—□相互作用能(−3.89 eV)高于两个构型$\mathrm{Cfg}^{1}_{\mathrm{O-\square}}$中O—□相互作用能(−1.97×2=−3.94 eV)。两个构型$\mathrm{Cfg}^{1}_{\mathrm{O-\square}}$比一个构型$\mathrm{Cfg}^{2}_{\mathrm{O-O-\square}}$更稳定。在构型$\mathrm{Cfg}^{1}_{\mathrm{C-\square}}$中引入一个氧原子，或者在构型$\mathrm{Cfg}^{1}_{\mathrm{O-\square}}$中引入一个碳原子，可以形成最稳定的构型$\mathrm{Cfg}^{2}_{\mathrm{C-O-\square}}$，碳原子和氧原子占据着与空位第一近邻的两个八面体间隙位置，沿着〈100〉方向排列。构型$\mathrm{Cfg}^{2}_{\mathrm{C-O-\square}}$中C—O—□相互作用能(−2.61 eV)高于构型$\mathrm{Cfg}^{1}_{\mathrm{C-\square}}$和$\mathrm{Cfg}^{1}_{\mathrm{O-\square}}$中C—□和O—□相互作用能和(−0.80+(−1.97)=−2.77 eV)。两个构型$\mathrm{Cfg}^{1}_{\mathrm{C-\square}}$和$\mathrm{Cfg}^{1}_{\mathrm{O-\square}}$比一个构型$\mathrm{Cfg}^{2}_{\mathrm{C-O-\square}}$更稳定。除了$\mathrm{Cfg}^{1}_{\mathrm{C-C-\square}}$，所有的大FIAs—□构型的稳定性都低于小FIAs—□构型。

表2.28　六个外来间隙原子和一个空位可能形成的构型、图形和相互作用能

构型	图形	6 FIAs—□	E_i/eV
$\mathrm{Cfg}_{\mathrm{FIA1-FIA2-FIA3-FIA4-FIA5-FIA6-\square}}$	6, 4, 3, 2, 5, 1	O—O—O—O—O—O—□	3.14
		O—O—O—O—O—C—□	5.15
		O—O—O—O—C—C—□	7.28
		C—C—C—C—O—O—□	8.49
		C—O—O—C—O—O—□	—
		O—C—C—O—C—C—□	—
		C—O—O—C—O—C—□	4.08
		C—C—C—O—O—O—□	—

在体心立方结构铁中，一个空位和n(n=1,2,3,4)个外来间隙原子之间的相互作用能如图2.41所示，包括FIAs—□可能形成的构型。

当n=3时，一个空位和三个外来间隙原子(FIAs)可以形成稳定的构型。对于C—C—C—□，构型$\mathrm{Cfg}^{1}_{\mathrm{C-C-C-\square}}$最稳定，相互作用能为−1.97 eV。对于O—O—O—□，构型$\mathrm{Cfg}^{1}_{\mathrm{O-O-O-\square}}$最稳定，相互作用能为−3.38 eV。对于C—C—O—□，构型$\mathrm{Cfg}^{1}_{\mathrm{C-C-O-\square}}$最稳定，相互作用能为−1.86 eV。对于O—C—O—□，构型$\mathrm{Cfg}^{1}_{\mathrm{O-C-O-\square}}$最稳定，相互作用能为−1.90 eV。构型

$\mathrm{Cfg}^{1}_{\mathrm{FIA1-FIA2-FIA3-\square}}$ 中，三个外来间隙原子占据着与空位第一近邻的八面体间隙位置，它们都分布在{100}晶面上，FIA1 和 FIA3 位置等同。

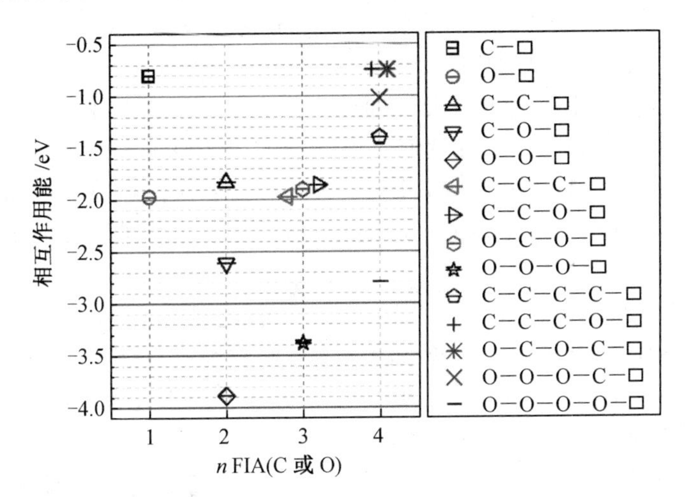

图 2.41　一个空位和 $n(n=1,\cdots,4)$ 个外来间隙原子(C 或 O) 的相互作用能

当 $n=4$ 时，一个空位和四个外来间隙原子(FIAs)可以形成稳定的构型。对于 C—C—C—C—□，构型 $\mathrm{Cfg}^{1}_{\mathrm{C-C-C-C-\square}}$ 最稳定，相互作用能为－1.40 eV。对于 O—O—O—O—□，构型 $\mathrm{Cfg}^{2}_{\mathrm{O-O-O-O-\square}}$ 最稳定，相互作用能为－2.79 eV。对于 C—C—C—O—□，构型 $\mathrm{Cfg}^{1}_{\mathrm{C-C-C-O-\square}}$ 最稳定，相互作用能为－0.75 eV。对于 O—O—O—C—□，构型 $\mathrm{Cfg}^{2}_{\mathrm{O-O-O-C-\square}}$ 最稳定，相互作用能为－1.02 eV。对于 O—C—O—C—□，构型 $\mathrm{Cfg}^{2}_{\mathrm{O-C-O-C-\square}}$ 最稳定，相互作用能为－0.75 eV。在构型 $\mathrm{Cfg}^{1}_{\mathrm{C-C-C-C-\square}}$ 和 $\mathrm{Cfg}^{1}_{\mathrm{C-C-C-O-\square}}$ 中，四个外来间隙原子占据与空位第一近邻的八面体间隙位置，它们都分布在{100}晶面上。在构型 $\mathrm{Cfg}^{2}_{\mathrm{FIA1-FIA2-FIA3-FIA4-\square}}$ 中，四个外来间隙原子占据与空位第一近邻的八面体间隙位置，FIA4—□ 晶向垂直于 FIA1—FIA2—FIA3—□ 所在的平面。

2.4　本章小结

本章采用第一性原理方法计算了热扩渗碳氮原子在体心立方结构铁中的行为，包括碳氮原子的占位和性质、碳氮原子与空位和自间隙原子之间的相互作用，结果表明：

(1) 在体心立方结构铁中，碳氮原子优先占据八面体间隙位置。四面体间隙位置是碳氮原子从一个八面体间隙位置迁移到第一近邻八面体间隙位置的鞍点，迁移能是碳氮原子占据四面体间隙位置和八面体间隙位置的能量差，分别为 0.95 eV 和 0.79 eV。

(2) 当碳氮原子占据八面体间隙位置时，与第一近邻铁原子成较弱的共价键，键集居数分别为 0.50 和 0.43，铁碳共价键强于铁氮共价键。与碳氮原子近邻的铁原子，态密度出现了两个杂化轨道，能级分别为 −12.6 eV(−17.3 eV) 和 −6.6 eV(−7.8 eV)，分别对应碳氮原子的 s 轨道和 p 轨道。电子密度差分图显示：碳氮原子得电子，电子密度增大；铁原子失电子，电子密度减小；增多的电子主要分布在碳氮原子和第一近邻铁原子之间。近邻铁原子的磁矩与距离有关，与碳氮原子距离较近时，铁原子的磁矩减小，然后随着它们距离的增加，铁原子的磁矩逐渐增大，甚至超过纯铁原子的磁矩，随后铁原子的磁矩逐渐减小，进而接近纯铁原子的磁矩。

(3) 两个外来间隙原子(C—C、C—N 和 N—N) 之间距离较近时相互排斥，随着距离的增大排斥力逐渐减小。两个碳原子之间的排斥力最小，两个氮原子之间的排斥力最大，碳氮原子之间的排斥力介于中间。两个外来间隙原子之间的排斥力是化学热处理过程中碳氮原子扩散的驱动力。

(4) 当一个碳氮原子和一个空位相互靠近时，碳氮原子优先占据与空位第一近邻的八面体间隙位置，碳氮原子和空位之间的相互吸引。

(5) 当两个外来间隙原子和一个空位相互靠近时，三者之间相互吸引，能够形成稳定的构型。在两个碳原子与一个空位所形成的最稳定构型中，两个碳原子均占据空位的第一近邻八面体间隙位置，两个碳原子沿着〈110〉方向排列。在两个氮原子(或一个碳原子和一个氮原子) 与一个空位所形成的最稳定构型中，两个外来间隙原子分别占据空位两侧的第一近邻八面体间隙位置，并且与空位在一条直线上排列。

(6) 一个空位最多可以吸引三个碳原子，或两个氮原子，或一个碳原子和一个氮原子。

(7) 一个碳氮原子与两个空位相互靠近时，它们之间相互吸引，能够形成稳定的构型。在一个碳氮原子与两个空位形成的最稳定构型中，两个空位之间的距离为一个点阵常数，碳氮原子占据两个空位之间的八面体间隙位置。

(8) 当一个碳氮原子与〈110〉方向自间隙原子相互靠近时，它们之间相互排斥，不能形成稳定的构型。

(9) 在体心立方结构铁中，氧原子优先占据八面体间隙位置，氧原子的迁移能为 0.46 eV。

(10) 两个外来间隙原子(C—C、O—O 和 C—O) 之间的相互作用能为正值，为排斥力。C—O 之间的排斥力最大，C—C 之间的排斥力次之，O—O 之间的排斥力最小。

(11) 当外来间隙原子(FIA) 浓度相对较高时，一个空位可以吸引四个外来间隙原子，形成稳定的构型。

参考文献

[1] 由园. C—N(—La)共渗层原子间作用第一性原理计算与N扩散分子动力学模拟[D]. 哈尔滨:哈尔滨工业大学,2013.

[2] CLEMENTI E,RAIMONDI D L,REINHARDT W P. Atomic screening constants from SCF functions. II. atoms with 37 to 86 electrons[J]. The Journal of Chemical Physics,1967,47(4):1300-1307.

第3章 热扩渗碳氮在面心立方结构铁中的行为

S相是奥氏体不锈钢低温改性技术发展中出现的最重要的一种新相。基于实验研究，学者笼统地提出S相是N或C间隙超饱和的膨胀奥氏体，但是没能获得详细的S相的晶体结构。同时，对S相的形成机制的研究也一般是基于实验结果的唯像阐述或基于经验参数的热力学计算。研究S相的晶体结构和形成机制涉及以下问题：外来间隙原子的排布方式、合金元素与外来间隙原子的交互作用、合金元素对S相稳定性的影响、外来间隙原子在S相中的扩散行为等。当前的实验手段很难对上述问题进行研究。

第一性原理计算的方法，不需要任何经验参数，就可以从原子电子尺度对固溶体中合金元素的交互作用、晶体结构的稳定性和原子的扩散行为等进行研究。因此，本章采用第一性原理计算的方法对下列问题进行了研究：γ－Fe、Fe－N和Fe－C合金的磁性研究；外来间隙原子N/C在γ－Fe中的交互作用。

3.1 碳氮原子的占位和性质

γ－Fe的磁性对铁合金的相转变和性质等有重要的影响，本节首先对在第一性原理计算中最稳定的磁性态进行研究，以保证后续研究合金元素在γ－Fe交互作用时的准确性。γ－Fe具有面心立方的晶体结构，其磁性结构主要有：非铁磁（Non Ferromagnetic，NM）、铁磁（Ferromagnetic，FM）、反铁磁（Antiferromagnetic，AFM）、双反铁磁（Double Antiferromagnetic，AFMD）和顺磁态（Paramagnetic，PM）。第一性原理只适用于研究周期性的结构，无法构建顺磁态的γ－Fe的磁结构。在实际的研究中，人们经常使用NM态来代表顺磁态。

构建2×2×2含有32个原子的γ－Fe的超晶胞，改变晶体中铁原子的有无自旋和自旋方向，构建了不同磁性的γ－Fe。设置铁原子自旋数为0，来构建NM的γ－Fe。在FM的γ－Fe中，设置铁原子的自旋数为4。沿〈001〉方向设置单层或双层的交错磁化来分别构建AFM和AFMD的γ－Fe，如图3.1所示。AFM的磁性结构为“＋－＋－”，AFMD磁性结构为“＋＋－－”。

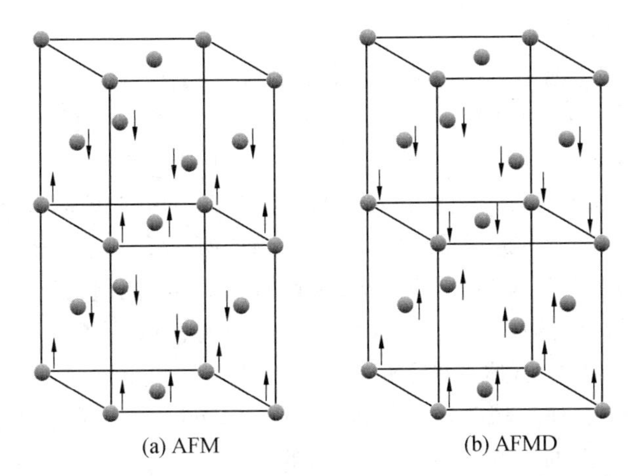

图 3.1　γ－Fe 的反铁磁(AFM) 和双反铁磁(AFMD) 态的磁性结构

表 3.1 中给出了几何优化后各种磁性态 γ－Fe 的晶格参数、能量和磁矩。NM 和 FM 的 γ－Fe 为面心立方结构，而 AFM 和 AFMD 磁性的 γ－Fe 的 c 轴均被拉长，为面心正方结构。根据晶胞能量的大小，各种磁性态 γ－Fe 的稳定性排序为：AFMD ＞ AFM ＞ NM ＞ FM。AFMD 的态 γ－Fe 具有最低的总能量，是最稳定的结构。FM 的 γ－Fe 具有最高的能量，是最不稳定的结构。但 FM 的 γ－Fe 晶格常数 a＝0.361 2 nm 与实验值 0.364 nm 最接近。FM 的 γ－Fe 有最高的磁矩2.70μ_B，AFMD 的磁矩为 2.09μ_B，AFM 的磁矩为 1.58μ_B。

表 3.1　各种磁性态 γ－Fe 的晶格参数、能量和磁矩

	a/nm	c/a	能量 /(eV · $atom^{-1}$)	$M(\mu_B)$
NM	0.343 6	1	－865.225 3	0
FM	0.361 2	1	－865.186 2	2.70
AFM	0.341 8	1.066	－865.240 0	1.58
AFMD	0.344 4	1.076	－865.265 3	2.09

外来间隙原子 N 和 C 是铁基合金中最常见的合金元素，对铁基合金的磁性态有很大的影响。将 N 和 C 分别放入各种磁性结构的 γ－Fe 的八面体间隙中，进行几何优化和能量计算，就可以获得含外来间隙原子的 γ－Fe 的稳定磁性结构。S 相为 N/C 超饱和固溶体，其中 N 和 C 的原子数分数最高可达 25% 和 12%。构建了2 ×1 × 1(Fe8) 和 2 × 2 × 2(Fe32) 的 γ－Fe 的超晶胞。在 Fe8 和 Fe32 中分别放置两个和一个外来间隙原子，对应外来间隙原子的原子数分数分别为 20% 和 3.03%。在 Fe8 中，两个外来间隙原子的分数坐标分别为(0.5，0.5，0.25) 和(0.5，0.5，0.75)。如上述方式，配置γ－Fe 的超晶胞为不同的磁性结构，进行几何优化和能量计算，获得含外来间隙原子的 γ－Fe 的稳定磁性结构。表 3.2 给出了外来间隙原子在 Fe8 和 Fe32 超晶胞中固溶后体系的总能量及相对

于最稳定态的相对能量。

N 在 Fe8 超晶胞固溶时，体系总能量的排序为：FM $<$ AFMD $<$ AFM $<$ NM，即铁磁态为 γ－Fe 最稳定态。由此可知，当 γ－Fe 中有高浓度的 N 原子时，γ－Fe 为铁磁态。单个 N 原子 Fe32 中固溶后，AFMD 的 γ－Fe 具有最高的稳定性，AFM 的次之，之后为 FM，最次为 NM。相对于 AFMD 态，FM 态体系的总能量为 1.976 5 eV。无 N 原子固溶时，AFMD 和 FM 的 Fe32 超晶胞的能量之差为 2.531 2 eV。N 原子固溶后，减少了 AFMD 和 FM 的超晶胞的能量之差。C 原子的固溶也有相同的结果。这就表明，当 N/C 原子近邻 Fe 原子为 HS 态时，它们之间键合释放的能量更大，体系稳定性提升程度更高。也就是说，N/C 外来间隙原子导致了 γ－Fe 晶体局域磁性态的转变。Boukhvalov 等人研究了 C 原子在 γ－Fe 中导致的磁性态的转变，也获得了类似的结果。

表 3.2　N 和 C 原子在不同磁性态 γ－Fe 超晶胞中固溶后的体系总能量和相对能量

		NM	FM	AFM	AFMD
N	Fe8	－3 731.459 6,1.185 2	－3 732.644 8,0	－3 731.627 3,1.017 6	－3 732.473 8,0.171 0
	Fe32	－27 958.624 2,1.216 4	－27 957.864 1,1.976 5	－27 959.687 1,0.153 4	－27 959.840 6,0
C	Fe8	－3 614.943 0,1.079 3	－3 616.022 4,0	－3 616.021 7,0.000 7	－3 615.834 6,0.187 8
	Fe32	－27 842.104 4,1.211 2	－27 541.373 5,1.942 1	－27 843.154 8,0.160 7	－27 843.315 6,0

在 γ－Fe 中，主要的间隙位置有八面体间隙(O)和四面体间隙(T)，如图 3.2 所示。在化学热处理中，渗入的 N 和 C 等外来间隙原子会占据 γ－Fe 中的间隙位置。外来间隙原子占据八面体或四面体间隙分别记为 $\mathrm{Cfg}_{\mathrm{S}}^{\mathrm{O}}$ 和 $\mathrm{Cfg}_{\mathrm{S}}^{\mathrm{T}}$。扩散激活能为外来间隙原子在四面体间隙的固溶能和八面体间隙固溶能之差，即 $\Delta E = E_{\mathrm{sol}}^{\mathrm{I}}(\mathrm{T}) - E_{\mathrm{sol}}^{\mathrm{I}}(\mathrm{O})$。

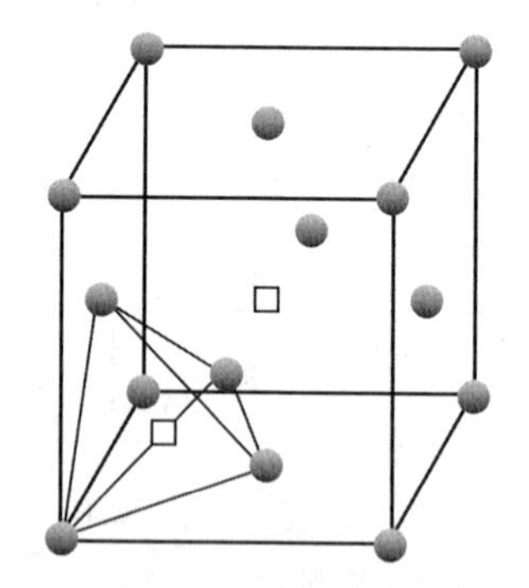

图 3.2　γ－Fe 中的八面体间隙和四面体间隙

表 3.3 中给出了 N 和 C 原子在 γ－Fe 中两种间隙位置的固溶能及其扩散激活能。N 和 C 原子在八面体间隙位置的固溶能为负值，在四面体间隙的固溶能为正值，这就表明八面体间隙为 N 和 C 的优先和稳定占据位置，而四面体间隙为外来间隙原子的不稳定或者过渡占据位置。N 在 Fe4 超晶胞中的固溶能比在 Fe32 中的固溶能更负，同时其扩散激活能也更低。C 原子在 Fe4 超晶胞中的固溶能高于 Fe32 中固溶能，但其扩散激活能更低。在晶体结构的几何优化中，晶格常数和原子位置都可以弛豫。因此，N 或 C 的在 Fe4 中不同位置的固溶均导致了晶格的严重膨胀，晶格的膨胀增大了间隙的

空间体积，在一定程度上降低了外来间隙原子固溶所造成的局域应变。

N 原子与 C 原子相比有更低的扩散激活能，这也与实验研究的结果一致：在相同的化学热处理条件下，马氏体不锈钢的渗层厚度大于奥氏体钢。

表 3.3　N/C 原子在 γ－Fe 中的固溶能和扩散激活能　eV

构型	E_{sol}^{N}		E_{sol}^{C}	
	Fe4	Fe32	Fe4	Fe32
Cfg_I^T	0.195	1.045	1.791	2.156
Cfg_I^O	－1.358	－1.002	－0.396	－0.507
ΔE	1.553	2.047	2.197	2.663

表 3.4 给出了弛豫后，N 和 C 原子第一近邻(Fe1) 和第二近邻(Fe2) 原子的相对位移 $\Delta d/d_0$，其中 d_0 为未弛豫前外来间隙原子 N/C 和近邻(1nn 或 2nn)Fe 原子之间的距离，Δd 为弛豫后外来间隙原子和近邻 Fe 原子距离 d 与 d_0 之差。在 Cfg_N^T 构型中，Fe4 超晶胞中 Fe1 和 Fe2 原子的位移分别为 11.94% 和 25.81%。在 Cfg_N^O 构型中，Fe4 超晶胞中 Fe1 和 Fe2 原子的迁移要小很多，分别为 3.94% 和 3.93%。在 Fe32 超晶胞中，Cfg_N^T 构型中 Fe1 和 Fe2 的相对位移变小，分别为 9.65% 和 0.53%；Cfg_N^T 构型中 Fe1 和 Fe2 的相对位移为 3.63% 和 0.38%。增大超晶胞体积，N 原子周围 Fe 原子的相对位移均变小，这是由于固溶 N 的间隙位置受到周围晶体的束缚而无法完全弛豫。N 原子占据四面体时，导致了局域内很大的变形，体系的应变能升高超过了 Fe—N 键形成释放的能量，故体系的总能量升高。

表 3.4　N 和 C 原子占据不同间隙位置时近邻铁原子的弛豫

构型		FIA = N		FIA = C	
		Fe4	Fe32	Fe4	Fe32
Cfg_{FIA}^T	Fe1/%	11.94	9.65	12.18	10.78
	Fe2/%	25.81	0.53	26.29	0.53
Cfg_{FIA}^O	Fe1/%	3.94	3.63	3.32	4.34
	Fe2/%	3.93	0.38	3.34	0.26

C 原子引起的近邻 Fe 原子的位移情况与 N 原子类似。但在 Cfg_C^O 构型中，Fe32 超晶胞中的 Fe1 的位移为 4.34%，高于 Fe4 中 Fe1 的相对位移 3.63%，即 C 原子在 Fe32 中造成了更严重的局域变形。同时，在 Fe32 超晶胞中，C 占据八面体间隙后形成的局域区域内有很大的应力，以至于周围晶体无法对其进行很好的约束，故导致近邻 Fe 原子有很大的相对位移。

3.2 两个外来间隙原子之间的交互作用

N和C元素都是钢铁材料中最常用的间隙元素，其在奥氏体γ－Fe中的交互作用与铁基合金的热力学计算、相图计算和扩散控制等紧密相关。对于含有高浓度外来间隙原子N或C的S相，关于其晶体结构依然没有获得很好的标定。本节对外来间隙原子在γ－Fe中的交互作用进行了研究。

将两个外来间隙原子N—N、C—C和N—C分别放入不同大小的超晶胞，代表了不同浓度的含N/C的γ－Fe－(N/C)相，对其分布和交互作用进行研究。

图3.3给出了两个外来间隙原子在γ－Fe中可能的配位方式。在2×1×1的含8个Fe原子的超晶胞(记为Fe8)中，可能的配位方式有3种。在2×2×1的含16个Fe原子的超晶胞(记为Fe16)中，存在4种配位方式。在2×2×2的含32个Fe原子的超晶胞(记为Fe32)中，有5种配位方式。这里采用$Cfg^{inn}_{FIA-FIA}$来代表外来间隙原子对不同的配位方式，i代表第二个FIA位于第一个FIA的第i个第一近邻位置。FIA代表N或者C原子。

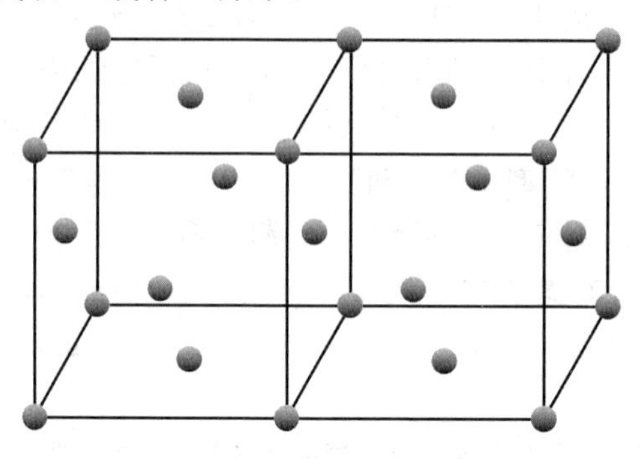

图3.3　两个外来间隙原子在γ－Fe超晶胞中的可能构型

在图3.3中，当两个外来间隙原子为第一近邻时，晶胞中的Fe原子可以分成3类：(1)Fe_2原子，第一近邻有两个外来间隙原子，两个外来间隙原子与其的夹角为90°，也可记为Fe_{2-90}。(2)Fe_1原子，第一近邻只有一个外来间隙原子。(3)Fe_0原子，第一近邻没有外来间隙原子。当两个外来间隙原子为第二近邻时，两个N原子与Fe_2原子之间夹角为180°，此时Fe_2原子记为Fe_{2-180}。

图3.4给出了体系总能与外来间隙原子对构型方式的演变关系曲线。在Fe8超晶胞中，外来间隙原子对位于第一近邻的构型时，体系具有最大的总能量，第二近邻配位对应于最小的总能，而第三近邻构型则具有中等的总能量。因此，外来间隙原子对以第二近邻构型方式存在时，体系较稳定。在Fe16的超晶胞中，随外来间隙原子对之间距离的增加，体系总能均降低。对于C—C原子对，Cfg^{1nn}_{C-C}和Cfg^{2nn}_{C-C}两种构型方式的总能量差别不大。在Fe32超晶胞中，随着外来间隙原子之间距离的增加，体系总能量的整体趋势是下降的。对于N—N和N—C，Cfg^{4nn}_{N-N}和Cfg^{4nn}_{N-C}构型时能量升高。对于C—C原子对，Cfg^{2nn}_{C-C}和Cfg^{4nn}_{C-C}

构型的能量异常升高。

对于 N—N、C—C 和 N—C，在 Fe8 中 Cfg^{2nn}_{S-S} 具有最低的总能，为最稳定的构型。Cfg^{2nn}_{N-N} 中的外来间隙原子分布与 Fe_4N 中的 N 排布方式相同，这就表明在外来间隙原子浓度较高时，N—180°—N 的分布方式是最稳定的。在 Fe16 中，Cfg^{4nn}_{N-N} 具有最低的总能量，为 N—N 最稳定的构型方式。在 Fe32 的超晶胞中，外来间隙原子的浓度进一步降低。对于 N—N，Cfg^{3nn}_{N-N} 的总能量低于 Cfg^{4nn}_{N-N}，可能是两个 N 原子迁移过程中的过渡构型方式。在 Fe32 中，Cfg^{1nn}_{C-C} 和 Cfg^{3nn}_{C-C} 总能量都低于 Cfg^{2nn}_{C-C}，是一个过渡的构型方式。同样，Cfg^{3nn}_{C-C} 具有低于 Cfg^{4nn}_{C-C} 的总能量，也是一种过渡的配位方式。N—C 中能量演变与 N—N 类似，Cfg^{3nn}_{N-C} 是一个过渡构型方式。

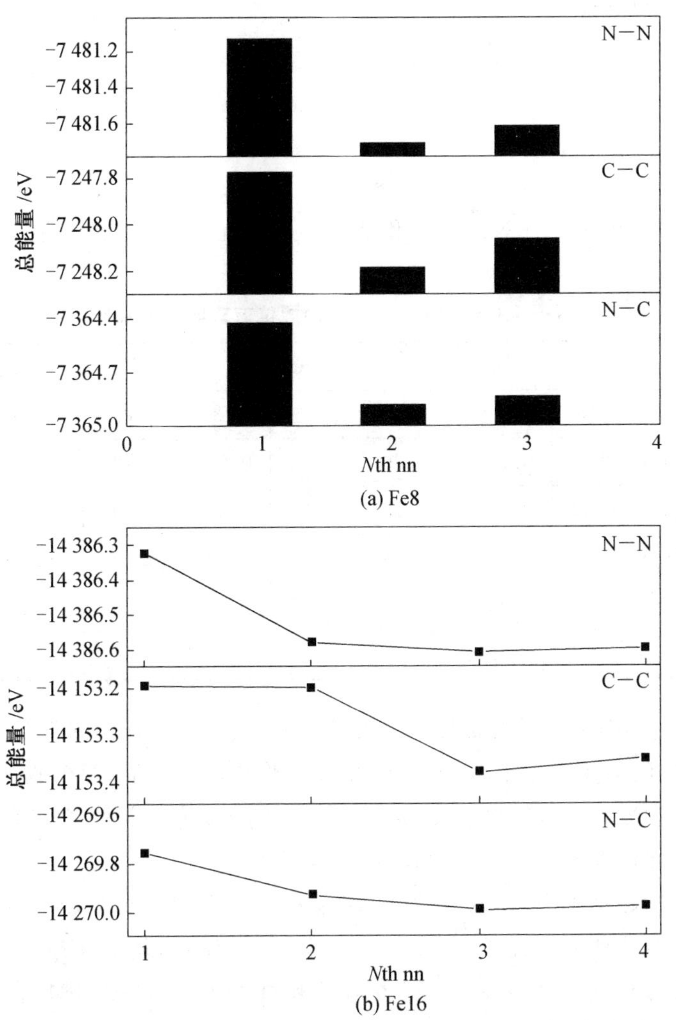

图 3.4　各个超晶胞中外来间隙原子对不同配位方式时的总能量演变

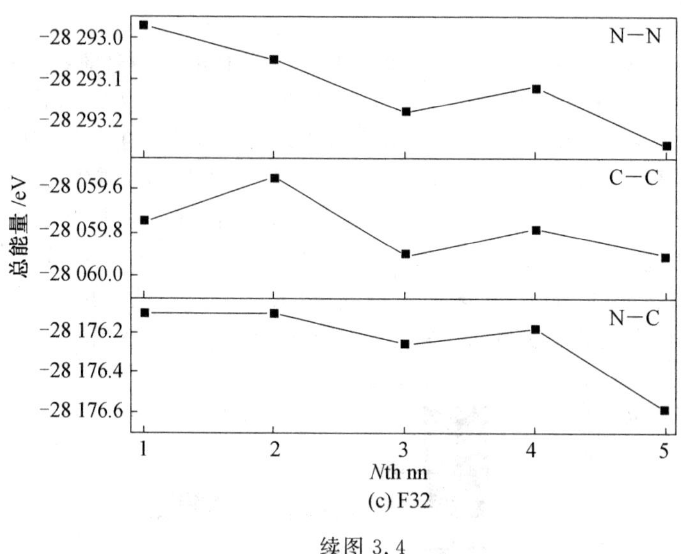

(c) F32

续图 3.4

表 3.5 中给出了 N—N、C—C 和 N—C 原子在 γ－Fe 超晶胞中的交互作用能。

表 3.5 N—N、C—C 和 N—C 不同配位方式时的交互作用能 eV

	N—N			C—C			N—C		
	Fe8	Fe16	Fe32	Fe8	Fe16	Fe32	Fe8	Fe16	Fe32
Cfg_{I-I}^{1nn}	0.549	0.090	0.182	0.226	0.043	0.071	0.420	0.066	0.384
Cfg_{I-I}^{2nn}	－0.033	－0.170	0.098	－0.188	0.038	0.278	－0.042	－0.106	0.377
Cfg_{I-I}^{3nn}	0.058	－0.196	－0.027	－0.062	－0.145	－0.085	0.003	－0.165	0.229
Cfg_{I-I}^{4nn}		－0.186	0.035		－0.116	0.041		－0.153	0.303
Cfg_{I-I}^{5nn}			－0.106			－0.085			－0.101

对于 N—N，在 Fe8 的超晶胞中，Cfg_{N-N}^{1nn} 和 Cfg_{N-N}^{3nn} 具有正的交互作用能，表示两个原子之间的作用为排斥；Cfg_{N-N}^{2nn} 的交互作用能为负值，两个原子之间的作用为吸引。在 Fe16 的超晶胞中，Cfg_{N-N}^{1nn} 具有正的形成能，N—N 之间的作用为排斥，其他几种配位方式时，原子之间的作用为吸引。

在 Fe32 的超晶胞中，Cfg_{N-N}^{3nn} 和 Cfg_{N-N}^{5nn} 的交互作用为负值，N—N 之间的作用为吸引；其他几种配位方式中，N—N 之间为排斥作用，其中，Cfg_{N-N}^{1nn} 的交互作用能最正，排斥作用最强，Cfg_{N-N}^{2nn} 的交互作用能为 0.079 eV，排斥作用比较微弱。基于蒙特卡洛模拟，人们获得了类似的结果：N—N 为第一近邻配位时具有强的排斥作用（<－0.14 eV），在第二近邻配位时，N—N 排斥作用比较弱

(>－0.07 eV)。综合上述结果,发现 N—N 的交互作用是与 N 原子浓度相关的:在 Fe8(原子数分数 20%)和 Fe16(11.11%)中,在构型 Cfg_{N-N}^{2nn} 中 N—N之间为吸引作用;在 Fe32(3.33%)中,Cfg_{N-N}^{2nn} 构型中 N—N则表现出弱的排斥作用。在化学热处理中,在近表面的 N 原子的高浓度区或者渗层内的 N 原子偏聚区,N 原子的分布倾向于 N—180°—N 的分布,这就为 Fe_4N 的形成提供了结构准备。

在 Fe8 中,Cfg_{C-C}^{1nn} 中 C—C 的交互作用能为 0.226 eV,C—C 之间为很强的排斥作用。Cfg_{C-C}^{2nn} 和 Cfg_{C-C}^{3nn} 的交互作用能为负值,C—C 之间的作用为吸引。其中 Cfg_{C-C}^{2nn} 构型时,C—C 之间的吸引作用最强。在 Fe16 的超晶胞中,Cfg_{C-C}^{1nn} 和 Cfg_{C-C}^{2nn} 的交互作用能非常接近,分别为 0.043 eV 和 0.038 eV,C—C 之间为排斥;Cfg_{C-C}^{3nn} 和 Cfg_{C-C}^{4nn} 具有负的交互作用能,C—C 之间的作用为吸引;其中 Cfg_{C-C}^{3nn} 构型时 C—C 之间的吸引作用最强。在 Fe32 中,Cfg_{C-C}^{3nn} 和 Cfg_{C-C}^{5nn} 的交互作用能为负值,C—C 相互吸引;其他几种配位方式中,C—C 之间为排斥作用。其中,Cfg_{C-C}^{2nn} 的交互作用能最正,排斥作用最强,Cfg_{C-C}^{1nn} 的交互作用能为 0.071 eV,排斥作用比较微弱。基于穆斯堡尔谱分析,研究者得到了类似的结果:C—C 为第一近邻构型时为较弱的排斥作用,而为第二近邻构型时则具有较强的排斥作用。这也与在 Fe32 超晶胞中 C—C 计算的结果吻合。同时,C—C 之间的交互作用也表现出了与浓度相关的特征。

对于 N—C,原子之间的交互作用也是与浓度相关的。在 Fe8 中,Cfg_{N-C}^{2nn} 配位时,N—C 之间为弱的吸引作用,其他配位时,N—C 之间为排斥作用。在 Fe16 中,Cfg_{N-C}^{1nn} 之间为排斥作用,其他几种构型时 N—C 之间相互吸引。在 Fe32 中,只有 Cfg_{N-C}^{5nn} 配位时,N—C 之间为吸引作用,其他几种构型时,N—C 之间均为排斥作用。低浓度时,N—C 之间为排斥作用,很难形成 N—C 的团簇。

图 3.5 给出了 Cfg_{N-N}^{1nn} 和 Cfg_{N-N}^{2nn} 构型中 N 和各种 Fe 的分波态密度。不同构型中原子的分波态密度图都可以划分为四个区域:(1)－17 eV 能级区域,主要来自于 N－2s 电子和少量的 Fe－3d 电子;(2)p－d 杂化区域,来自于 N－2p 和 Fe－3d 电子的杂化;(3) 高能区域,来自 Fe 的 3d 电子;(4) 费米能级以上的反键区域。

p－d 杂化态通常表征了原子之间键合的共价性。在 Fe8 中,Cfg_{N-N}^{2nn} 的 p－d 杂化区域的峰的劈裂比 Cfg_{N-N}^{1nn} 更深,表明 Cfg_{N-N}^{2nn} 构型中 Fe—N之间的共价性更强。在 Cfg_{N-N}^{1nn} 和 Cfg_{N-N}^{2nn} 中,不同种类 Fe 对 p－d 杂化区域的贡献大小排序为:$Fe_2 > Fe_1 > Fe_0$。在 Fe16 中,Cfg_{N-N}^{2nn} 的 p－d 杂化区向低能级偏移,这有助于体系总能量的降低,这也与总能量计算结果一致。在 Fe32 的超晶胞中,Cfg_{N-N}^{1nn} 的杂化区域劈裂为两个小峰,而 Cfg_{N-N}^{2nn} 则为左侧尖锐的劈裂峰和右侧高能级处两个弱的次级劈裂峰。与 Cfg_{N-N}^{1nn} 相比,Cfg_{N-N}^{2nn} 中低能级处的尖锐劈裂峰代表了 Fe—N 更强的共价键合,同时也降低了体系的总能量,这也与总能量计算的结果一致。

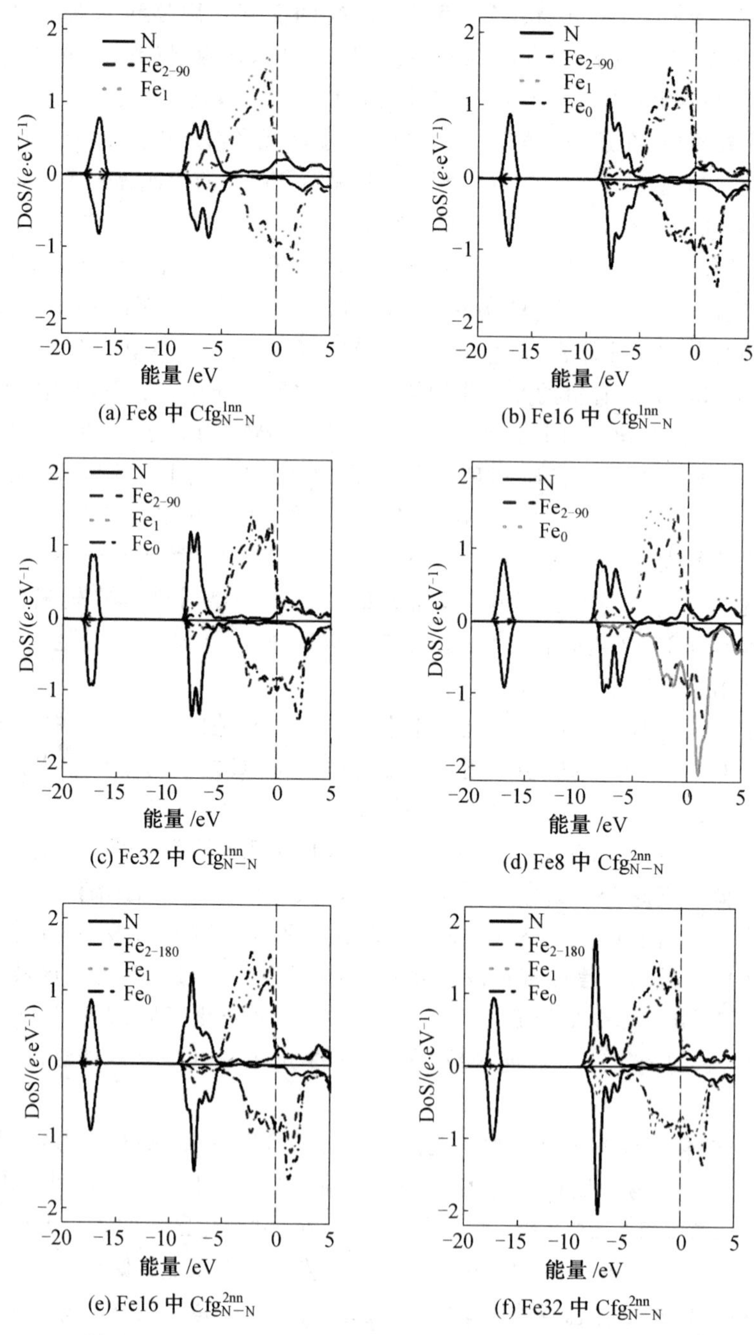

(a) Fe8 中 Cfg^{1nn}_{N-N}　(b) Fe16 中 Cfg^{1nn}_{N-N}

(c) Fe32 中 Cfg^{1nn}_{N-N}　(d) Fe8 中 Cfg^{2nn}_{N-N}

(e) Fe16 中 Cfg^{2nn}_{N-N}　(f) Fe32 中 Cfg^{2nn}_{N-N}

图 3.5　N 和 Fe 原子在 Cfg^{1nn}_{N-N} 和 Cfg^{2nn}_{N-N} 中的分波态密度

图 3.6 给出了 N—N 的在不同超晶胞中 Cfg^{1nn}_{N-N} 和 Cfg^{2nn}_{N-N} 构型的(100) 晶面的电子密度差分图。通过电子密度差分图,可以直观地获得晶体中的电荷转移情况。

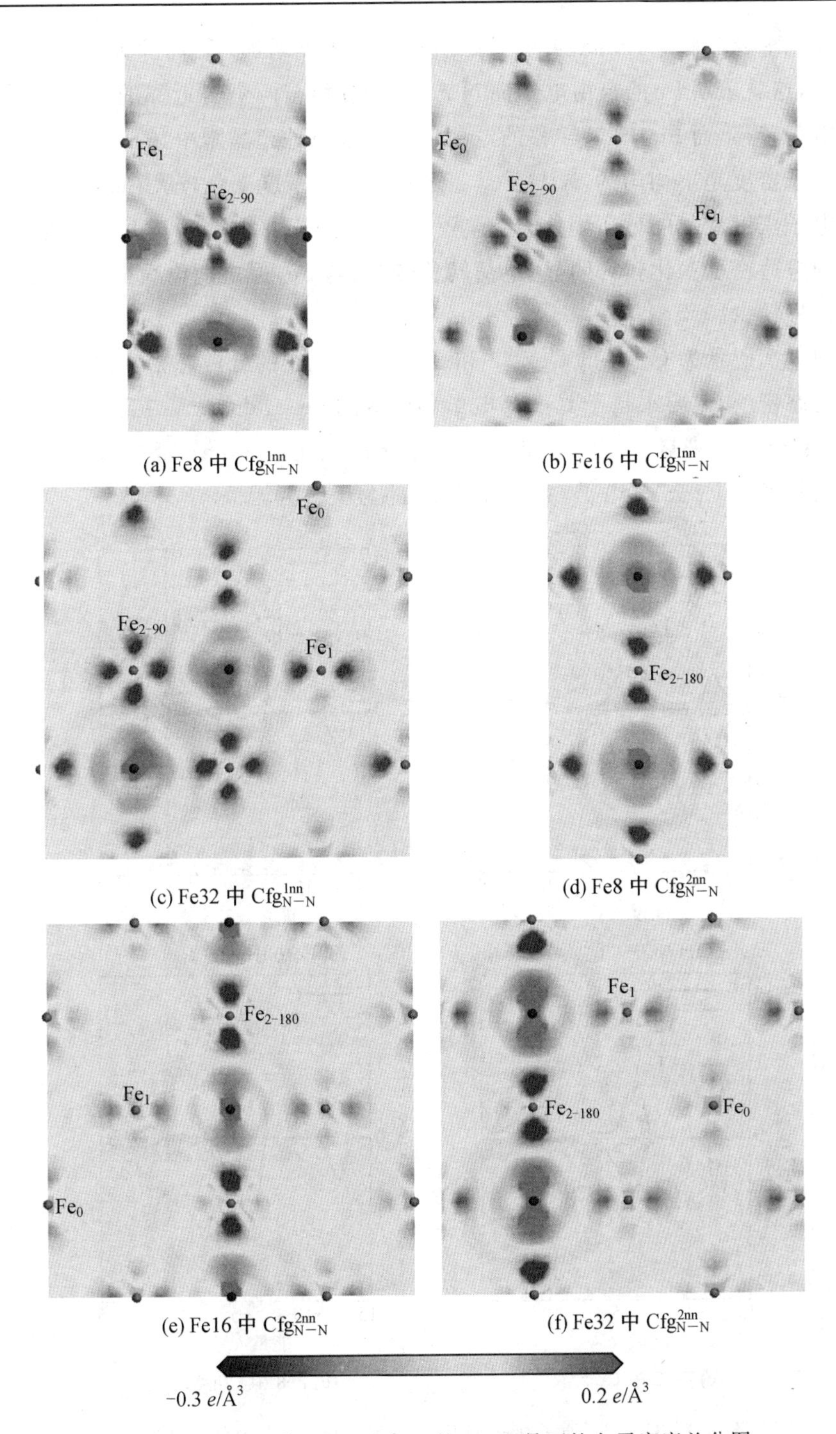

(a) Fe8 中 Cfg_{N-N}^{1nn}　(b) Fe16 中 Cfg_{N-N}^{1nn}

(c) Fe32 中 Cfg_{N-N}^{1nn}　(d) Fe8 中 Cfg_{N-N}^{2nn}

(e) Fe16 中 Cfg_{N-N}^{2nn}　(f) Fe32 中 Cfg_{N-N}^{2nn}

图 3.6　构型 Cfg_{N-N}^{1nn} 和 Cfg_{N-N}^{2nn} 的(100)晶面的电子密度差分图

在三种超晶胞中，N 周围均为深红色，电子密度增加，Fe 周围为蓝色，电子密度降低，这就表明 Fe 的自由电子向 N 转移。同时，与两个 N 近邻的 Fe_2 发生了更多的电荷转移，而 Fe_1 向 N 转移的电荷较少。在三种超晶胞中，Cfg_{N-N}^{1nn} 中的 N 周围的电子密度是不均匀的，N 与 Fe_{2-90} 之间的电子密度变化较大，而 Cfg_{N-N}^{2nn} 中 N 周围电子密度变化的分布则比较均匀。在 Fe16 和 Fe32 中，N 与 Fe_{2-90} 或 Fe_{2-180} 之间的电荷密度变化较为明显，电荷转移较多；与 Fe_1 原之间电荷密度变化较弱，电荷转移较少。

图 3.7 所示为 C—C 的 Cfg_{C-C}^{1nn} 和 Cfg_{C-C}^{2nn} 中原子的分波态密度。在 12.5 eV 附近的态密度，主要来自于 C－2s 电子和少量的 Fe－3d 电子。在－6 eV 附近为 p－d 杂化区域，来自于 C－2p 和 Fe－3d 电子的杂化。－5 eV 至费米面附近的态密度主要来自 Fe－3d 电子。费米面以上的为反键区域。

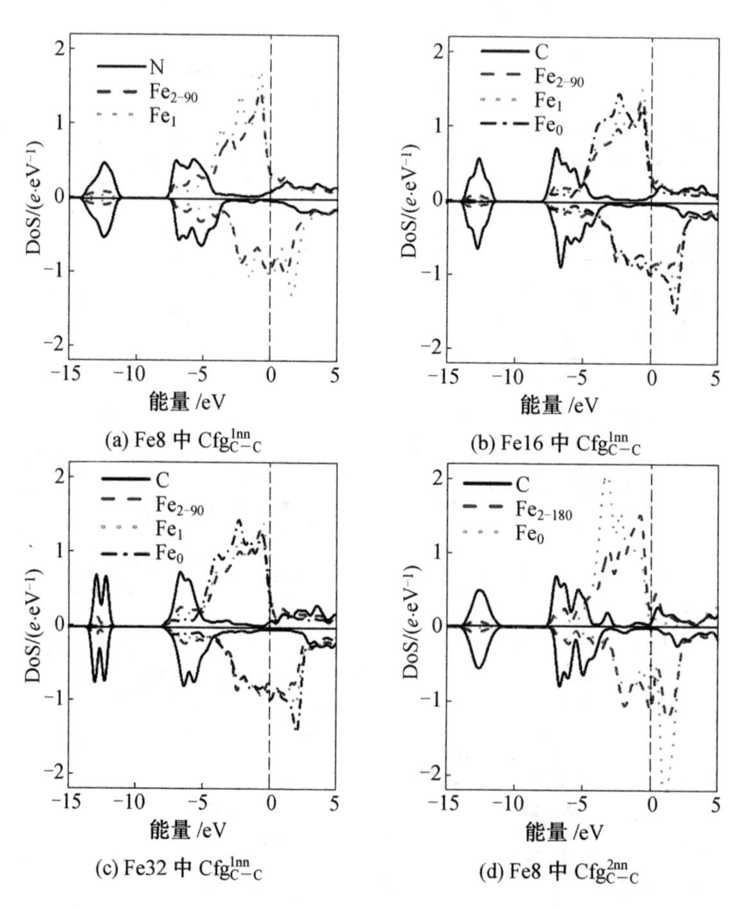

(a) Fe8 中 Cfg_{C-C}^{1nn}　(b) Fe16 中 Cfg_{C-C}^{1nn}　(c) Fe32 中 Cfg_{C-C}^{1nn}　(d) Fe8 中 Cfg_{C-C}^{2nn}

图 3.7　C 和 Fe 原子在构型 Cfg_{C-C}^{1nn} 和 Cfg_{C-C}^{2nn} 中的分波态密度

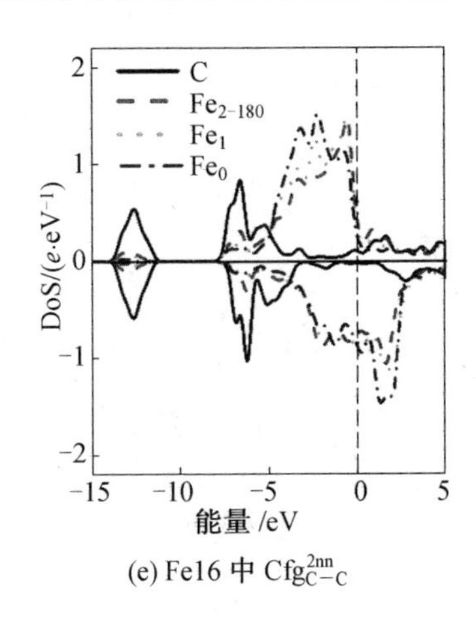

(e) Fe16 中 Cfg^{2nn}_{C-C}

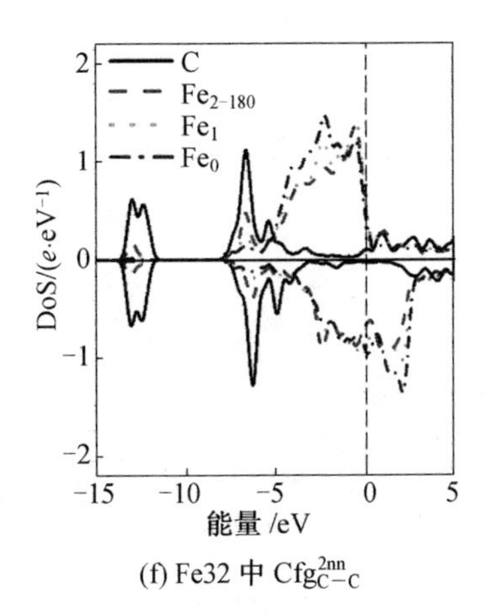

(f) Fe32 中 Cfg^{2nn}_{C-C}

续图 3.7

Fe周围不同C的分布形式导致了其对p－d杂化区贡献的差异：$Fe_2 > Fe_1 > Fe_0$。与Fe—N合金中的Fe相比，C引起的差异要微弱一些。例如，在 Cfg^{2nn}_{C-C} 构型中(Fe8)，Fe_{2-180} 和 Fe_0 在p－d杂化区的态密度峰非常接近。在Fe8中，Cfg^{1nn}_{C-C} 中C的态密度峰的劈裂程度比 Cfg^{1nn}_{C-C} 中的更明显，说明 Cfg^{2nn}_{C-C} 中Fe—C键的共价结合更强，该构型有更强的稳定性。在Fe16中，Cfg^{1nn}_{C-C} 中C的p－d杂化态出现多级劈裂峰，Cfg^{1nn}_{C-C} 中劈裂为左侧强峰和右侧弱峰。在Fe32中，Cfg^{2nn}_{C-C} 中C的态密度的劈裂程度更大，Fe—C之间共价键合作用更强，不同种类Fe对p－d杂化区域的贡献差异更明显。

图3.8给出了三种超晶胞中构型 Cfg^{1nn}_{C-C} 和 Cfg^{2nn}_{C-C} 的(100)晶面的电子密度差分图。C—C周围电子密度增加，Fe周围电子密度减少，Fe的电子向C—C转移。

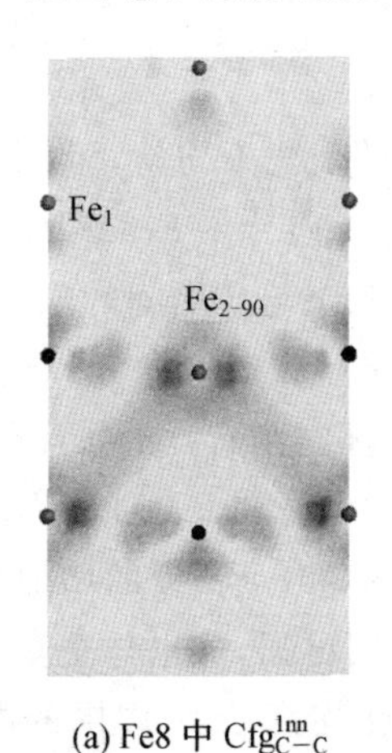

(a) Fe8 中 Cfg^{1nn}_{C-C}

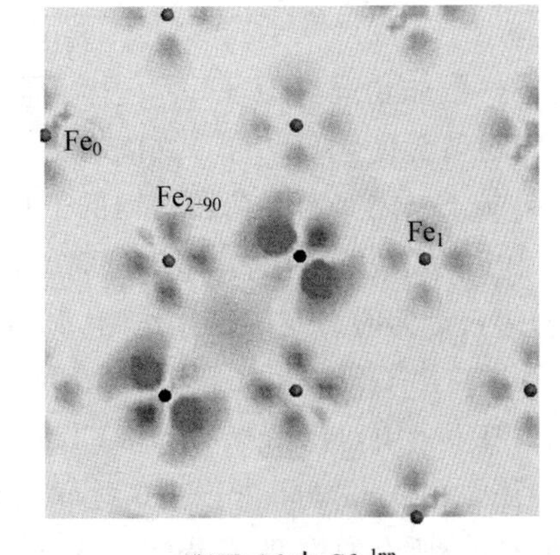

(b) Fe16 中 Cfg^{1nn}_{C-C}

图 3.8　构型 Cfg^{1nn}_{C-C} 和 Cfg^{2nn}_{C-C} 的(100)晶面的电子密度差分图

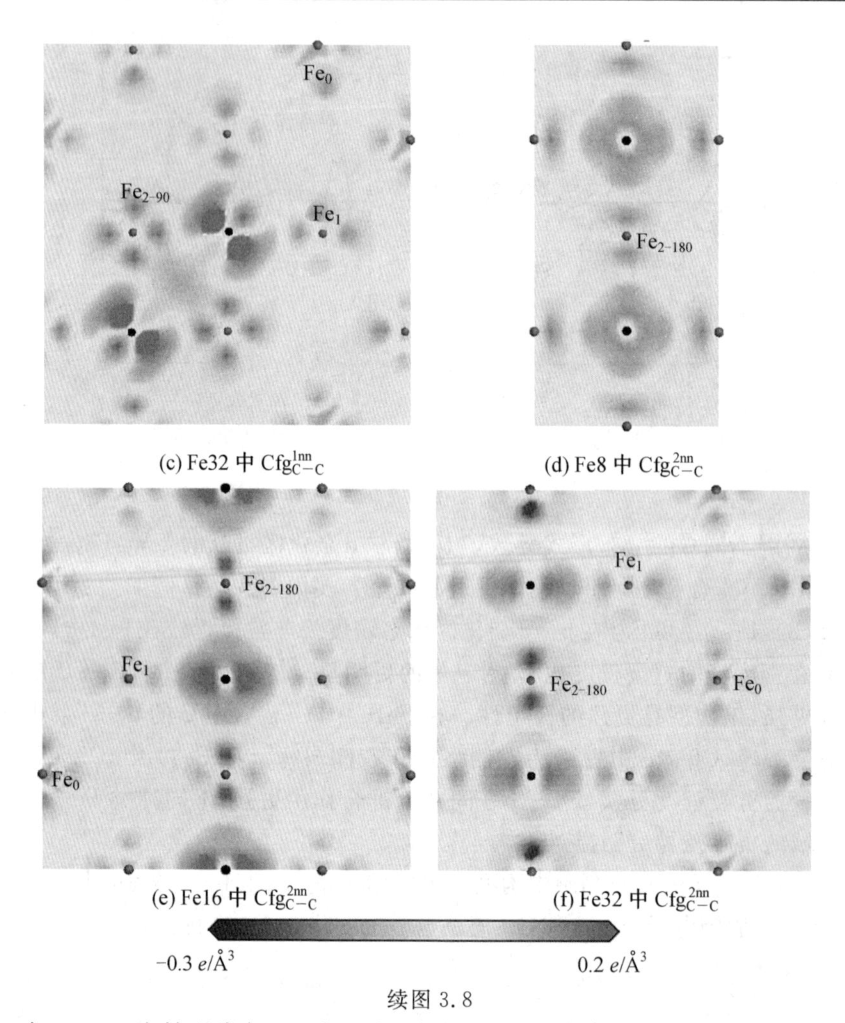

(c) Fe32 中 Cfg_{C-C}^{1nn}　　(d) Fe8 中 Cfg_{C-C}^{2nn}

(e) Fe16 中 Cfg_{C-C}^{2nn}　　(f) Fe32 中 Cfg_{C-C}^{2nn}

续图 3.8

与 Fe—N 中情况类似，Cfg_{C-C}^{1nn} 中 C 周围电荷的变化不均匀，而 Cfg_{C-C}^{2nn} 中 C 周围的电荷均匀变化且 Fe_2 与 C 之间有更多的电荷转移。在 Fe32 中，Cfg_{C-C}^{2nn} 中 C 与 Fe_{2-180} 或 Fe_1 之间的电荷转移均低于 Cfg_{C-C}^{1nn} 中 Fe 与 C 之间的电荷转移，说明 Cfg_{C-C}^{2nn} 中 Fe—C 之间的键合作用较弱。这也与交互作用能的计算结果相吻合，C—C 为第一近邻时为弱的排斥作用，而为第二近邻时则有强的排斥作用。

图 3.9 给出了三种超晶胞中构型 Cfg_{N-C}^{1nn} 和 Cfg_{N-C}^{2nn} 的(100) 晶面的电子密度差分图。在 Fe8 中，与 Cfg_{N-C}^{2nn} 相比，Cfg_{N-C}^{1nn} 中 N 或 C 电子密度的增加均较少。这就表明 Cfg_{N-C}^{2nn} 中 Fe—N 和 Fe—C 之间的键合作用更强，这也与交互作用能的计算结果一致。所有的构型，C 周围的电子密度变化均高于 N 周围的电子密度变化，这可能与 N 和 C 的外层电子结构有关。N 有三个最外层电子，而 C 有两个最外层电子，C 需要结合更多的外来电子以达到稳定结构。

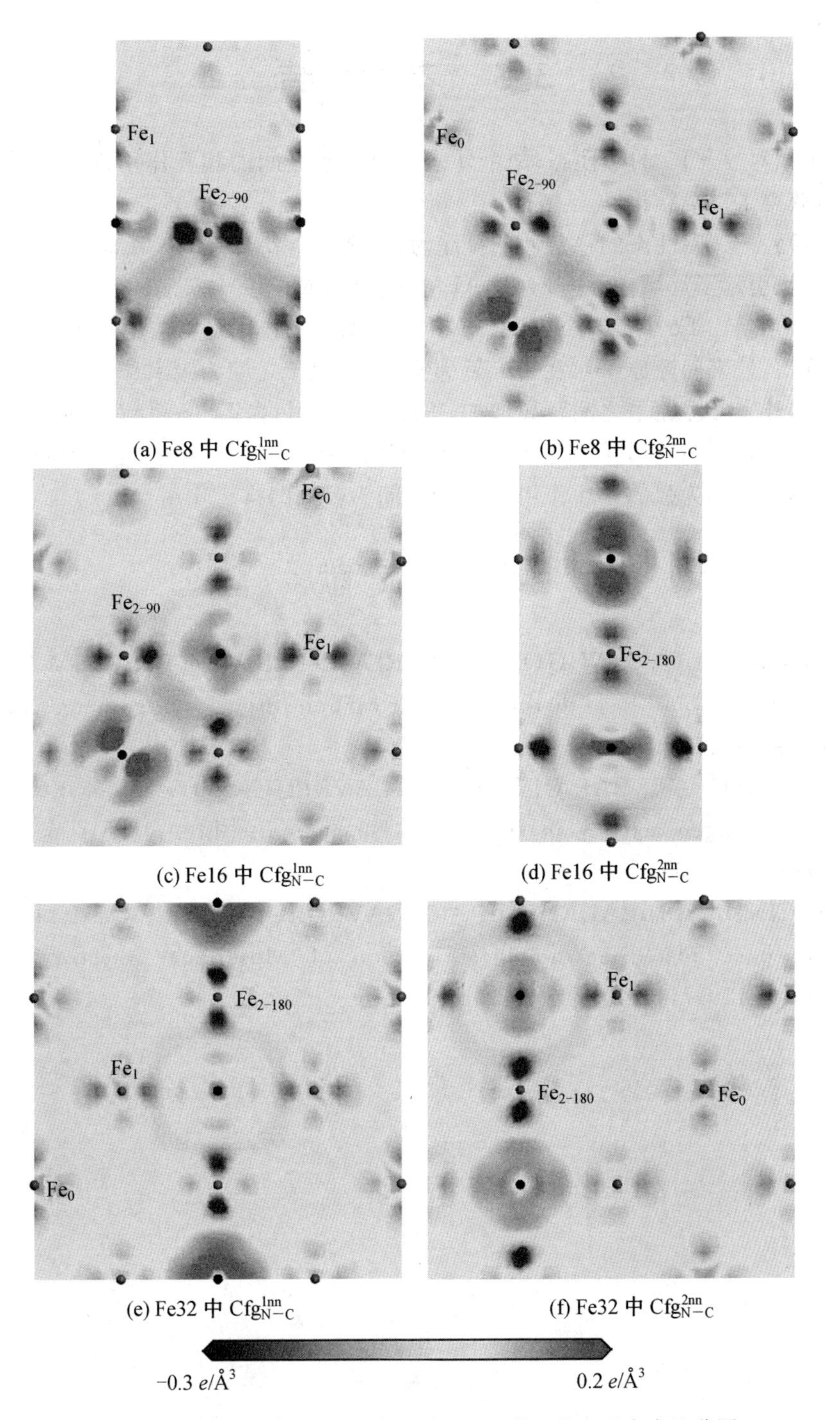

(a) Fe8 中 Cfg^{1nn}_{N-C}　　(b) Fe8 中 Cfg^{2nn}_{N-C}

(c) Fe16 中 Cfg^{1nn}_{N-C}　　(d) Fe16 中 Cfg^{2nn}_{N-C}

(e) Fe32 中 Cfg^{1nn}_{N-C}　　(f) Fe32 中 Cfg^{2nn}_{N-C}

图 3.9　构型 Cfg^{1nn}_{N-C} 和 Cfg^{2nn}_{N-C} 的(100)晶面的电子密度差分图

3.3 本章小结

本章对 γ－Fe 的磁性态、两个外来间隙原子之间的相互作用进行了系统的研究，获得了以下结论：

(1)γ－Fe 磁性态的稳定性的排序为：AFMD＞AFM＞NM＞FM。N 或 C 的固溶均引起了局域内 γ－Fe 由 AFMD 态向 FM 态的转变。

(2) 在 γ－Fe 中，N—N、C—C 和 N—C 的交互作用是与浓度相关的：在 Fe8 超晶胞中，外来间隙原子对在第二近邻构型中，原子之间为吸引作用；在 Fe16 超晶胞中，外来间隙原子之间距离增加，排斥变为吸引；在 Fe32 超晶胞中，N—N 的第一近邻为强的排斥，第二近邻为弱的排斥作用，而 C—C 第一近邻为弱的排斥作用，第二近邻为强的排斥作用，N—C 之间为较强的排斥作用。

参考文献

[1] BOUKHVLOV D W,GORNOSTYREV Y N,KATSNELSON M I,et al. Magnetism and local distortions near carbon impurity in gamma-iron[J]. Phys. Rev. Lett.,2007,99(24):247205.

[2] SOZINOV A L,BALANYUK A G,GAVRILJUK V G. N—N interaction and nitrogen activity in the iron base austenite[J]. Acta Mater.,1999,47(3):927-935.

[3] SOZINOV A L,BALANYUK A G,GAVRILJUK V G. C—C interaction in iron-base austenite and interpretation of Mössbauer spectra[J]. Acta Mater.,1997,45(1):225-232.

第 4 章　热扩渗碳氮在合金化体心立方结构铁中的行为

碳氮原子是最为常见的外来间隙原子，通过渗碳、渗氮以及氮碳共渗等化学热处理方法被引入铁基合金的表面后，能够改善材料表面的组织结构，提高材料表面的力学性能。在扩渗过程中，碳氮原子除了与基体中的铁原子以及空位等点缺陷发生相互作用以外，还会与合金材料中的置换式合金元素发生相互作用，进而影响化学热处理过程。铝、硅、钛、钒、铬、锰、钴、镍、铜、铌和钼是铁基合金中常见的合金元素，通常会替代铁原子占据置换位置，所以它们也被称为外来置换原子。碳氮原子与外来置换原子之间的相互作用对碳氮原子的扩散以及改性层的组织结构和性能影响很大。然而，对于碳氮原子与外来置换原子的相互作用，仍有很多问题没弄清楚，例如形成合金碳氮化物的微观机制，具体问题有：(1) 当碳氮原子与外来置换原子近邻时，它们之间的相互作用；(2) 引入空位以后，并且与碳氮原子和外来置换原子近邻时，它们之间的相互作用。因此，本章采用第一性原理方法研究碳氮原子与这些置换式合金元素以及空位之间的相互作用，进而讨论合金碳氮化物形成的微观机制。

4.1　置换式合金元素与碳氮原子之间的相互作用

在体心立方结构铁中，碳氮原子优先占据八面体间隙位置，称之为外来间隙原子(FIA)。然而，铁基合金中的合金元素铝、硅、钛、钒、铬、锰、钴、镍、铜、铌和钼，原子半径较大，与铁的原子半径相当，在铁的晶格中会替代铁原子，优先占据置换位置，称之为外来置换原子(FSA)。外来间隙原子和外来置换原子在体心立方结构铁中可能形成的构型如图 4.1 所示。

在图 4.1 中，外来置换原子替代一个铁原子，占据晶格的一个格点；外来间隙原子占据体心立方晶格的一个八面体间隙位置。一个体心立方晶格的单胞有 18 个八面体间隙位置，由 6 个面心位置和 12 个棱边中心位置组成。图中标注的 5 个代表性八面体间隙位置，分别用数值 1 ～ 5 表示。相对于外来置换原子，位置 1、

2、4和5均有3个等同位置，位置3有6个等同位置，加起来共18个八面体间隙位置，所以位置1～5是在一个体心立方晶格的单胞中相对于外来置换原子的所有八面体间隙位置的代表。当外来间隙原子占据位置1～5时，与外来置换原子为第一到第五近邻，用符号$Cfg^{i}_{FIA-FSA}$表示，其中$i=1,\cdots,5$。

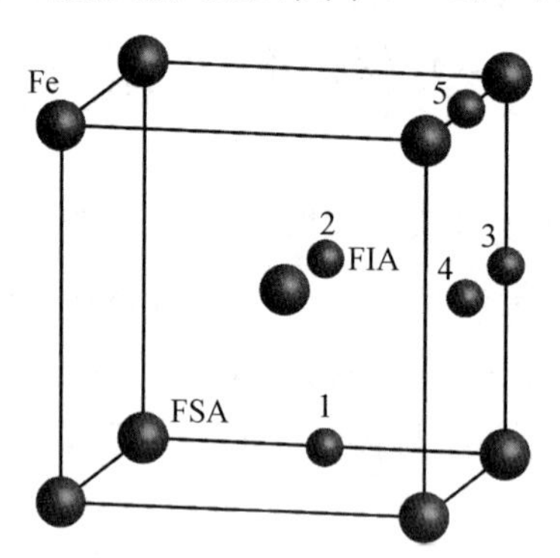

图 4.1　外来间隙原子和外来置换原子可能形成的构型

4.1.1　相互作用能

在构型$Cfg^{1}_{FIA-FSA}$中，外来间隙原子和外来置换原子第一近邻，弛豫前和弛豫后它们的位置以及近邻铁原子的位置如图4.2所示。

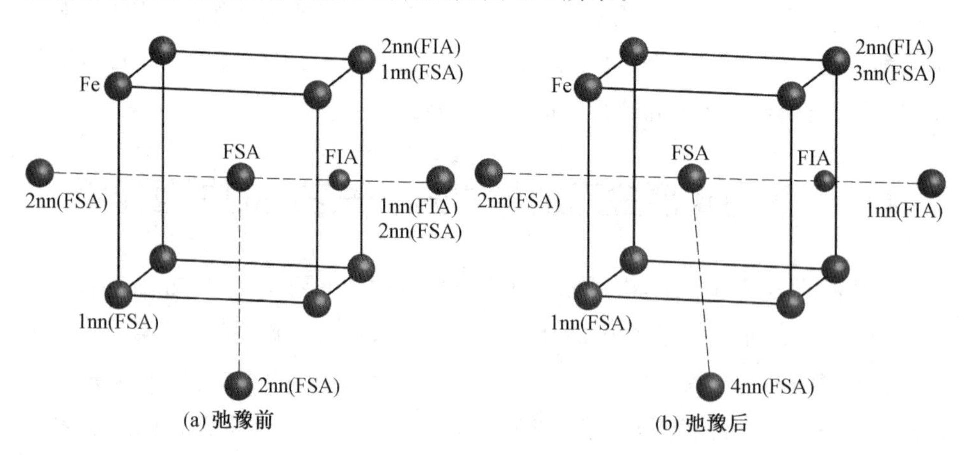

图 4.2　构型$Cfg^{1}_{FIA-FSA}$中外来间隙和外来置换原子以及近邻铁原子的位置

弛豫前，外来置换原子替代体心位置铁原子，有6个第一近邻的八面体间隙位置，对应6个面心位置，外来间隙原子占据其中之一。外来间隙原子只有一个第一近邻铁原子，用符号1nn(FIA)表示；有4个第二近邻铁原子，用符号2nn(FIA)表示。外来置换原子只有8个第一近邻铁原子，用符号1nn(FSA)表示；有 6 个第二近邻铁原子，用符号 2nn(FSA) 表示。

弛豫后，原子之间的距离发生变化，如表 4.1 所示。原子之间距离的变化用百分数来表示，为 $\Delta d/d_0 \times 100\%$，$\Delta d = d_1 - d_0$，$d_0$ 为弛豫前原子间的距离，d_1 为弛豫后原子间的距离。

表 4.1　弛豫前后构型 $Cfg^1_{FIA-FSA}$ 中原子间距离的变化($-d/d_0$,%)

FSA	FIA	FIA—FSA	FIA—Fe		FSA—Fe			
			1nn	2nn	1nn	2nn	3nn	4nn
Al	C	33.0	22.3	−2.9	−3.6	−14.2	7.8	0.8
	N	28.5	22.7	−2.3	−3.8	−13.7	8.3	0.9
Si	C	29.0	23.9	−2.5	−5.9	−14.8	8.6	1.1
	N	23.9	25.2	−1.6	−6.3	−14.4	9.6	1.3
Ti	C	36.8	21.8	−2.1	−3.8	−14.2	10.1	1.4
	N	32.2	22.1	−1.5	−3.6	−13.1	9.9	1.5
V	C	32.6	22.9	−1.9	−5.2	−13.9	9.6	1.3
	N	28.1	23.2	−1.5	−5.0	−12.6	9.3	1.4
Cr	C	28.1	24.0	−1.6	−5.8	−13.0	9.4	1.2
	N	25.1	24.0	−1.4	−5.6	−11.9	8.9	1.2
Mn	C	27.1	23.8	−1.5	−5.2	−12.4	8.6	0.9
	N	26.3	23.4	−1.7	−5.0	−12.1	8.2	1.1
Co	C	25.5	23.6	−1.7	−4.2	−12.0	7.7	0.9
	N	25.8	23.2	−2.2	−4.3	−12.0	7.5	1.1
Ni	C	25.2	24.1	−2.0	−3.8	−12.2	7.9	0.7
	N	26.1	23.6	−2.7	−3.8	−12.5	7.6	1.0
Cu	C	27.9	24.1	−2.8	−3.3	−13.5	7.7	0.8
	N	28.8	23.1	−3.4	−3.4	−13.7	7.4	1.1
Nb	C	39.7	21.0	−1.4	−2.3	−13.5	11.2	1.8
	N	36.0	21.2	−0.8	−2.2	−12.4	11.1	1.8
Mo	C	35.5	21.8	−1.1	−3.2	−12.8	10.5	1.4
	N	32.9	21.8	−0.8	−3.1	−11.9	10.3	1.5

我们知道仅有一个外来间隙原子占据八面体位置时与近邻铁原子之间距离

的变化。碳氮原子与第一近邻铁原子之间的距离变化分别为 24.2% 和 23.6%，与第二近邻铁原子之间的距离变化分别为 −1.6% 和 −1.9%。因此，碳氮原子与第一近邻铁原子所在的方向为膨胀方向，碳氮原子与第二近邻铁原子所在的方向为收缩方向。由于外来置换原子正好位于膨胀方向上，所以外来间隙原子与外来置换原子之间的距离增加，向远离外来间隙原子的方向移动。外来置换原子的移动改变了它与近邻铁原子的距离，变化有三个：一是原来与外来置换原子第一近邻并且与外来间隙原子第二近邻的 4 个铁原子变成了第三近邻；二是原来与外来置换原子第二近邻并且垂直于膨胀方向的 4 个铁原子变成了第四近邻；三是原来外来置换原子的第二近邻并且与外来间隙原子第一近邻的那个铁原子距离变得更远了。所有外来间隙原子和外来置换原子之间的距离都增加，其中碳原子与铌原子的距离增加最大，为 39.7%，氮原子与硅原子的距离增加最小，为 23.9%。当外来置换原子为 Al、Si、Ti、V、Cr、Mn、Nb 和 Mo 时，它与碳原子的距离大于与氮原子的距离；当外来置换原子为 Co、Ni 和 Cu 时，它与碳原子的距离小于与氮原子的距离。当外来置换原子为 Al、Si、Ti、V 和 Nb 时，与第一近邻铁原子的距离碳原子小于氮原子；当外来置换原子为 Mn、Co、Ni 和 Cu 时，与第一近邻铁原子的距离碳原子大于氮原子，当外来置换原子为 Cr 和 Mo 时，与第一近邻铁原子的距离碳原子等于氮原子。通常，外来间隙原子与外来置换原子的距离大于与第一近邻铁原子的距离。只有一个例外，氮原子与硅原子的距离小于与第一近邻铁原子的距离。外来置换原子与第一近邻铁原子的距离略微减小，从 −2.2% 到 −6.3% 不等；与第二近邻铁原子的距离减少很多，从 −11.9% 到 −14.8% 不等；与第三近邻铁原子的距离增加很多，从 7.4% 到 11.2% 不等；与第四近邻铁原子的距离有稍许增加，从 0.8% 到 1.8% 不等。把外来间隙原子与外来置换原子的距离 $d_{\mathrm{FIA-FSA}}$ 加上与第一近邻铁原子的距离 $d_{\mathrm{FIA-Fe}}$，则得到 FIA—FSA 构型 1 中外来间隙原子与第一近邻的两个原子的总距离为 $d_{\mathrm{FIA-FSA}}+d_{\mathrm{FIA-Fe}}$，它大于只有一个外来间隙原子的构型中外来间隙原子与第一近邻的两个原子的总距离，即 $d_{\mathrm{FIA-FSA}}+d_{\mathrm{FIA-Fe}}>d^{0}_{\mathrm{FIA-Fe}}$。因此，引入外来置换原子后，外来间隙原子附近的变形增大。

从图 4.2 和表 4.1 中可以看出，引入外来置换原子后，原子之间的距离发生显著变化，晶格点阵发生变形。这种形变来源于原子之间的相互作用力，外来间隙原子和外来置换原子之间的相互作用合力可以用相互作用能来表示，如图 4.3 和表 4.2 所示。在表 4.2 中，逗号后面的值来自于文献，其中包括碳原子和硅原子之间的相互作用能，碳原子与钛、钒、铬、锰、钴、镍和铜原子之间的相互作用能，以及氮原子和钛、钒、铬、镍和钼原子之间的相互作用能(其中，第一个逗号后面的值是用超软赝势计算的，第二个逗号后面的值是用缀加平面波计算的)。

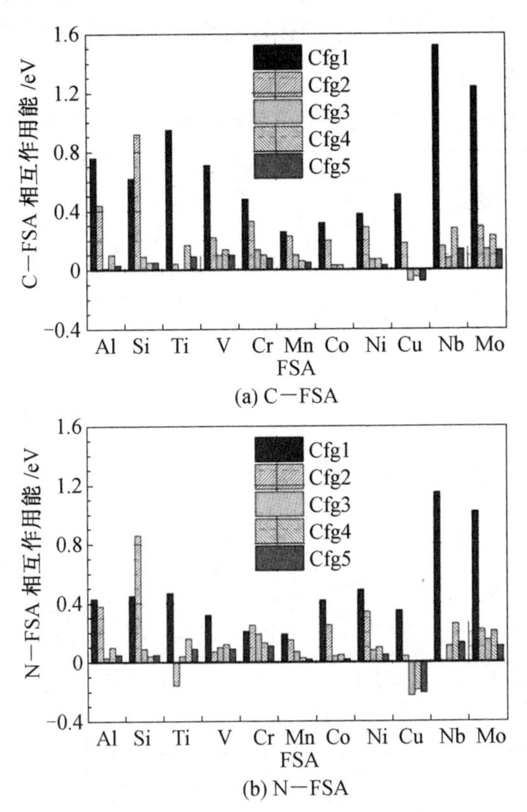

(a) C—FSA

(b) N—FSA

图 4.3　外来间隙原子和外来置换原子之间的相互作用能

当外来间隙原子和外来置换原子第一近邻时，所有的相互作用能均为正值，表示它们之间相互排斥，结构不稳定。这种排斥力以铌原子最大，碳原子和铌原子之间的相互作用能为 1.52 eV，氮原子和铌原子之间的相互作用能为 1.15 eV；以锰原子最小，碳原子和锰原子之间的相互作用能为 0.26 eV，氮原子和锰原子之间的相互作用能为 0.19 eV。当外来置换原子为铝、硅、钛、钒、铬、锰、铜、铌和钼时，它们与碳原子的排斥力大于氮原子；当外来置换原子为钴和镍时，它们与碳原子的排斥力小于氮原子。除了铜原子，这一相互作用力的规律与距离的变化规律相同，外来间隙原子与外来置换原子之间的距离是它们之间相互作用力的直接证据。对于化学元素周期表中的 3d 过渡族金属元素，与元素铁越接近，那么它与碳原子在铁中的排斥力越小。从钛到锰，排斥力逐渐减小；从钴到铜，排斥力逐渐增大。对于4d过渡族金属元素铌和钼，规律与3d金属元素相同，碳原子和铌原子的排斥力大于钼原子。而且，碳原子和铌钼原子之间的排斥力明显大于其他原子，这是因为铌钼原子的原子半径大于其他原子。以上得到的关于碳原子与外来置换原子的相互作用规律，同样适用于氮原子，唯一的例外是氮原子和铜原子之间的相互作用。

表4.2　外来间隙原子和外来置换原子之间的相互作用能　　eV

FSA	FIA	Cfg1	Cfg2	Cfg3	Cfg4	Cfg5
Al	C	0.76	0.44	0.01	0.10	0.03
	N	0.43	0.38	0.03	0.10	0.05
Si	C	0.62,0.48	0.92,0.75	0.09,−0.02	0.05,−0.06	0.05,−0.04
	N	0.45	0.86	0.09	0.04	0.05
Ti	C	0.95,0.78	0.04,0.01	0.00,0.00	0.17,0.12	0.09,0.06
	N	0.47,0.13,0.25	−0.16,−0.26,−0.22	0.04,−0.05,−0.05	0.16	0.09
V	C	0.71,0.58	0.22,0.20	0.10,0.09	0.14,0.11	0.10,0.07
	N	0.32,0.02,0.17	0.07,0.08,0.05	0.10,−0.01,0.09	0.12	0.09
Cr	C	0.48,0.43	0.33,0.34	0.14,0.16	0.10,0.12	0.08,0.09
	N	0.21,0.12	0.25,0.16	0.19,0.14	0.13	0.11
Mn	C	0.26,0.22	0.23,0.37	0.10,0.18	0.06,0.13	0.05,0.12
	N	0.19	0.15	0.07	0.03	0.02
Co	C	0.32,0.19	0.20,0.19	0.03,0.06	0.03,0.03	0.00,0.01
	N	0.42	0.25	0.04	0.05	0.02
Ni	C	0.38,0.37	0.29,0.32	0.07,0.11	0.07,0.08	0.03,0.04
	N	0.49,0.45,0.45	0.34,0.36,0.32	0.08,0.11,0.09	0.10	0.05
Cu	C	0.51,0.62	0.18,0.34	−0.08,0.05	−0.05,0.06	−0.08,0.01
	N	0.35	0.04	−0.23	−0.19	−0.21
Nb	C	1.52	0.16	0.08	0.28	0.14
	N	1.15	0.01	0.11	0.26	0.13
Mo	C	1.24	0.29	0.14	0.23	0.13
	N	1.02,0.55,0.69	0.22,0.08,0.12	0.15,0.09,0.08	0.21	0.11

当外来间隙原子和外来置换原子之间的距离增大，成为第二近邻时，它们之间的相互作用能降低，其中外来置换原子硅是一个例外。外来间隙原子和外来置换原子之间相互作用能变化的根源在于它们的相对位置，如图 4.4 所示。

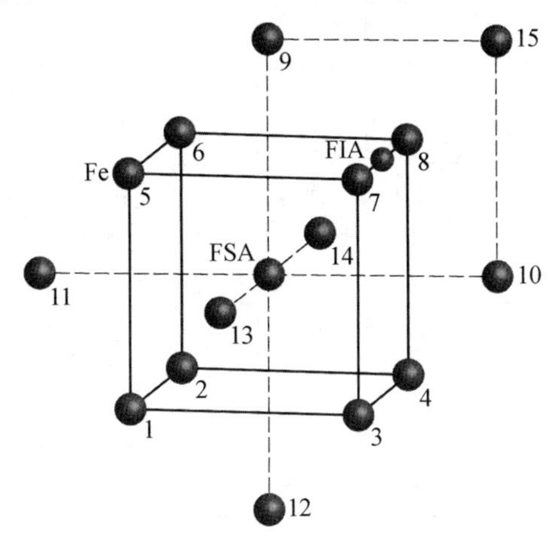

图 4.4　构型$Cfg^{2}_{FIA-FSA}$中外来间隙原子和外来置换原子以及近邻铁原子的位置

在图 4.4 中，外来置换原子替代体心位置铁原子，有 12 个第二近邻八面体间隙位置，对应 12 个棱边中点，外来间隙原子占据其中之一。

弛豫前，外来间隙原子有两个第一近邻铁原子（标记为 7 和 8），有 3 个第二近邻铁原子（标记为 9、10 和 15）；外来置换原子有 8 个第一近邻铁原子（标记为 1～8），有 6 个第二近邻铁原子（标记为 9～14）。其中，原子 7 和 8 同时为外来间隙原子和外来置换原子的第一近邻铁原子，原子 9 和 10 同时为外来间隙原子和外来置换原子的第二近邻铁原子。

由于原子之间的相互作用，弛豫后原子的位置发生变化，如表 4.3 所示。弛豫前后原子之间的距离变化如与 FIA—FSA 构型 1 相比，构型 2 中外来间隙原子与外来置换原子之间的相互作用能降低，排斥力减小；一个例外是，外来间隙原子与硅原子之间的排斥力显著增加，碳氮原子与硅原子之间的相互作用能分别增加了 0.30 eV 和 0.41 eV。在 FIA—FSA 构型 2 中，外来间隙原子与外来置换原子之间的相互作用能均为正值，表现为排斥力；一个例外是，氮原子和钛原子之间的相互作用能为－0.16 eV，表现为微弱的吸引力；外来间隙原子与铝和硅之间的排斥力显著大于其他外来置换原子，特别是硅原子。

随着外来间隙原子与外来置换原子之间距离的增加，它们之间的相互作用越来越小，并逐渐趋向于零。当外来间隙原子与外来置换原子第三、四和五近邻时，它们之间的相互作用能为较小的正值，表现为很小的排斥力；一个例外是，碳

表 4.3　构型$Cfg^2_{FIA-FSA}$弛豫前后原子之间距离的变化($\Delta d/d_0$,%)

FSA	FIA	FIA—FSA	FIA—Fe			FSA—Fe					
			1nn	2nn	3nn	1nn	2nn	3nn	4nn	5nn	6nn
Al	C	7.0	23.8	−5.5	−1.7	1.1	1.9	8.8	−1.2	−0.7	0.8
	N	8.0	23.3	−6.7	−1.8	0.8	1.8	9.3	−1.2	−0.6	0.7
Si	C	9.0	23.3	−4.8	−1.9	−1.8	0.0	10.3	−2.1	0.5	1.0
	N	19.7	22.8	−8.3	−2.2	−3.9	−0.5	10.1	−1.8	0.9	3.5
Ti	C	7.9	24.2	−5.8	−1.2	1.3	1.9	9.1	−0.5	0.2	1.4
	N	5.1	24.0	−5.7	−1.3	1.5	2.0	9.0	−0.7	0.3	1.4
V	C	5.8	24.1	−4.8	−1.6	−0.1	0.7	8.8	−0.7	0.2	1.5
	N	2.4	24.0	−3.9	−1.7	0.3	0.9	8.8	−0.9	0.5	1.5
Cr	C	4.2	24.2	−3.9	−2.0	−0.3	0.8	8.9	−1.0	0.2	1.4
	N	−0.2	24.2	−2.1	−1.7	0.0	1.0	9.1	−1.3	0.3	1.4
Mn	C	0.0	24.2	−2.3	−1.4	0.6	0.7	8.1	−1.2	0.5	1.5
	N	−0.9	23.7	−2.1	−1.6	0.8	1.0	7.9	−1.4	0.6	1.5
Co	C	0.2	24.2	−2.1	−2.0	0.3	0.8	8.1	−1.5	0.7	1.6
	N	2.0	23.5	−3.6	−2.4	−0.1	0.9	8.0	−1.5	0.5	1.6
Ni	C	0.1	24.2	−2.3	−2.0	0.9	1.4	8.1	−2.0	0.6	1.4
	N	3.0	23.3	−3.9	−2.6	0.3	1.4	8.1	−1.7	0.2	1.4
Cu	C	1.4	23.8	−3.0	−2.0	0.9	1.4	7.4	−2.0	0.9	1.5
	N	6.0	23.1	−5.8	−2.3	0.1	1.4	7.8	−1.4	0.2	1.3
Nb	C	10.0	24.6	−6.5	−0.7	2.1	2.6	10.0	0.3	0.4	1.6
	N	7.3	24.5	−6.2	−0.8	2.3	2.7	10.2	0.2	0.5	1.6
Mo	C	7.5	24.6	−5.5	−1.1	1.2	1.8	9.7	−0.2	0.3	1.5
	N	4.8	24.6	−4.5	−1.3	1.2	2.0	10.0	−0.1	0.2	1.6

氮原子与铜原子之间的相互作用能为较小的负值，分别为 －0.07 eV 和 －0.21 eV 左右，表现为较弱的吸引力。在某些情况下，例如铝、钛、钒、铌和钼，FIA—FSA 构型 4 中外来间隙原子和外来置换原子的相互作用能大于构型 3 和 5，这与它们的相对位置有关。在 FIA—FSA 构型 4 中，外来置换原子的一个第一近邻铁原子正好处于外来间隙原子的膨胀方向上。

由于外来间隙原子和外来置换原子(除了硅原子)之间的相互作用能变小，它们之间的距离变化也明显变小。沿着膨胀方向，外来间隙原子与第一近邻铁原子之间的距离变化与没有外来置换原子时非常接近，碳氮原子与第一近邻铁原子之间距离的增加分别为 24.2% 和 23.6% 左右。沿着收缩方向，原来与外来间隙原子第二近邻的铁原子分成了两组，变成了第二和第三近邻，这是外来间隙原子与外来置换原子相互作用的结果。正是因为外来置换原子处于收缩方向上，所以它与外来间隙原子之间距离的变化才明显降低。在化学元素周期表中，位于铁左侧的元素，在铁中与碳原子之间的距离变化大于氮原子；位于铁右侧的元素，变化规律正好相反。由于外来间隙原子与外来置换原子之间的相互作用，因此它与第二近邻铁原子之间距离比它与第三近邻铁原子之间距离减小更多。外来间隙原子与第三近邻铁原子之间距离的减小与没有外来置换原子时非常接近，碳氮原子与第三近邻铁原子之间距离的变化分别为 －1.6% 和 －1.9% 左右。外来置换原子与第三近邻铁原子之间距离的变化较大，增加了约 10%，与其他几个近邻铁原子的距离变化并不明显。第三近邻的较大变化是因为这两个铁原子同时也是外来间隙原子的第一近邻，并且外来间隙原子与它们之间的距离变化也很大。

此外，表 4.2 中还引用了一些文献中的数据。与文献中的数据对比，计算得到的相互作用能的值更正，只有碳原子和铜原子之间的相互作用能的值更负。之所以有这些差异存在，是因为计算条件不同，主要表现在三个方面：第一，波函数的截断能不同，例如 350 eV(本节)、400 eV 和 286.7 eV；第二，能量变化的收敛标准不同，例如 5×10^{-6} eV(本节)、10^{-4} eV；第三，计算相互作用能的参考构型不同，例如单个外来间隙原子或单个外来置换原子在体心立方结构铁中(本节)，而文献中外来间隙原子和外来置换原子同时存在。特别是在文献中，用缀加平面波和超软赝势两种方法计算了相互作用能，差异比较大，用缀加平面波法得到的值与本节更加接近。尽管计算得到的值和文献中的报道存在一些差异，但是所有这些计算都得到相同的规律，结论都是一致的。特别是，碳氮原子与镍原子之间的相互作用能，计算得到的值与文献中的报道非常接近。

4.1.2　态密度

外来间隙原子与外来置换原子之间的相互作用使得它们的态密度发生变化，如图 4.5 ～ 4.8 所示。

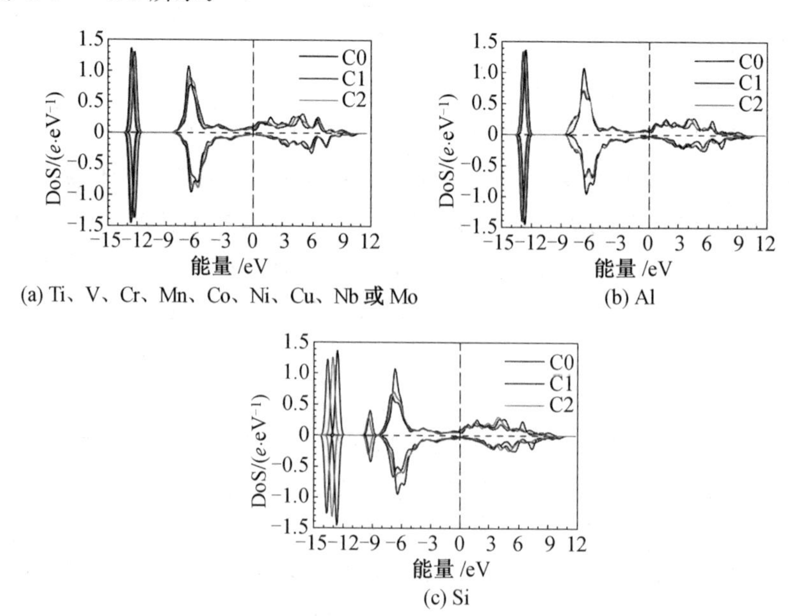

图 4.5　不同外来置换原子的构型Cfg^{i}_{C-FSA}($i=1,2$) 中碳原子的态密度(彩图见附录)

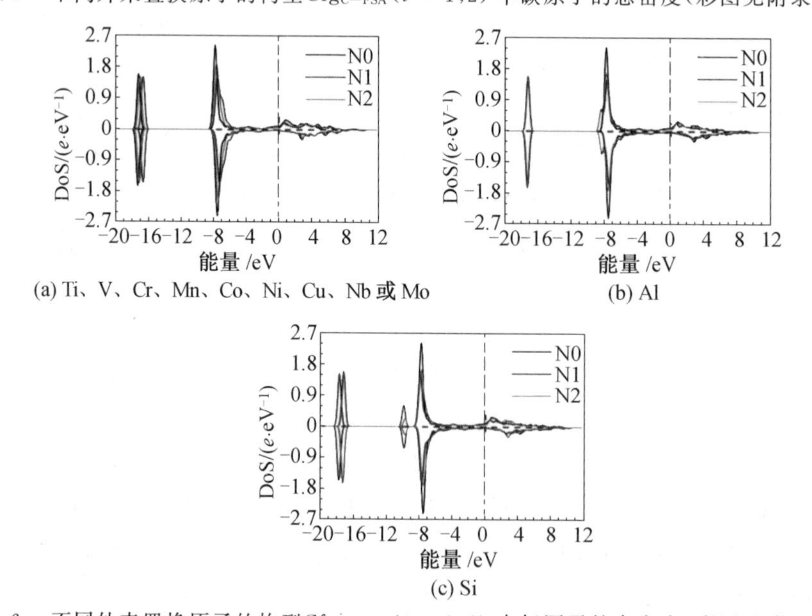

图 4.6　不同外来置换原子的构型Cfg^{i}_{N-FSA}($i=1,2$) 中氮原子的态密度(彩图见附录)

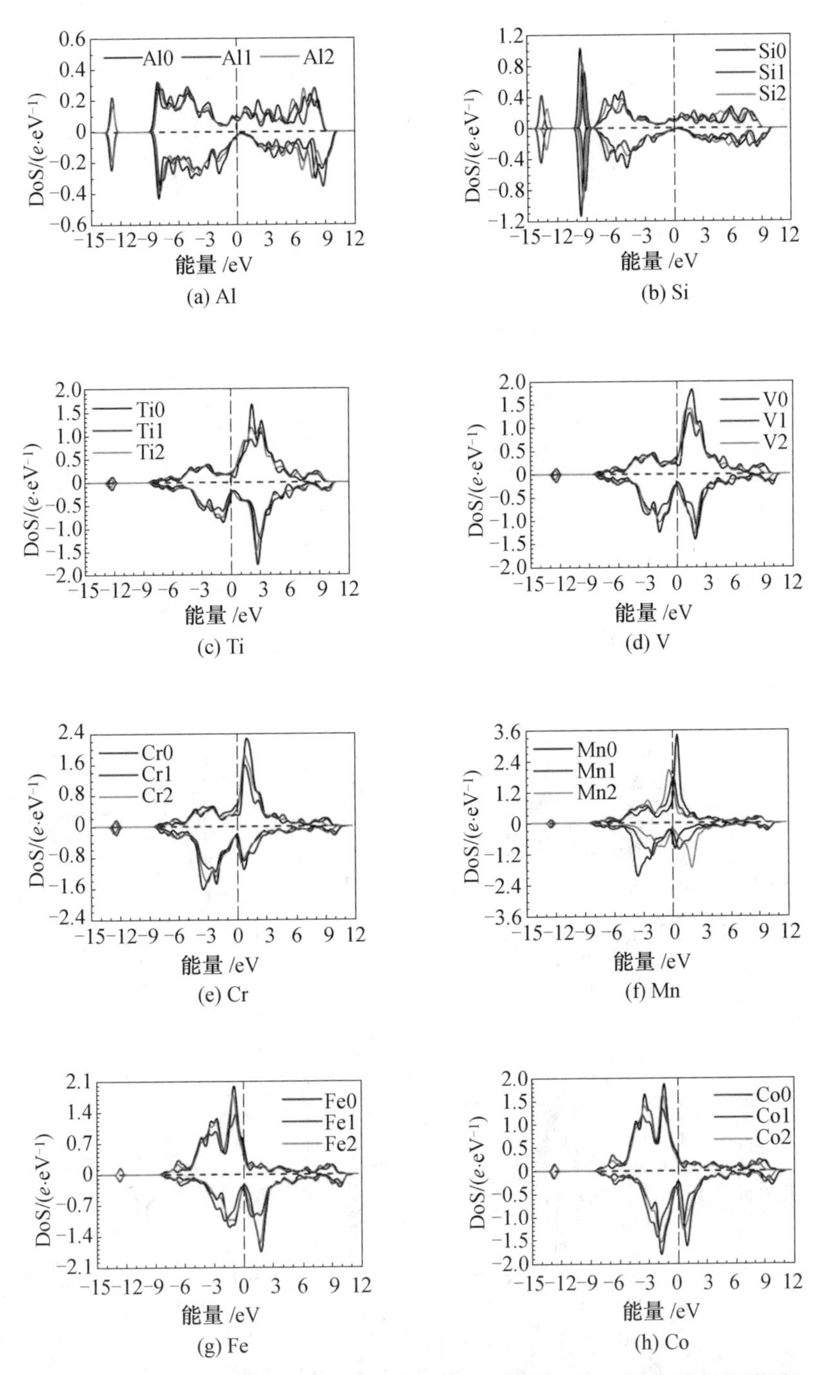

图 4.7　构型Cfg^{i}_{C-FSA}($i=1,2$) 中不同外来置换原子的态密度(彩图见附录)

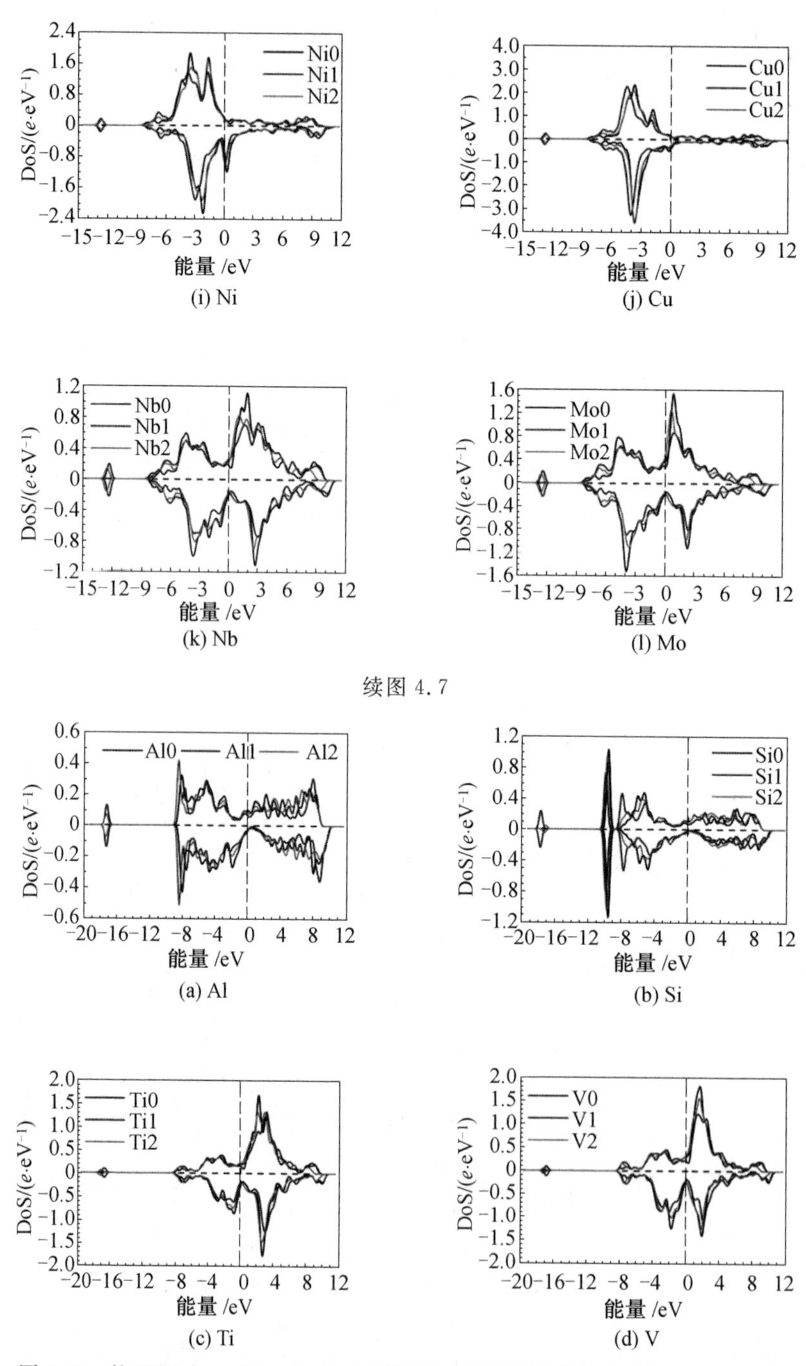

图 4.8 构型Cfg^{i}_{N-FSA}($i=1,2$)中不同外来置换原子的态密度(彩图见附录)

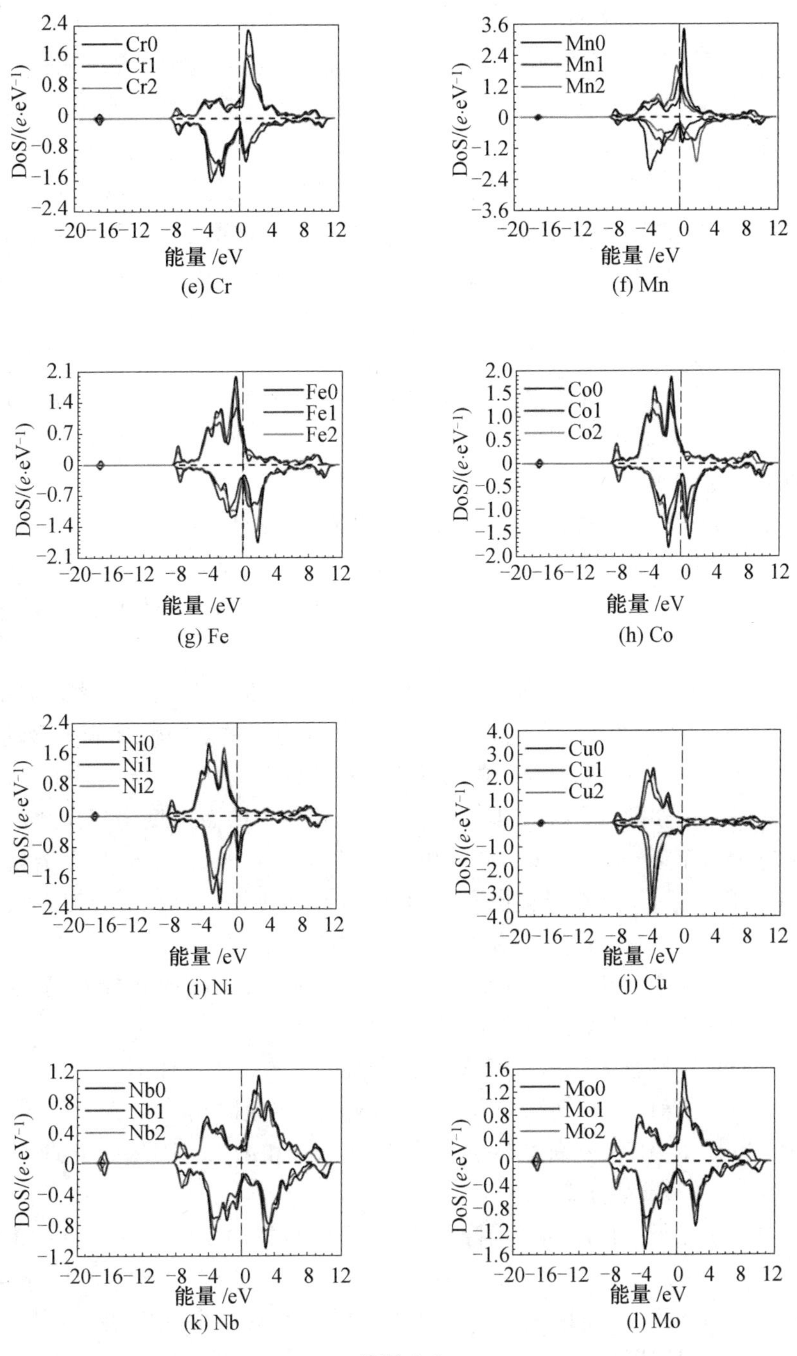
Cr0
Cr1
Cr2
DoS/($e\cdot eV^{-1}$)
能量 /eV
(e) Cr
Mn0
Mn1
Mn2
(f) Mn
Fe0
Fe1
Fe2
(g) Fe
Co0
Co1
Co2
(h) Co
Ni0
Ni1
Ni2
(i) Ni
Cu0
Cu1
Cu2
(j) Cu
Nb0
Nb1
Nb2
(k) Nb
Mo0
Mo1
Mo2
(l) Mo

续图 4.8

不同外来置换原子的C—FSA构型中碳原子的态密度如图4.5所示。在引入外来置换原子前,单个碳原子占据八面体间隙位置时构型中碳原子的态密度用曲线C0表示。引入外来置换原子后,它的第一和第二近邻碳原子的态密度分别用曲线C1和C2表示。

在单个碳原子占据八面体间隙位置的构型中,碳原子的态密度表现出如下特征:所有2s电子都集中分布在－12.6 eV能级上,态密度约为1.40 e/eV;2p电子主要分布在－6.5 eV能级上,态密度约为1.00 e/eV,还有少量2p电子不规则地分布在－5～11 eV能级上。

引入外来置换原子后,碳原子的态密度分为三种:当外来置换原子为钛、钒、铬、锰、钴、镍、铜、铌或钼时,碳原子的态密度如图4.5(a)所示;当外来置换原子为铝时,碳原子的态密度如图4.5(b)所示;当外来置换原子为硅时,碳原子的态密度如图4.5(c)所示。

在图4.5(a)中,当碳原子与外来置换原子第一近邻时,碳原子2s和2p态电子的能级向高能级移动少许,态密度略有下降。当碳原子与外来置换原子第二近邻时,同样可以观察到能级移动和态密度降低,但是这些变化的幅度小于第一近邻时。

在图4.5(b)和(c)中,碳原子的态密度也发生了能级移动和态密度降低。与图4.5(a)的区别有两个:第一,碳原子2s和2p态电子的能级向低能级移动;当外来置换原子为硅时,能级移动明显大于外来置换原子为铝时;当硅原子与碳原子第一近邻时能级移动大于第二近邻时。第二,碳原子的态密度出现杂化峰;当外来置换原子为铝时,碳原子的2p态电子与铝原子的3s态电子发生杂化,位于－8.0 eV能级附近;当外来置换原子为硅,并且与碳原子第一近邻时,碳原子的2s和2p态电子与硅原子的3s态电子发生杂化,位于－9.2 eV能级附近,态密度约为0.40 e/eV;当硅原子与碳原子第二近邻时,杂化峰向低能级移动,位于－9.4 eV能级附近,态密度降低,约为0.29 e/eV。

不同外来置换原子的N—FSA构型中氮原子的态密度如图4.6所示。在引入外来置换原子前,单个氮原子占据八面体间隙位置时构型中氮原子的态密度用曲线N0表示。引入外来置换原子后,它的第一和第二近邻氮原子的态密度分别用曲线N1和N2表示。

在单个氮原子占据八面体间隙位置的构型中,氮原子的态密度有如下特征:所有2s电子都集中分布在－17.3 eV能级上,态密度约为1.60 e/eV;2p电子主要分布在－7.8 eV能级上,态密度约为2.40 e/eV,还有少量2p电子不规则地分布在－5～7 eV能级上。

引入外来置换原子后,氮原子的态密度分为三种:当外来置换原子为钛、钒、铬、锰、钴、镍、铜、铌或钼时,氮原子的态密度如图4.6(a)所示;当外来置换原子为铝时，氮原子的态密度如图 4.6(b) 所示；当外来置换原子为硅时，氮原子的态密度如图 4.6(c) 所示。

在图 4.6(a) 中，当氮原子与外来置换原子第一近邻时，氮原子 2s 和 2p 态电子的能级向高能级移动少许，态密度略有下降。当氮原子与外来置换原子第二近邻时，同样可以观察到能级移动和态密度降低，但是这些变化的幅度小于第一近邻时。

在图 4.6(b) 和(c) 中，氮原子的态密度也发生了能级移动和密度降低。与图 4.6(a) 相比，有两个区别：第一，当外来置换原子为硅时，氮原子 2s 和 2p 态电子的能级向低能级移动；当硅原子与氮原子第一近邻时能级移动大于第二近邻时；当铝原子与氮原子第一和第二近邻时，氮原子的能级变化不大。第二，氮原子的态密度出现杂化峰；当外来置换原子为铝时，氮原子的 2p 态电子与铝原子的 3s 态电子发生杂化，位于 －8.0 eV 能级附近；当外来置换原子为硅，并且与氮原子第一近邻时，氮原子的 2p 态电子与硅原子的 3s 态电子发生杂化，位于 －9.9 eV 能级附近，态密度约为 0.60 *e*/eV；当硅原子与氮原子第二近邻时，杂化峰向高能级移动，位于 －9.8 eV 能级附近，态密度降低，约为 0.20 *e*/eV。

C—FSA 构型中外来置换原子的态密度如图 4.7 所示。图 4.7(g) 是铁原子的态密度曲线；纯铁原子的态密度为曲线 Fe0；当单个碳原子占据八面体间隙位置时，与碳原子第一和第二近邻铁原子的态密度分别为曲线 Fe1 和 Fe2。图 4.7 的其他子图为外来置换原子的态密度曲线；当单个外来置换原子存在时，它的态密度为曲线 FSA0；当碳原子与外来置换原子同时存在时，与碳原子第一和第二近邻的外来置换原子的态密度分别为曲线 FSA1 和 FSA2。

首先来看单个外来置换原子的态密度曲线(FSA0) 特征。铝原子 3s 和 3p 态电子不规则地分布在 －9.0 ～ 10.0 eV 能级上，态密度较低，约为 0.20 *e*/eV。硅原子的态密度曲线分为两部分：3s 电子集中分布在 －9.6 eV 能级上，态密度约为 1.10 *e*/eV；3p 电子不规则地分布在 －8.0 ～ 10.0 eV 能级上。钛、钒、铬、锰、钴、镍和铜原子的 3d 电子以及铌和钼原子的 4d 电子不规则地分布在 －9.0 ～ 10.0 eV 能级上。在这些 3d 和 4d 电子的态密度中，费米能级位于自旋向下电子较低能级的成键态和较高能级的反键态之间的赝能隙附近。钛、钒、铬、锰、铌和钼原子的大多数自旋向上电子的能级要高于费米能级。从钛到锰，从铌到钼，它们的自旋向上电子的能级逐渐向费米能级靠拢。铁、钴和镍原子的大多数自旋向上电子的能级要低于费米能级。铜原子几乎所有的 3d 自旋向上电子的能级都位于费米能级以下。

尽管这些外来置换原子的态密度曲线互不相同，但是与碳原子相互作用后，都呈现出一个共同的特征：出现了两个杂化峰，是与碳原子的 2s 和 2p 态电子相互作用的结果，分别位于 －12.6 eV 和 －6.5 eV 能级上。杂化的密度随着碳原子与外来间隙原子距离的增加而减小。而且，随着碳原子与外来间隙原子距离的增加，铝、硅、钴、镍和铜原子的杂化能级略微向高能级移动，锰和铁原子保持不变，钛、钒、铬、铌和钼原子的杂化能级向低能级移动少许。

N—FSA 构型中外来置换原子的态密度如图 4.8 所示。图 4.8(g) 是铁原子的态密度曲线；纯铁原子的态密度为曲线 Fe0；当单个氮原子占据八面体间隙位置时，与氮原子第一和第二近邻铁原子的态密度分别为曲线 Fe1 和 Fe2。图 4.8 的其他子图为外来置换原子的态密度曲线；当单个外来置换原子存在时，它的态密度为曲线 FSA0；当氮原子与外来置换原子同时存在时，与氮原子第一和第二近邻的外来置换原子的态密度分别为曲线 FSA1 和 FSA2。

尽管外来置换原子的态密度曲线互不相同，但是与氮原子相互作用后，都呈现出一个共同的特征：出现了两个杂化峰，是与氮原子的 2s 和 2p 态电子相互作用的结果，分别位于－17.3 eV 和－7.8 eV 能级上。杂化的密度随着氮原子与外来间隙原子距离的增加而减小。而且，随着氮原子与外来间隙原子距离的增加，硅、钴、镍和铜原子的杂化能级略微向高能级移动，铁原子保持不变，铝、钛、钒、铬、锰、铌和钼原子的杂化能级向低能级移动少许。

4.1.3 键集居数和键长

键集居数能够说明成键性质。外来间隙原子与外来置换原子之间的键集居数和键长如图 4.9(a) 和(b) 所示。所有的键集居数均为正值，表示外来间隙原子与外来置换原子之间形成不同程度的共价键。其中，碳硅键的键集居数最大，为 0.66，此时碳原子和硅原子为第一近邻。另外，键集居数的最小值出现在氮硅键上，其值接近零，此时氮原子和硅原子第二近邻。氮硅键的键集居数出现了最小值，表示在这个氮硅键中氮原子和硅原子之间的吸引力最小，相应地这个氮硅键的键长最长，为 0.238 nm，明显长于其他外来间隙原子和外来置换原子之间的键长。

当外来间隙原子和外来置换原子第一近邻时，前 3d 和前 4d 过渡族金属元素钛、钒、铬、铌和钼原子与碳原子的键集居数小于与氮原子的键集居数，与碳原子的键长大于与氮原子的键长。后过渡族金属元素钴、镍和铜原子与碳氮原子的键集居数和键长的变化规律，与前过渡族金属元素相应的规律相反。对于铝、硅、锰和铁原子，它们与碳原子的键集居数和键长都大于与氮原子的键集居数和键长。

当外来间隙原子与外来置换原子第二近邻时，除了铌以外，其他外来置换原子与碳原子之间的键集居数大于与氮原子之间的键集居数。对于化学元素周期表中位于铁左侧的元素钛、钒、铬、锰、铌和钼，与碳原子之间的键长大于与氮原子之间的键长。对于化学元素周期表中位于铁右侧的元素铝、硅、钴、镍和铜，与碳原子之间的键长小于与氮原子之间的键长。

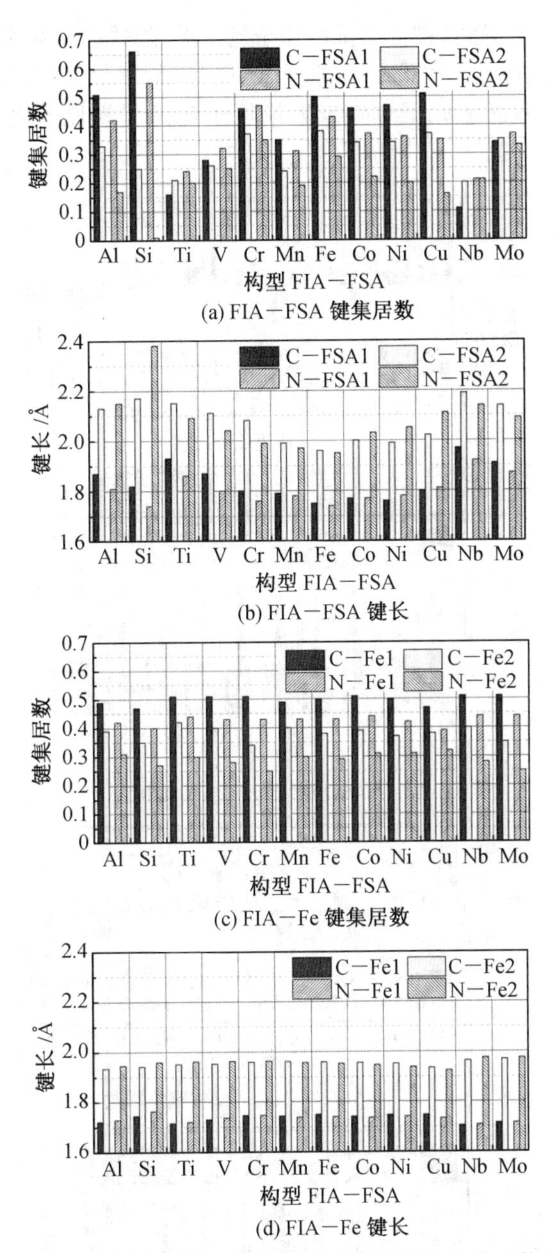

图 4.9　碳氮原子与外来置换原子以及铁原子的键集居数和键长

当外来间隙原子与外来置换原子第一近邻时，外来间隙原子与第一和第二近邻铁原子之间的键集居数和键长如图 4.9(c) 和(d) 所示。外来置换原子对外来间隙原子与近邻铁原子之间的键集居数和键长影响非常小。所有外来间隙原子和近邻铁原子之间的键集居数均为正值，表示它们之间形成共价键。外来间隙原子与铁原子之间的共价程度随着它们之间距离的增加而减小。当外来间隙原子与铁原子之间的距离相近时，碳铁键的共价性强于氮铁键，碳铁键和氮铁键的键长相近。

尽管外来置换原子对外来间隙原子与近邻铁原子之间的键集居数和键长影响非常小，但是外来间隙原子对外来置换原子与近邻铁原子之间的键集居数和键长却影响很大，如图 4.10 所示。

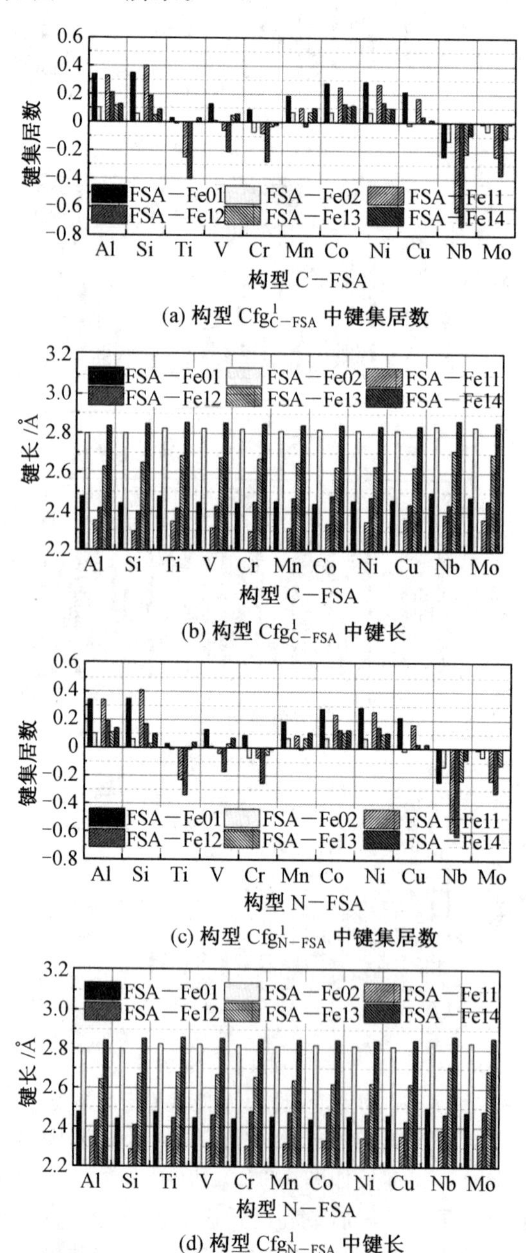

(a) 构型 Cfg^{1}_{C-FSA} 中键集居数

(b) 构型 Cfg^{1}_{C-FSA} 中键长

(c) 构型 Cfg^{1}_{N-FSA} 中键集居数

(d) 构型 Cfg^{1}_{N-FSA} 中键长

图 4.10　不同构型中外来置换原子和近邻铁原子之间的键集居数和键长

当外来间隙原子靠近时，它将改变外来置换原子与铁原子的近邻关系。如图4.10(b)和(d)所示：新的外来置换原子与第一近邻铁原子的键长变短；新的第二近邻原子原来也是第二近邻，但是新的第二近邻键长变短，更接近原来的第一近邻键长；新的第三近邻原子是原来的第一近邻，新的第三近邻键长显著增大，介于原来的第一和第二近邻之间；新的第四近邻原子是原来的第二近邻，新的第四近邻键长比原来的第二近邻键长增加少许。

由于外来置换原子和近邻铁原子之间的键长变化，因此它们之间的成键性质同样发生了一些变化。

当单个铝原子存在时，它与第一和第二近邻铁原子的键集居数分别为 0.34 和 0.10。引入外来间隙原子后，铝原子与第一近邻铁原子的键集居数保持不变；与第二近邻铁原子的键集居数约为 0.20；与第三和第四近邻铁原子的键集居数比原来的第二近邻键集居数略微增大。

当单个硅原子存在时，它与第一和第二近邻铁原子的键集居数分别为 0.35 和 0.06。引入外来间隙原子后，硅原子与第一近邻铁原子的键集居数增加，约为 0.40；与第二近邻铁原子的键集居数约为 0.18；与第三近邻铁原子的键集居数比原来的第二近邻键集居数略微减小；与第四近邻铁原子的键集居数比原来的第二近邻键集居数略微增大。

当单个钛原子存在时，它与第一和第二近邻铁原子的键集居数接近零。引入外来间隙原子后，钛原子与第一和第二近邻铁原子的键集居数发生了很大的变化，键集居数为负值，约为－0.24 和－0.37，成反键状态；与第三和第四近邻的键集居数依然接近零。

当单个钒原子存在时，它与第一和第二近邻铁原子的键集居数分别为 0.13 和 0.01。引入外来间隙原子后，钒原子与第一和第二近邻铁原子的键集居数同样发生了很大的变化，键集居数为负值，约为－0.05 和－0.19，成反键状态；与第三和第四近邻的键集居数为很小的正值。

当单个铬原子存在时，它与第一和第二近邻铁原子的键集居数分别为 0.09 和－0.07。引入外来间隙原子后，铬原子与近邻铁原子的键集居数均为负值，成反键状态。

当单个锰原子存在时，它与第一和第二近邻铁原子的键集居数分别为 0.19 和 0.07。引入外来间隙原子后，锰原子与第二近邻铁原子的键集居数均为很小的负值，接近零；与第一、第三和第四近邻铁原子的键集居数接近原来的第二近邻键集居数。

当单个钴原子存在时，它与第一和第二近邻铁原子的键集居数分别为 0.28 和 0.07。引入外来间隙原子后，钴原子与第一近邻铁原子的键集居数略微减小，约为 0.25；与第二、第三和第四近邻铁原子的键集居数约为 0.12。

镍原子与近邻铁原子的键集居数及其变化与钴原子类似。

当单个铜原子存在时，它与第一近邻铁原子的键集居数为 0.22，与第二近邻铁原子的键集居数接近零。引入外来间隙原子后，铜原子与第一近邻铁原子的键集居数略微减小，约为 0.17；与第二、第三和第四近邻铁原子的键集居数仍然接近零。

当单个铌原子存在时，它与第一和第二近邻铁原子的键集居数分别为 −0.24 和 −0.13。引入外来间隙原子后，铌原子与第一和第二近邻铁原子的键集居数变得更负，约为 −0.65；与第三和第四近邻铁原子的键集居数分别约为 −0.22 和 −0.08。

当单个钼原子存在时，它与第一和第二近邻铁原子的键集居数为绝对值非常小的负值。引入外来间隙原子后，铌原子与第一、第二和第四近邻铁原子的键集居数变得更负，分别约为 −0.23、−0.35 和 −0.12；与第四近邻铁原子的键集居数接近零。

从以上结果可知，外来间隙原子会改变外来置换原子与近邻铁原子之间的键集居数和键长，进而影响它们之间的相互作用，碳氮原子所产生的影响相似。

4.1.4 电子密度差分图

键集居数的结果表明，外来间隙原子与外来置换原子以及近邻铁原子之间成共价键。这种共价键在电子密度差分图上可以得到更为直观的描述，如图 4.11 和图 4.12 所示，图中分别给出了碳氮原子与外来置换原子第一近邻构型中 $(1\bar{1}0)$ 晶面的电子密度差分图。

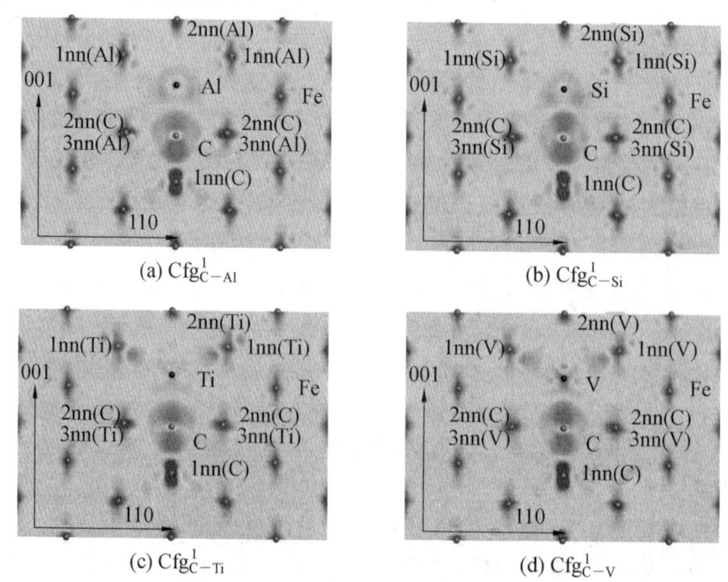

图 4.11 构型Cfg^1_{C-FSA} 中$(1\bar{1}0)$ 晶面的电子密度差分图

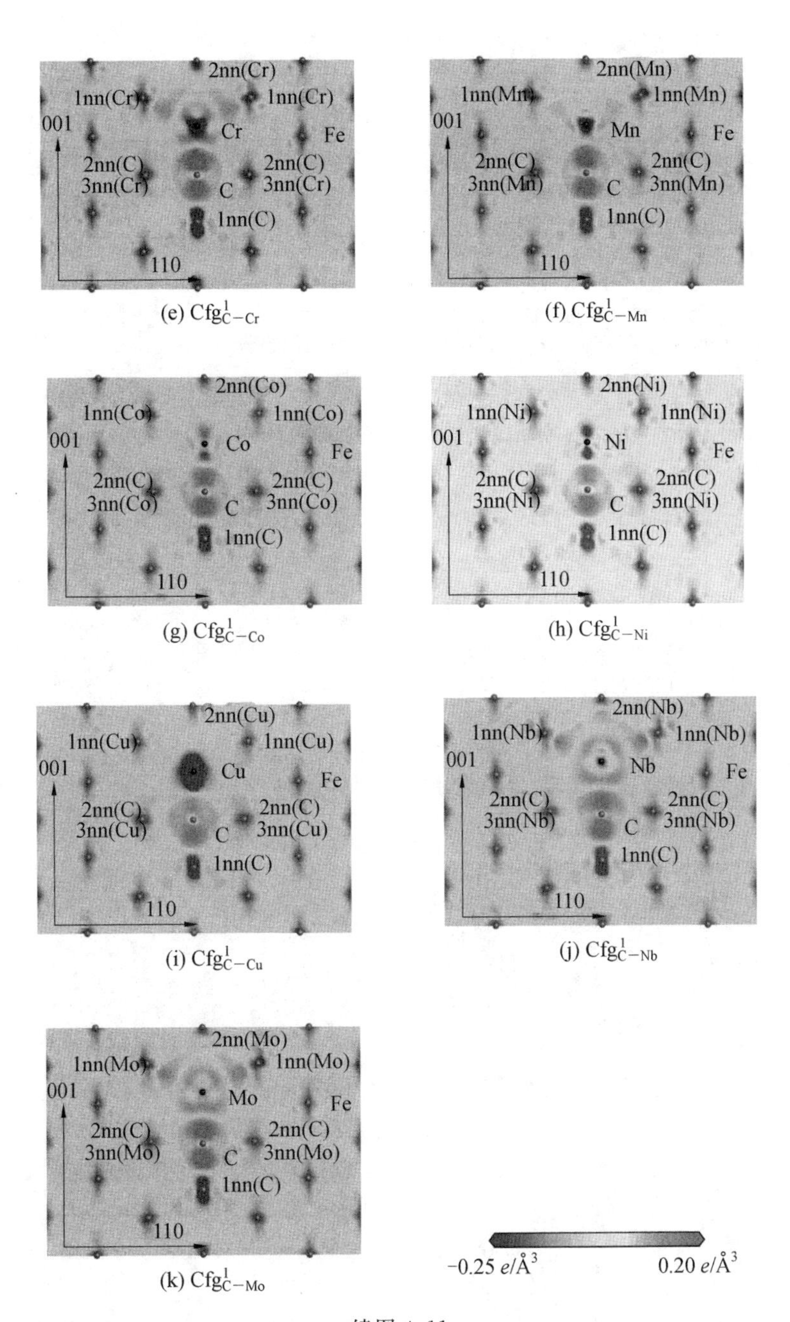

(e) Cfg^1_{C-Cr}

(f) Cfg^1_{C-Mn}

(g) Cfg^1_{C-Co}

(h) Cfg^1_{C-Ni}

(i) Cfg^1_{C-Cu}

(j) Cfg^1_{C-Nb}

(k) Cfg^1_{C-Mo}

续图 4.11

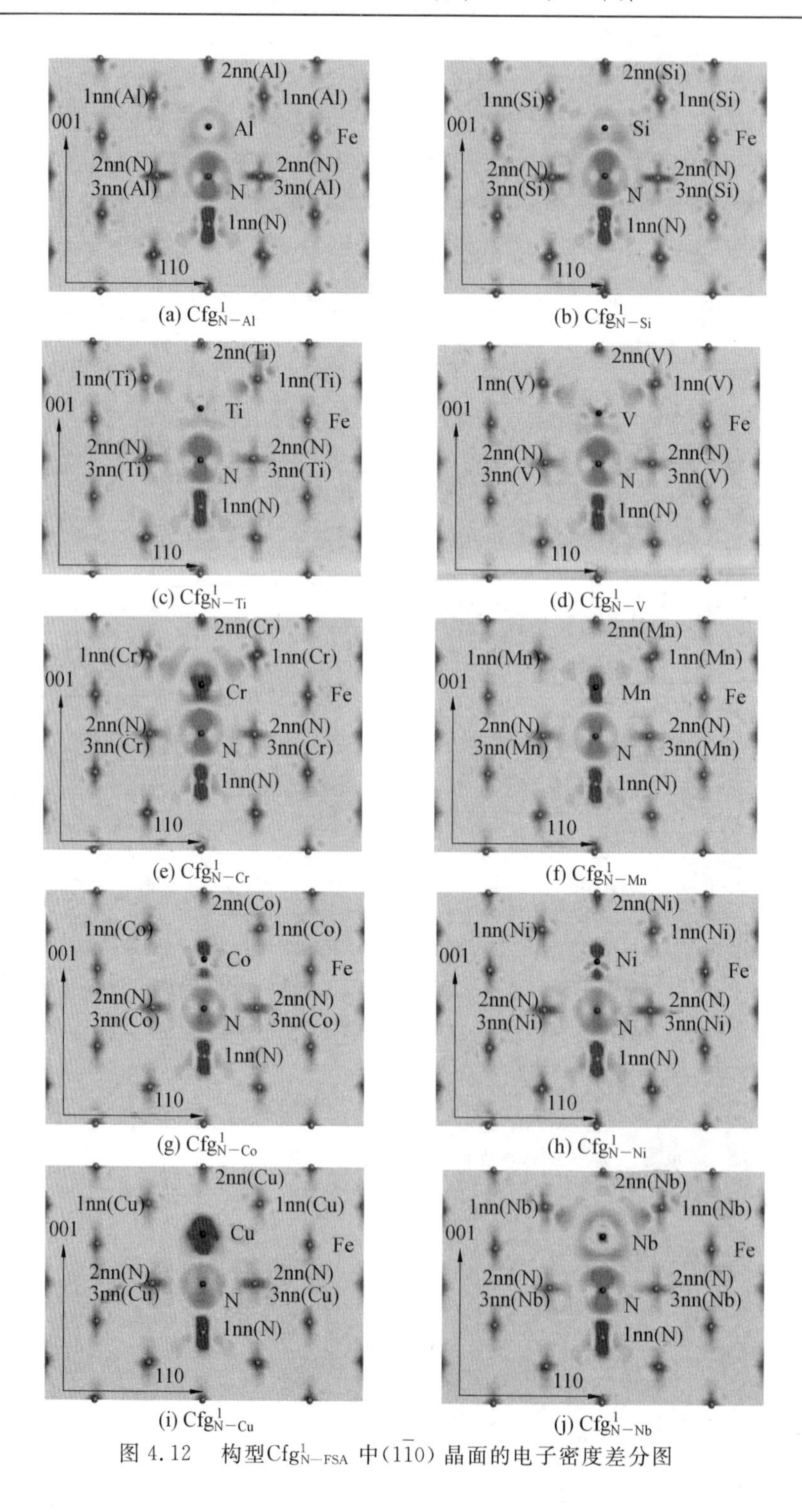

(a) Cfg^1_{N-Al} (b) Cfg^1_{N-Si}

(c) Cfg^1_{N-Ti} (d) Cfg^1_{N-V}

(e) Cfg^1_{N-Cr} (f) Cfg^1_{N-Mn}

(g) Cfg^1_{N-Co} (h) Cfg^1_{N-Ni}

(i) Cfg^1_{N-Cu} (j) Cfg^1_{N-Nb}

图 4.12 构型Cfg^1_{N-FSA} 中$(1\bar{1}0)$ 晶面的电子密度差分图

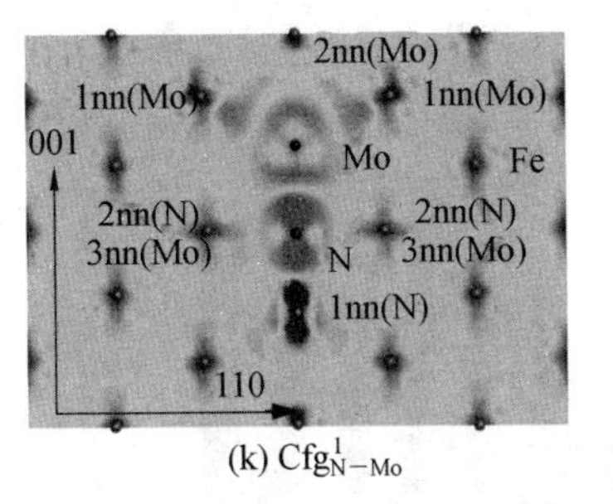

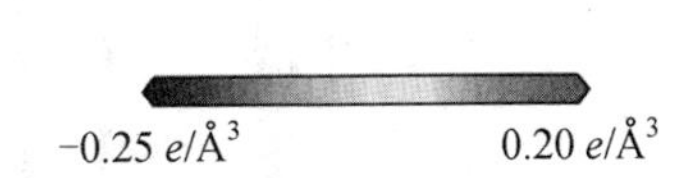

(k) Cfg^1_{N-Mo}

续图 4.12

在碳氮原子与外来置换原子以及近邻铁原子之间，电子密度增加。碳氮原子得电子，外来置换原子和近邻铁原子失电子。氮原子得到的电子要比碳原子多。沿着[001]方向，碳氮原子与外来置换原子以及第一近邻铁原子之间的电子密度高于[110]方向碳氮原子与第二近邻铁原子之间的电子密度。

碳原子得到的电子主要来自于外来置换原子和第一近邻铁原子。与碳原子第二近邻的铁原子，电子密度变化不大。而氮原子所得到的电子，不仅来自于外来置换原子以及第一近邻铁原子，而且来自于第二近邻铁原子。

铬、锰、钴、镍和铜原子失去的电子比铝、硅、钛、钒、铌和钼原子失去的电子多。

当外来置换原子为铝、硅、钴、镍和铜时，近邻铁原子的电子密度变化不大。当外来置换原子为钛、钒、铬、锰、铌和钼时，它们与第一近邻铁原子之间的电子密度增加。

磁矩在 FIA—FSA 构型 1 中，外来间隙原子和外来置换原子，以及它们的近邻铁原子的磁矩如图 4.13 所示。

在图 4.13(a) 和(b) 中，C0 和 N0 分别对应的是单个碳原子和单个氮原子占据体心立方结构铁的八面体间隙位置时的磁矩，为 $-0.26\mu_B$ 和 $-0.16\mu_B$。引入外来置换原子后，由于它们与碳氮原子之间的相互作用，碳(C1) 氮(N1) 原子的磁矩变得更加趋近于零。

在图 4.13(a) 和(b) 中，Fe0 对应的是完整的体心立方结构中纯铁原子的磁矩，为 $2.20\mu_B$。与外来间隙原子第一近邻的铁原子(Fe1) 的磁矩变小，约为 $1.47\mu_B$。与外来间隙原子第二近邻的铁原子(Fe2) 的磁矩变化很小，接近纯铁原子的磁矩。无论外来间隙原子是碳原子还是氮原子，它的近邻铁原子的磁矩及其变化规律类似。

在图 4.13(c) 和(d) 中，FSA0 为体心立方结构铁中只有一个外来置换原子时这个外来置换原子的磁矩。铝和硅为很弱的反铁磁性，钛、钒、铬、锰、铌和钼为较强的反铁磁性。钴和镍与铁一样，为较强的铁磁性。铜原子的磁矩接近于零，几乎无磁性。引入外来间隙原子后，无论外来置换原子为铁磁性还是反铁磁性，由于外来间隙原子与外来置换原子之间的交互作用，外来置换原子(FSA1) 的磁性都降低。铜原子是一个例外，因为铜原子的磁矩仍然接近零。锰原子的磁性也比较特殊:引入外来间隙原子前,锰为较强的反铁磁性,磁矩为 $-2.64\mu_B$;引入碳原子后,锰原子的磁性消失,磁矩几乎为零;引入氮原子后,锰原子表现为很弱的铁磁性,磁矩为 $0.27\mu_B$。

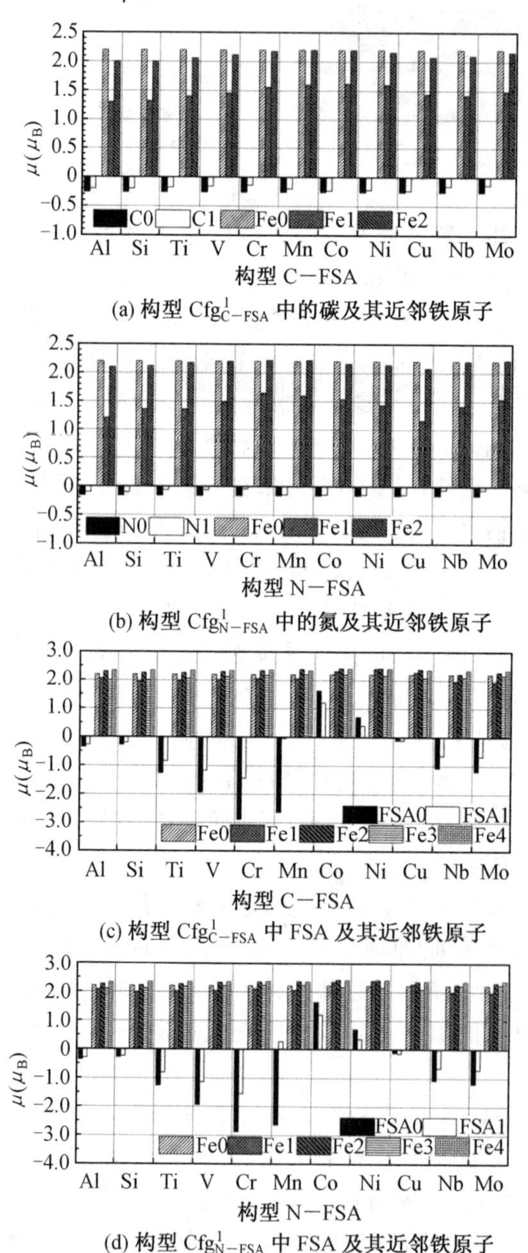

(a) 构型 Cfg^1_{C-FSA} 中的碳及其近邻铁原子

(b) 构型 Cfg^1_{N-FSA} 中的氮及其近邻铁原子

(c) 构型 Cfg^1_{C-FSA} 中 FSA 及其近邻铁原子

(d) 构型 Cfg^1_{N-FSA} 中 FSA 及其近邻铁原子

图 4.13 构型$Cfg^1_{FIA-FSA}$ 中外来间隙原子、外来置换原子及其近邻铁原子的磁矩

在图4.13(c)和(d)中，Fe1～Fe4对应于外来置换原子的第一到第四近邻铁原子的磁矩。对于反铁磁性外来置换原子铝、硅、钛、钒、铬、锰、铌和钼，它们的第一近邻铁原子的磁矩略微降低，约为2.00μ_B。对于铁磁性外来置换原子钴和镍，它们的第一近邻铁原子的磁矩略微增加，约为2.36μ_B。铜原子的第一近邻铁原子的磁矩也增加少许，约为2.27μ_B。外来置换原子的第二和第四近邻铁原子的磁矩比纯铁原子的磁矩稍大一点。外来置换原子的第三近邻铁原子的磁矩比第二和第四近邻铁原子的磁矩都略小，这是因为它们还是外来间隙原子的第二近邻，是外来间隙原子和外来置换原子共同作用的结果。无论外来间隙原子是碳原子还是氮原子，它对外来置换原子的近邻铁原子磁矩的影响是类似的。

4.2　外来置换原子、外来间隙原子以及空位之间的相互作用

4.2.1　外来置换原子与空位之间的相互作用

当外来置换原子与空位相互靠近时可能形成的构型如图4.14所示。在构型中，空位占据顶角位置，外来置换原子占据位置1～5，分别是空位的第一到第五近邻。当外来置换原子占据空位位置时，为外来置换原子的置换构型，不涉及外来置换原子和空位之间的相互作用。位置1～5是空位近邻位置的代表，在当前构型中，位置1、4和5没有其他等同位置，位置2和3分别还有两个等同位置。

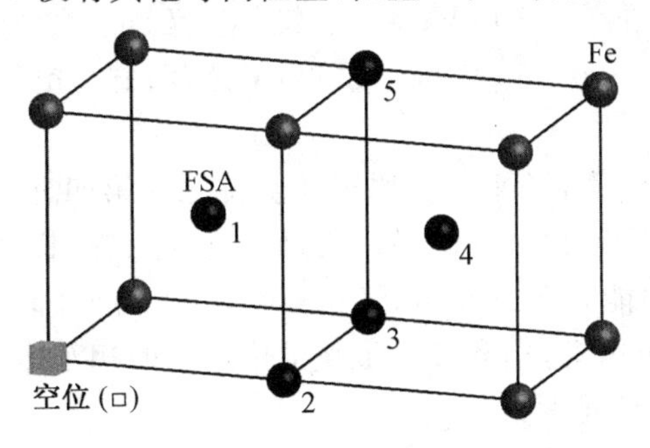

图4.14　外来置换原子(FSA)与空位相互靠近时可能形成的构型

外来置换原子和空位之间的相互作用能如图4.15所示。在构型$Cfg^1_{FSA-□}$中，外来置换原子和空位之间第一近邻，相互作用能均为负值，表示外来置换原子和空位之间相互吸引。其中，铌与空位之间的吸引力最大，相互作用能为－0.46 eV；铝、硅和钛与空位之间的相互作用能分别为－0.35 eV、－0.30 eV和－0.32 eV；铜和钼与空位之间的相互作用能分别为－0.27 eV和－0.25 eV；钒、铬和镍与空位之间的相互作用能分别为－0.10 eV、－0.10 eV和－0.12 eV；锰和钴与空位之间的吸引力较小，相互作用能分别为－0.05 eV和－0.03 eV。

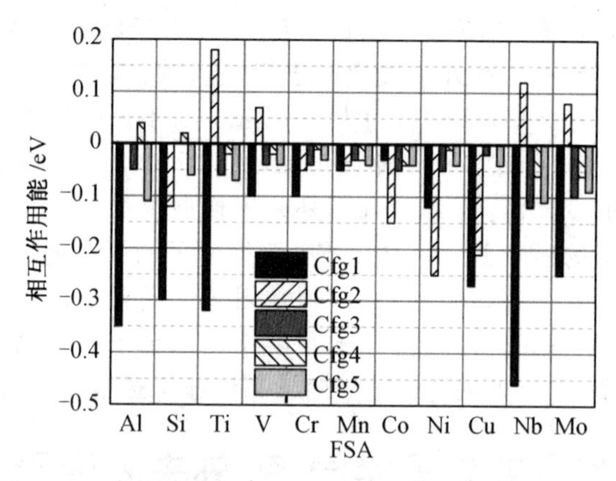

图 4.15 外来置换原子(FSA) 和空位之间的相互作用能

在构型$Cfg^{2}_{FSA-□}$中,外来置换原子和空位之间第二近邻,相互作用表现出多样性。其中,硅、钴、镍和铜与空位的吸引力较大,相互作用能分别为－0.12 eV、－0.15 eV、－0.25 eV和－0.21 eV;铬和锰与空位之间的吸引力很小,相互作用能分别为－0.05 eV和－0.04 eV;铝与空位之间的相互作用力为零;钛、钒、铌和钼与空位之间为排斥力,相互作用能分别为 0.18 eV、0.07 eV、0.12 eV 和 0.08 eV。

在构型$Cfg^{3}_{FSA-□}$中,外来置换原子和空位之间第三近邻,相互作用能均小于等于零,表现为较弱的吸引力。其中,铌和钼与空位的吸引力较大,相互作用能分别为－0.12 eV和－0.10 eV;铝、钛、钒、铬、锰、钴、镍和铜与空位的吸引力很弱,相互作用能介于－0.06 eV和－0.02 eV之间;硅与空位的相互作用能为零,无相互作用力。

在构型$Cfg^{4}_{FSA-□}$中,外来置换原子和空位之间第四近邻,吸引力变得更弱,甚至出现了微小的排斥力。其中,钛、钒、铬、锰、钴、镍、铌和钼原子与空位的吸引力很弱,相互作用能介于－0.06 eV和－0.01 eV之间;铜原子与空位的相互作用能为零,无相互作用力;铝和硅原子与空位之间的相互作用能分别为 0.04 eV 和0.02 eV,为微小的排斥力。

在构型$Cfg^{5}_{FSA-□}$中,外来置换原子和空位之间第五近邻,相互作用能均为负值,表现为吸引力。构型$Cfg^{5}_{FSA-□}$中外来置换原子和空位之间的吸引力大于构型$Cfg^{4}_{FSA-□}$,这与外来置换原子和空位之间的相对位置有关。在构型$Cfg^{5}_{FSA-□}$中,外来置换原子和空位位于密排方向上,中间隔着一个铁原子,有利于原子的弛豫。

当外来置换原子为铝、硅、钛、钒、铬、锰、铜、铌和钼时,结构$Cfg^{1}_{FSA-□}$最稳定,外来置换原子与空位第一近邻;当外来置换原子为钴和镍时,结构$Cfg^{2}_{FSA-□}$最稳定,外来置换原子与空位第二近邻。

4.2.2　外来间隙原子、外来置换原子和空位之间的相互作用

外来间隙原子、外来置换原子和空位相互靠近时可能形成的构型如图4.16所示。在这些构型中，空位占据体心位置；外来置换原子占据顶角位置，与空位第一近邻；外来间隙原子占据八面体间隙位置，位置1～5分别是外来置换原子的第一到第五近邻，位置2和4与空位第一近邻，位置1、3和5和空位第二近邻。位置1～5是构型中八面体间隙位置的代表，其中位置1、2、4和5分别有3个等同位置，位置3有6个等同位置。

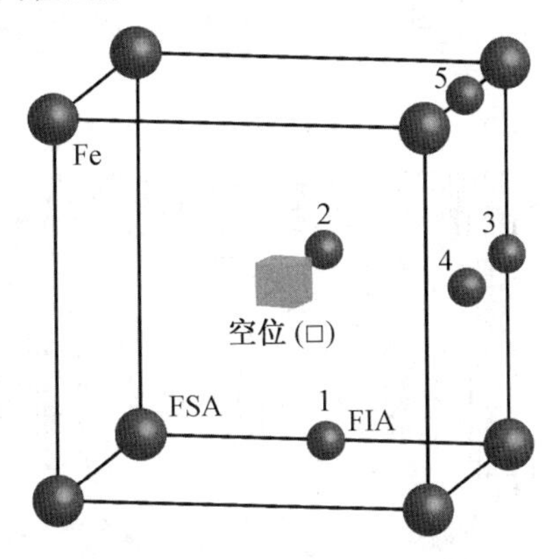

图4.16　外来间隙原子(FIA)、外来置换原子(FSA)和空位相互靠近时可能形成的构型

外来间隙原子、外来置换原子和空位之间的相互作用能如图4.17所示。在构型$\mathrm{Cfg}^{1}_{\mathrm{FIA-FSA-\square}}$中，外来间隙原子与空位为第二近邻，不是最稳定的相对位置，没有充分体现空位的优势，尽管外来置换原子与空位为第一近邻，但是外来置换原子与外来间隙原子同样为第一近邻，此时外来置换原子与外来间隙原子之间的排斥力占主导作用，结构不稳定。例如，当外来置换原子和外来间隙原子分别为钼和碳时，经过几何优化，碳原子从位置1弛豫到位置4。在图4.17中，Cfg2～4对应构型$\mathrm{Cfg}^{i}_{\mathrm{FIA-FSA-\square}}$($i=2,\cdots,4$)，Sum是外来间隙原子与空位以及外来置换原子与空位的相互作用能之和，即$\mathrm{Sum}=E^{\mathrm{FIA-\square},1}_{\mathrm{Interact}}+E^{\mathrm{FSA-\square},1}_{\mathrm{Interact}}$，用作对比。

在构型$\mathrm{Cfg}^{i}_{\mathrm{FIA-FSA-\square}}$($i=2,\cdots,4$)中，所有的外来间隙原子、外来置换原子和空位之间的相互作用能均为负值，表示这些构型都可以稳定存在。在构型$\mathrm{Cfg}^{3}_{\mathrm{FIA-FSA-\square}}$和$\mathrm{Cfg}^{5}_{\mathrm{FIA-FSA-\square}}$中，外来间隙原子为空位的第二近邻，并非最为有利的构型，所以这两个构型的稳定性不及构型$\mathrm{Cfg}^{2}_{\mathrm{FIA-FSA-\square}}$和$\mathrm{Cfg}^{4}_{\mathrm{FIA-FSA-\square}}$。在构型$\mathrm{Cfg}^{2}_{\mathrm{FIA-FSA-\square}}$和$\mathrm{Cfg}^{4}_{\mathrm{FIA-FSA-\square}}$中，外来间隙原子为空位的第一近邻，形成最为有利的构型，所以这两个构型的稳定性较好。在构型$\mathrm{Cfg}^{2}_{\mathrm{FIA-FSA-\square}}$和$\mathrm{Cfg}^{4}_{\mathrm{FIA-FSA-\square}}$中，外来置换原子和外来间隙原子之间分别为第二和第四近邻，由于第二近邻时它们之间的排斥力较大，稳定性不及第四近邻，所以构型$\mathrm{Cfg}^{4}_{\mathrm{FIA-FSA-\square}}$通常为最稳定的构型。

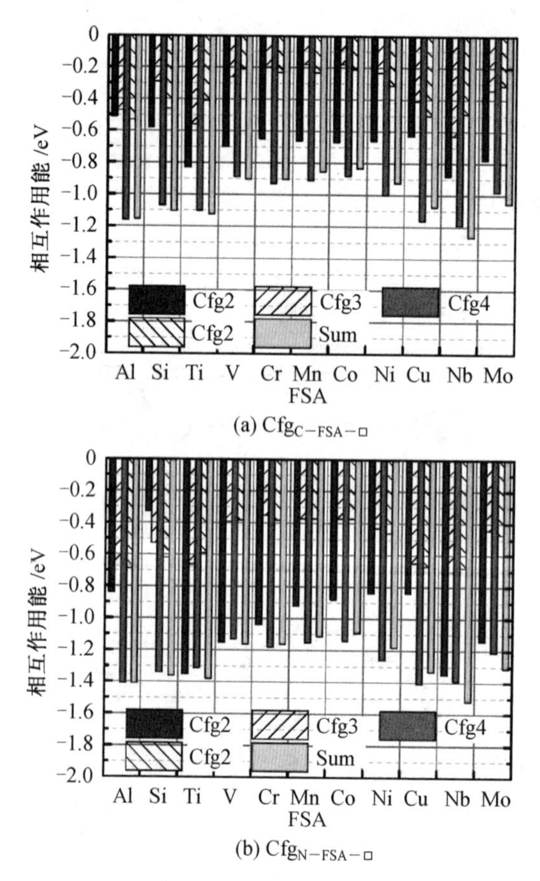

图 4.17　外来间隙原子、外来置换原子(FSA)和空位之间的相互作用能

当外来间隙原子为碳时，构型$Cfg^{4}_{C-FSA-\square}$中碳原子、外来置换原子和空位之间的相互作用能介于−1.19 eV～−0.88 eV之间；当外来间隙原子为氮时，三者之间的相互作用能介于−1.41 eV～−1.13 eV之间。与外来置换原子和空位之间的吸引力，氮原子明显大于碳原子。

对比构型$Cfg^{4}_{C-FSA-\square}$和Sum中的相互作用能值，两者之间相差不大，说明构型$Cfg^{4}_{C-FSA-\square}$、$Cfg^{1}_{FSA-\square}$和$Cfg^{1}_{FIA-\square}$都可以形成。当空位浓度较低时，它将同时吸引外来置换原子和外来间隙原子形成构型$Cfg^{4}_{C-FSA-\square}$；当空位浓度较高时，它将分别吸引外来置换原子和外来间隙原子形成构型$Cfg^{1}_{FSA-\square}$和$Cfg^{1}_{FIA-\square}$。

4.2.3　合金碳氮化物形成的空位机制

基于前面两节的计算结果，提出合金碳氮化物形成的空位机制，如图4.18所示。

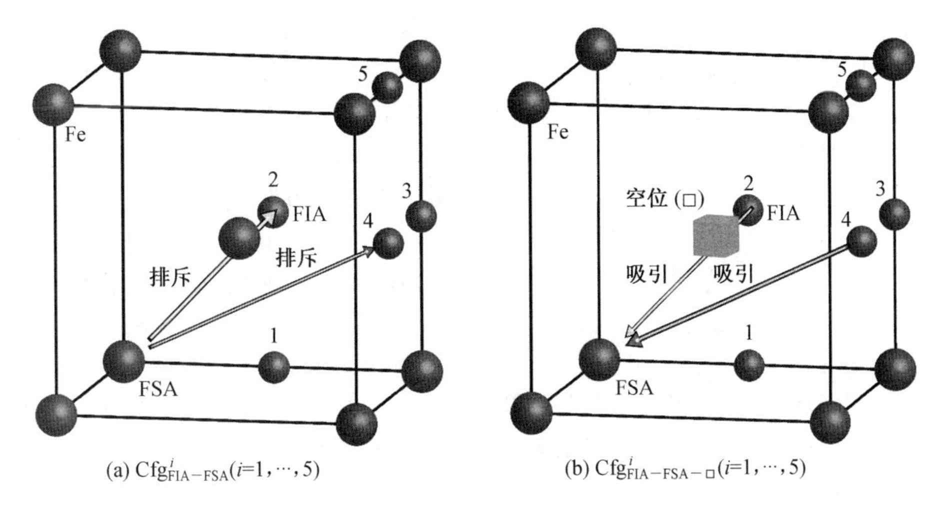

(a) $Cfg^{i}_{FIA-FSA}(i=1,\cdots,5)$　　(b) $Cfg^{i}_{FIA-FSA-\square}(i=1,\cdots,5)$

图 4.18　合金碳氮化物形成的空位机制示意图

碳氮原子与外来置换原子之间相互排斥，只有个别例外（第二近邻的钛原子和氮原子，以及第三到第五近邻的铜原子和碳氮原子，它们之间相互吸引）。当外来间隙原子和外来置换原子距离很近，第一或第二近邻时，它们之间的排斥力较大。当外来间隙原子和外来置换原子距离较远，第三到第五近邻时，它们之间的排斥力较小。计算结果与相关文献中的数据基本一致。

钛原子与氮原子以及铜原子与碳氮原子之间的吸引力表明，它们之间可能形成钛的氮化物以及铜的碳氮化物。相关文献的渗氮实验中观察到，300 ℃ 时有小的氮化钛团簇形成；在更高的温度下，小的团簇长大，形成氮化钛析出物。其他的外来间隙原子与外来置换原子之间的排斥力表明，这些合金元素很难形成碳化物或者氮化物。然而，许多渗碳或者渗氮实验却给出了不同的结果，会生成碳化物或氮化物。Nishizawa 发现碳原子与前 3d 过渡族金属元素钛、钒、铬和锰相互吸引，与后 3d 过渡族金属元素钴、镍和铜相互排斥。Li 和 Bell 对 AISI410 钢进行了等离子体渗氮处理，结果表明：渗氮温度较高（460 ℃ 和 500 ℃）时，有氮化铬析出；渗氮温度较低（420 ℃）时，无氮化铬析出，氮原子仍然分布在铁基体中，形成过饱和含氮马氏体。对 17－4PH 钢进行渗氮处理后，发现渗氮温度低于420 ℃ 时表面生成过饱和含氮马氏体，渗氮温度高于 420 ℃ 时表面有氮化铬析出。对 AISI420 钢进行低温渗碳处理后，发现生成过饱和含碳马氏体，无碳化铬析出。

第一性原理计算结果表面碳氮原子与外来置换原子之间主要是排斥力，而渗碳和渗氮实验结果表明可能生成外来置换原子的碳化物和氮化物，计算结果和实验结果出现了明显的矛盾。Kamminga 和 Sawada 针对这一问题进行了一些解释，再结合低温化学热处理的最新进展，提出了产生这一矛盾的三个可能原因：(1) 间隙原子与外来置换原子之间的相互作用受到温度的影响。较低温度时，外来间隙原子弥散分布在基体中，含量甚至能够超过基体的固溶度，达到一个很到的水平，形成过饱和固溶体；较高温度时，外来间隙原子和外来置换原子结合，形成碳化物和氮化物。(2) 外来间隙原子可能和多个外来置换原子相互作用。(3) 外来间隙原子和外来置换原子通过空位相互作用。在 4.2 节中，已经计算了外来间隙原子与外来置换原子以及空位之间的相互作用，结果表明三者之间相互吸引。在空位处，外来置换原子和外来间隙原子的聚集将促进碳化物和氮化物的形成。因此，提出了碳化物和氮化物的空位形成机制，如图 4.18 所示。空位只是最简单的缺陷形式，在位错和晶界等缺陷处，外来间隙原子和外来置换原子之间的相互作用还有待进一步研究，在这些区域也有可能聚集大量的碳氮原子和合金元素，进而形成碳化物和氮化物。2008 年，我们采用相场方法模拟了低体积分数相析出过程，验证了晶界对相析出过程的影响。因此，合金碳化物和氮化物的空位形成机制已经得到了理论证明，而缺陷(位错和晶界等)形成机制还有待进一步证实。

4.3 稀土等溶质原子的置换性质及其相互作用

稀土化学热处理的历史可以追溯到 1983 年。2000 年，Bell 等人对稀土表面工程进行了综述。稀土化学热处理已经得到了广泛的认可，大量的实验研究正在逐渐展开，希望进一步挖掘稀土化学热处理的潜力，为表面科学与工程的发展贡献更大的力量。稀土渗碳、渗氮以及氮碳共渗能够减少处理时间，增加改性层厚度，改善表面层组织结构，提高共渗层力学性能。已经证实，稀土(如镧原子)能够扩散进入表面层，加速碳氮原子的扩散。然而，许多基础理论问题仍不清楚：(1) 与其他合金原子相比，稀土原子的特点；(2) 稀土原子与碳氮原子的相互作用；(3) 稀土原子与其他外来置换原子的相互作用。因此，本章采用第一性原理计算来解决这些问题。

4.3.1 稀土等溶质原子的置换性质

在体心立方结构铁中，引入一个外来置换原子(FSA) 时，所形成的构型如图 4.19 所示。外来置换原子为铝、硅、钛、钒、铬、锰、钴、镍、铜、铌、钼或镧。标记为 1nn ～ 5nn 的铁原子为外来置换原子的第一到第五近邻。

外来置换原子的置换能和磁矩如图 4.20 所示。铝、硅、钛和钒原子的置换能为较大的负值，约为 −1.0 eV。铬和铌原子的置换能为较小的负值，分别为 −0.35 eV 和 −0.25 eV。锰、钴、镍和钼原子的置换能很小，接近零。铜原子与上述的外来置换原子不同，置换能为较大的正值，为 0.92 eV。非常特别地，镧原子的置换能为非常大的正值，为 4.44 eV，显著区别于其他外来置换原子。

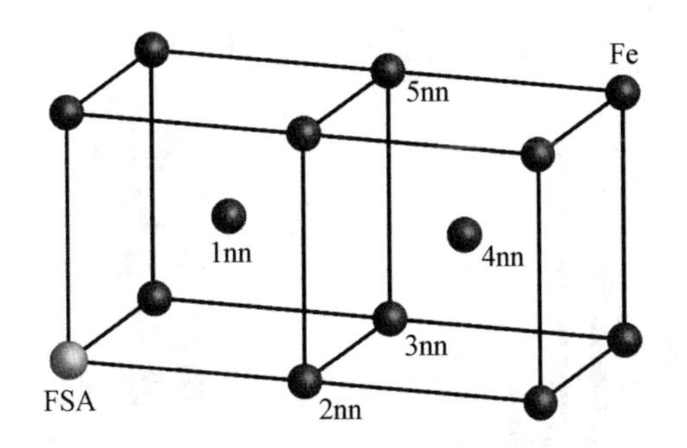

图 4.19　体心立方结构铁中含有一个外来置换原子(FSA) 的构型

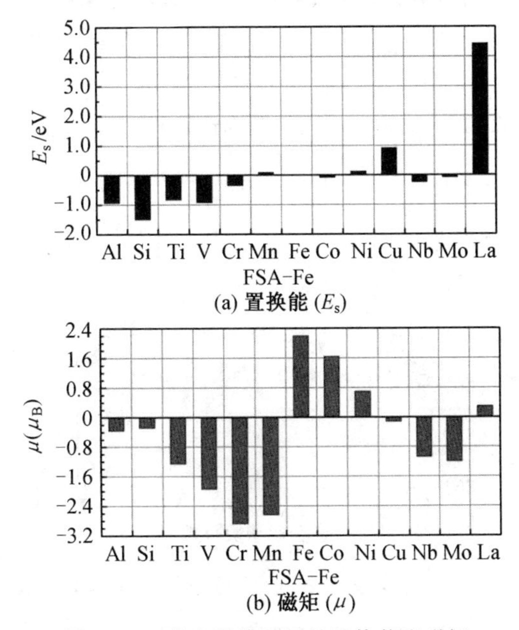

图 4.20　外来置换原子的置换能和磁矩

铝和硅为很弱的反铁磁性，钛、钒、铬、锰、铌和钼为较强的反铁磁性。钴、镍和镧与铁一样，为铁磁性，其中镧原子的铁磁性较弱。铜原子的磁矩接近于零，几乎无磁性。

引入外来置换原子后，破坏了近邻铁原子原来的平衡状态，使得近邻铁原子发生弛豫，进而引起点阵畸变。外来置换原子与近邻铁原子之间的距离变化如图 4.21 所示。用 $\Delta d_i/d_i^0$ 来表示原子间的距离变化，$\Delta d_i = d_i - d_i^0$，$i=1,2,3$ 和 4，表示第 i 近邻，d_i^0 表示弛豫前外来置换原子与第 i 近邻铁原子之间的距离，d_i 表示弛豫后它们之间的距离，Sum 表示第一到第四近邻的距离变化之和，称之为外来置换原子的近邻铁原子的弛豫和，图中横坐标上的外来置换原子是按照弛豫和的顺序来排列的。相关文献中给出了不同合金元素铁基二元合金的点阵常数与合金元素含量的关系,如图 4.22 所示,图中合金元素的排序与图 4.21 相同。

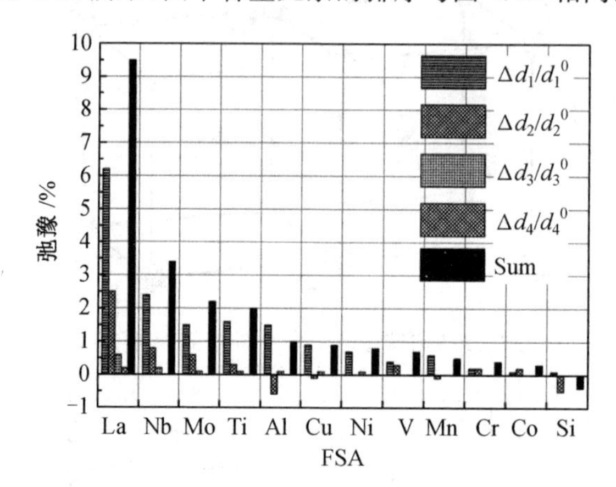

图 4.21　外来置换原子与近邻铁原子之间的距离变化

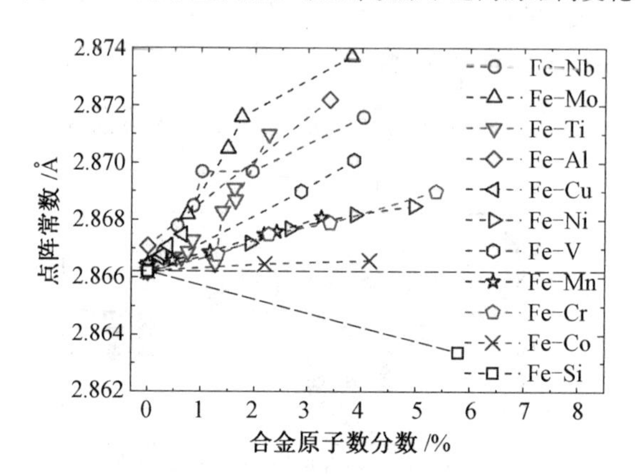

图 4.22　铁与外来置换原子二元合金的点阵常数

尽管通过实验得到的点阵常数随合金元素含量的变化趋势存在一些波动,但是可以很明显地看出:通过计算得到弛豫和的变化趋势与通过实验得到的点阵常数变化趋势基本一致。

硅原子的弛豫和为负值,其他外来置换原子的弛豫和均为正值。实验得到的点阵常数变化也证明了这一点,只有铁硅合金的电子常数变小,其他铁基二元合金的点阵常数都变大。

钴原子的弛豫和是最小的正值,为 0.3%。相应地,铁钴合金的点阵常数增加最小,变化不大,最接近平衡点阵常数。钒、铬、锰、镍和铜原子的弛豫和比较接近,都大于钴原子的弛豫和。铝、钛、钼和铌原子的弛豫和较大,在 1.0% ~ 3.4% 不等。目前,还没有铁镧合金的点阵常数数据。然而,计算得到的镧原子的弛豫和显著大于其他所考虑的外来置换原子的弛豫和,晶格膨胀会很大。并且,镧原子的第四近邻铁原子的弛豫为 0.2%,而其他外来置换原子的第四近邻铁原子的弛豫均为零。对于第三近邻铁原子的弛豫,镧原子约为 0.5%,铝、钛、镍、铜、钼和铌原子为 0.1% ～ 0.2%,硅、钒、铬、锰和钴为零。镧原子很大的置换能也是它所引起的点阵常数显著膨胀的一个直接证据。

仅有一个外来置换原子存在时,它和近邻铁原子之间的键集居数和键长如图 4.23 所示。

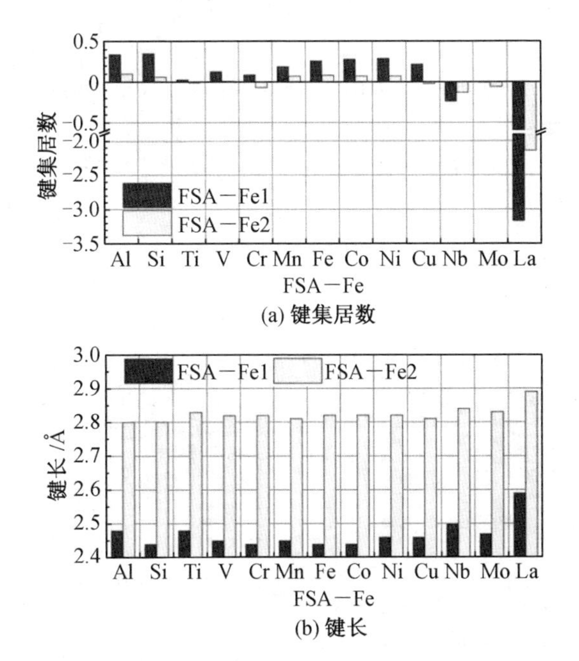

图 4.23　仅有一个外来置换原子存在时和近邻铁原子之间的键集居数和键长

在完整的体心立方结构铁中,第一近邻两个铁原子之间的键集居数为 0.26,为较弱的共价键,称之为金属键;第二近邻两个铁原子之间的键集居数很小,为 0.08,相互作用力很小。钛、钒、铬和钼原子与第一和第二近邻铁原子之间的键集居数很小,接近零,相互作用力很小。铝、硅、锰、钴、镍和铜原子与第一近邻铁原子成金属键,与第二近邻铁原子之间的相互作用很小,与铁原子类似。比较特殊的是,铌和镧原子与近邻铁原子之间的键集居数为负值,呈反键状态。铌原子和近邻铁原子之间的反键较弱,而镧原子和近邻铁原子之间的反键很强。

引入外来置换原子后,它的电子密度变化,以及它对近邻铁原子电子密度的影响如图 4.24 所示。

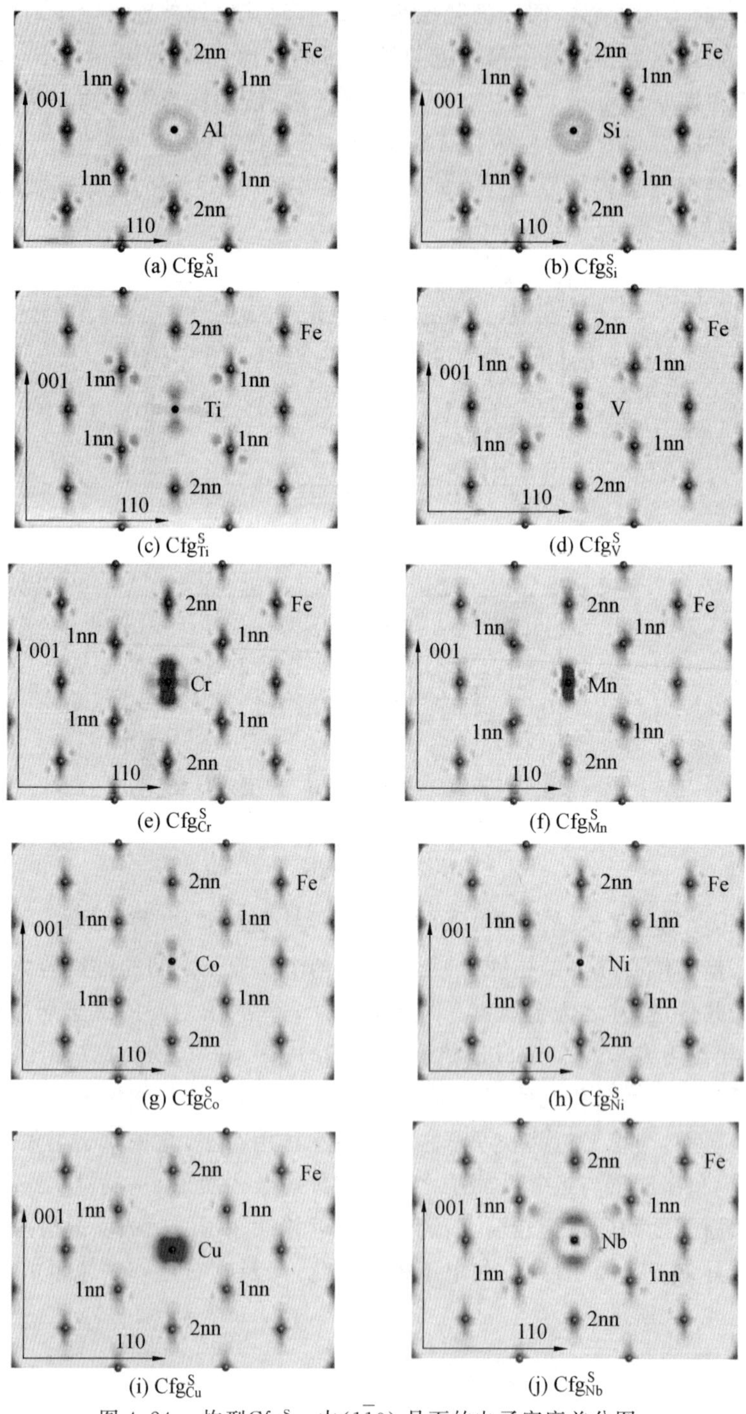

(a) Cfg_{Al}^{S} (b) Cfg_{Si}^{S} (c) Cfg_{Ti}^{S} (d) Cfg_{V}^{S} (e) Cfg_{Cr}^{S} (f) Cfg_{Mn}^{S} (g) Cfg_{Co}^{S} (h) Cfg_{Ni}^{S} (i) Cfg_{Cu}^{S} (j) Cfg_{Nb}^{S}

图 4.24 构型Cfg_{FSA}^{S}中$(1\bar{1}0)$晶面的电子密度差分图

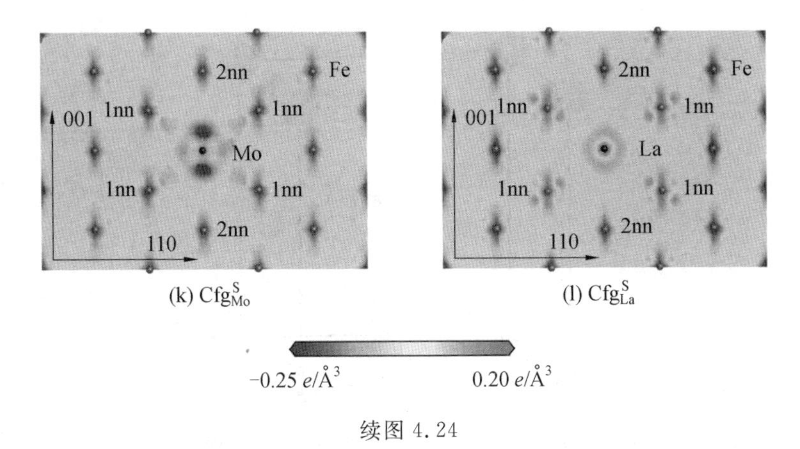

(k) Cfg^{S}_{Mo}　　(l) Cfg^{S}_{La}

续图 4.24

图 4.24 中给出了仅有一个外来置换原子的体心立方结构铁$(1\bar{1}0)$晶面的电子密度差分图，中心位置为外来置换原子，它在这个平面上有 4 个第一近邻铁原子（标记为 1nn）和两个第二近邻铁原子（标记为 2nn）。所有外来置换原子的电子密度降低，而且电子密度的分布有所不同。铝、硅和镧原子周围的电子密度均匀分布，均匀减少；其他外来置换原子周围的电子密度在各个方向上的分布不同。钛、钒、铬、锰、钴、镍、铌和钼原子的电子密度在沿着第二近邻方向上失去更多的电子。铜原子的电子密度在垂直于第二近邻方向上失去更多的电子。

与钛、钒、铌、钼和镧原子第一近邻铁原子的电子密度增加，而其他外来置换原子对近邻铁原子的电子密度影响不明显。

4.3.2　稀土镧与外来间隙原子之间的相互作用

在 4.3.1 节中，研究了镧原子的置换性质，发现镧原子显著区别于其他置换式合金原子。在本节中，我们研究镧原子和碳氮原子之间的相互作用，并且与其他置换式合金原子和碳氮原子之间的相互作用做比较。

当镧原子和外来间隙原子（FIA）相互靠近时，可能形成的构型如图 4.25 所示。镧原子置换一个铁原子，占据一个点阵位置。外来间隙原子占据八面体间隙位置，位置 1 ～ 5 分别为镧原子的第一到第五近邻。

镧与碳氮原子之间的相互作用能如表 4.4 所示。为了比较镧原子与其他外来置换原子之间的区别，图 4.26 中给出了本节所考虑的所有外来置换原子和碳氮原子之间的相互作用能。

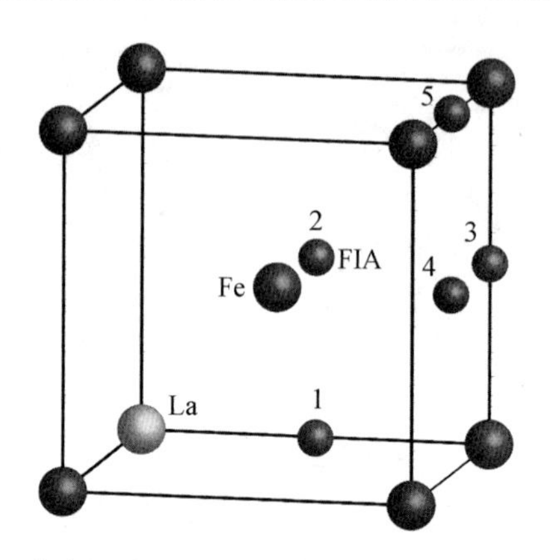

图 4.25　镧原子和外来间隙原子(FIA)在体心立方结构铁中可能形成的构型

表 4.4　镧与碳氮原子之间的相互作用能　　eV

构型	C	N
Cfg^{1}_{La-FIA}	2.70	2.34
Cfg^{2}_{La-FIA}	0.60	0.34
Cfg^{3}_{La-FIA}	0.18	0.27
Cfg^{4}_{La-FIA}	0.57	0.60
Cfg^{5}_{La-FIA}	0.31	0.36

当镧和碳氮原子第一到第五近邻时,它们之间的相互作用能均为正值,表示它们之间相互排斥。特别是,当镧和碳氮原子第一近邻时,镧和碳氮原子的相互作用能分别为 2.70 eV 和 2.34 eV,显著大于镧和碳氮原子更远距离时的相互作用能。也就是说,第一近邻时镧和碳氮原子间的排斥力最大,随着它们之间距离的增大,排斥力逐渐降低。然而,当镧和碳氮原子第四近邻时,它们之间的排斥力明显大于第三近邻。因为第四近邻时碳氮原子膨胀方向的第一近邻铁原子同时也是镧原子的第一近邻,这一铁原子同时受到镧原子和碳氮原子的排斥力,所以镧和碳氮原子之间的排斥力较大。

对比镧原子与碳原子以及镧原子与氮原子之间的相互作用,发现:第一和第二近邻时,镧碳间的排斥力大于镧氮间的排斥力;第三到第五近邻时,镧碳间的排斥力小于镧氮间的排斥力。从镧原子与碳氮原子间的距离来看,当它们之间的距离小于 a_0(铁的平衡点阵常数)时镧碳间的排斥力大,当它们之间的距离大于 a_0 时镧氮间的排斥力大。因此,镧碳之间的排斥力较大,随距离的增加下降较快;然而,镧氮之间的排斥力较小,随距离的增加下降较慢。

如图 4.26 所示，第一近邻(对应构型 1,Cfg1) 时外来置换原子和外来间隙原子间的排斥力可以分为三个等级：第一等级为镧原子，它与碳氮原子间的排斥力最大，相互作用能大于 2.3 eV 左右；第二等级为 4d 原子铌和钼，它们与碳氮原子间的排斥力中等，相互作用能介于 1.0～1.6 eV 之间；第三等级为 3p 原子铝和硅以及 3d 原子钛、钒、铬、锰、钴、镍和铜，它们与碳氮原子间的排斥力较小，相互作用能小于 1.0 eV。

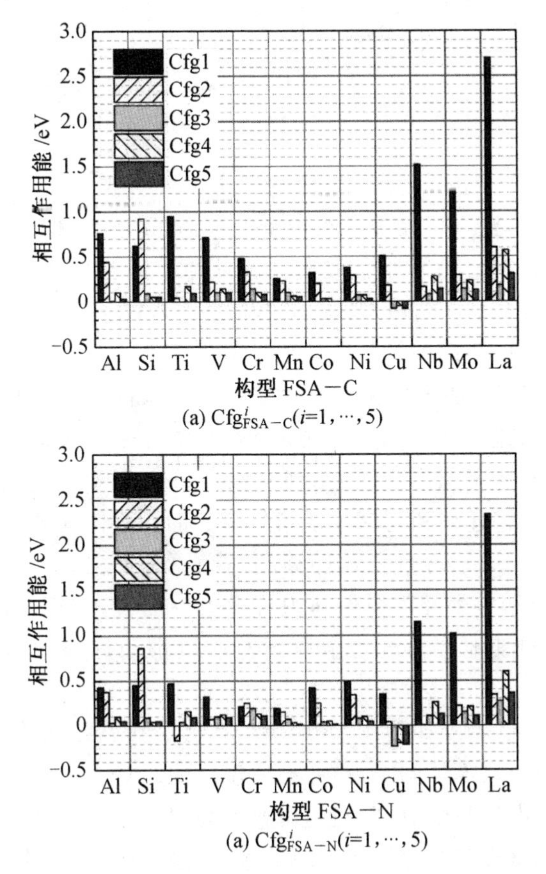

(a) $Cfg^{i}_{FSA-C}(i=1,\cdots,5)$

(a) $Cfg^{i}_{FSA-N}(i=1,\cdots,5)$

图 4.26　外来置换原子与外来间隙原子之间的相互作用能

当 3d 原子与碳原子相互作用时，排斥力的大小与元素在周期表中的位置相关。3d 原子越是靠近铁原子，那么这个 3d 原子与碳原子间的排斥力就越小。因此，从钛到锰，它们与碳原子间的排斥力逐渐减小；从钴到铜，它们与碳原子之间的排斥力逐渐增大。当 3d 原子与氮原子相互作用时，也能够观察到这一规律，但是这一规律表现得并不明显。而且，铜原子是一个例外，铜与氮原子间的排斥力明显小于钴和镍原子与氮原子间的排斥力。

对于镧与碳氮原子间的排斥力，我们发现了一个更为直接的证据，即与体心镧原子近邻的四面体外来间隙原子迁移路径，如图 4.27 所示。

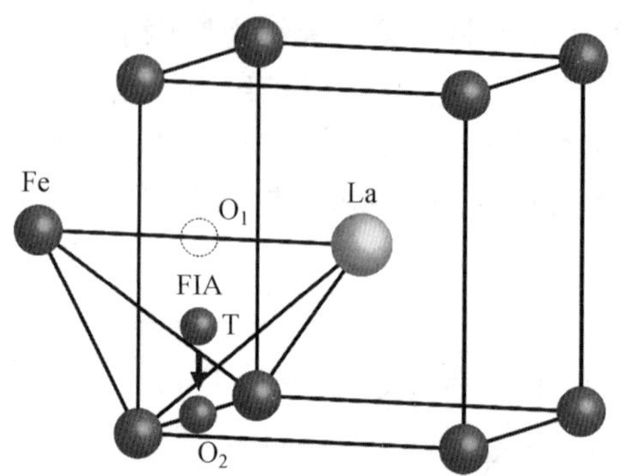

图 4.27 与体心镧原子近邻的四面体间隙位置上原子的迁移路径

在完整晶体中，没有置换体心铁原子的镧原子，四面体间隙位置(T)上的碳氮原子可以稳定存在。当镧原子取代体心铁原子后，由于镧原子与外来间隙原子间的相互作用，因此外来间隙原子不能够稳定存在于四面体间隙中，而是向近邻的更为稳定的八面体间隙迁移。四面体外来间隙原子可以向近邻的两个八面体间隙位置迁移，迁移的方向取决于镧原子和外来间隙原子间的相互作用力。当镧原子与外来间隙原子间为吸引力时，四面体外来间隙原子将迁移到与镧原子第一近邻的八面体间隙位置(O_1)；当镧原子和外来间隙原子间为排斥力时，四面体外来间隙原子将迁移到与镧原子第二近邻的八面体间隙位置(O_2)。弛豫的结果表明：外来间隙原子将自发地迁移到与镧原子第二近邻的八面体间隙位置(O_2)，说明镧原子和外来间隙原子间为排斥力。而且，它们之间的排斥力很大，因为同为排斥力的其他置换式合金原子并不能推动近邻四面体外来间隙原子迁移。

碳和镧原子的态密度如图 4.28 所示。在体心立方结构铁中，只有一个碳原子时，它将占据一个八面体间隙位置，态密度为曲线 C0；只有一个镧原子时，它将置换一个铁原子，占据一个点阵位置，态密度为曲线 La0；碳和镧原子同时存在且为第一近邻时，态密度曲线分别为 C1 和 La1；碳和镧原子同时存在且为第二近邻时，态密度曲线分别为 C2 和 La2。

从曲线 C0 可以看出，只有一个碳原子存在时，碳原子的外层电子主要分布在两个能级上，分别为 −12.6 eV 和 −6.6 eV，态密度分别为 1.37 e/eV 和 1.07 e/eV，这两个能级分别对应外层电子的 2s 轨道和 2p 轨道。另外，2p 轨道上的电子在费米能级以上也有少量分布。

从曲线 C1 可以看出，与镧原子第一近邻时，碳原子的态密度有三处变化：(1)s 和 p 态电子态密度略有降低；(2)s 电子的态密度峰从较低能级 −12.6 eV 向较高能级 −11.7 eV 移动；(3) 在能级 −17.4 eV 上出现一个杂化峰。

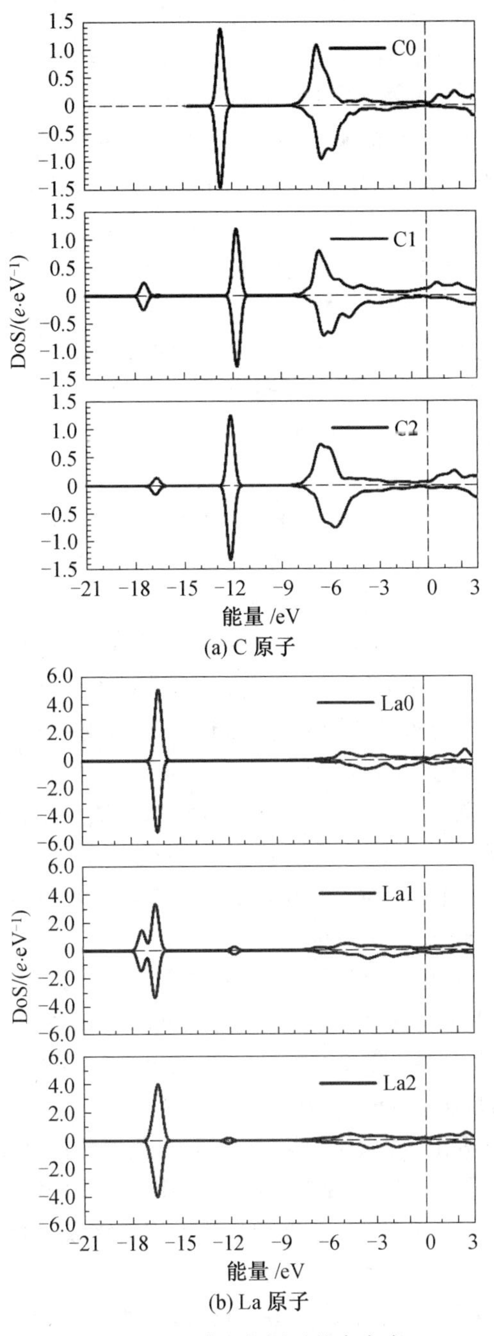

(a) C 原子

(b) La 原子

图 4.28　碳和镧原子的态密度

从曲线 C2 可以看出，与镧原子第二近邻时，碳原子的态密度有类似的变化，所不同的是：(1)s 电子的态密度峰向较高能级(−12.1 eV) 移动，移动的距离较小;(2) 杂化峰出现在能级 − 16.7 eV 上。

从曲线 La0 可以看出,只有一个镧原子存在时,镧原子的5p电子集中分布在 − 16.3 eV 能级上,态密度很高,约为 5.05 *e*/eV。镧原子的 5d 和 6s 电子不规则地分布在 − 7.0 ~ 11.0 eV 能级范围内,态密度很低,约为 0.50 *e*/eV。

从曲线 La1 可以看出,与碳原子第一近邻时,镧原子的态密度有两处变化:(1)5p 电子的态密度峰向低能级(− 16.5 eV) 移动少许,电子态密度(3.31 *e*/eV) 降低很多;(2) 出现两个杂化峰,分别位于 − 17.4 eV 和 − 11.7 eV 能级上,态密度分别为 1.44 *e*/eV 和 0.26 *e*/eV。

从曲线 La2 可以看出,与碳原子第二近邻时,镧原子的态密度也有两处变化:(1)5p 电子的态密度峰向低能级(− 16.4 eV) 移动少许,电子态密度(4.02 *e*/eV) 降低较 La1 少;(2) 只现一个杂化峰,位于−12.1 eV 能级上,态密度为 0.19 *e*/eV。

在态密度曲线 C1、C2、La1 和 La2 上,出现的杂化峰是 C—C 的 2s 电子与 La 原子的 5p 电子相互作用的结果,第一近邻时的杂化现象较第二近邻时更明显。

氮和镧原子的态密度如图 4.29 所示。在体心立方结构铁中,只有一个氮原子时,它将占据一个八面体间隙位置,态密度为曲线 N0;只有一个镧原子时,它将置换一个铁原子,占据一个点阵位置,态密度为曲线 La0;氮和镧原子同时存在且为第一近邻时,态密度曲线分别为 N1 和 La1;氮和镧原子同时存在且为第二近邻时,态密度曲线分别为 N2 和 La2。

从曲线 N0 可以看出,只有一个氮原子存在时,氮原子的外层电子主要分布在两个能级上,分别为 − 17.3 eV 和 − 7.8 eV,态密度分别为 1.59 *e*/eV 和 2.42 *e*/eV,这两个能级分别对应外层电子的 s 轨道和 p 轨道。另外,p 轨道上的电子在费米能级以上也有少量分布。

从曲线 N1 可以看出,与镧原子第一近邻时,氮原子的态密度有三处变化:(1)p 电子的态密度略有降低;(2)s 电子的态密度峰从较高能级−17.3 eV 向较低能级 − 18.5 eV 移动,态密度(0.80 *e*/eV) 降低很多;(3) 在能级 − 15.1 eV 上出现一个杂化峰,态密度为 0.86 *e*/eV。

从曲线 N2 可以看出,与镧原子第二近邻时,氮原子的态密度有类似的变化,所不同的是:(1)s 电子的态密度峰向低能级(− 17.9 eV) 移动,移动的距离较小,态密度(1.00 *e*/eV) 降低较 N1 小;(2) 杂化峰出现在能级−15.6 eV 上,态密度为 0.61 *e*/eV。

从曲线 La1 可以看出,与氮原子第一近邻时,镧原子的态密度有两处变化:(1)5p 电子的态密度峰向低能级(− 16.6 eV) 移动少许,电子态密度(3.32 *e*/eV) 降低很多;(2) 出现两个杂化峰,分别位于 − 18.5 eV 和 − 15.1 eV 能级上,态密度分别为 0.87 *e*/eV 和 0.83 *e*/eV。

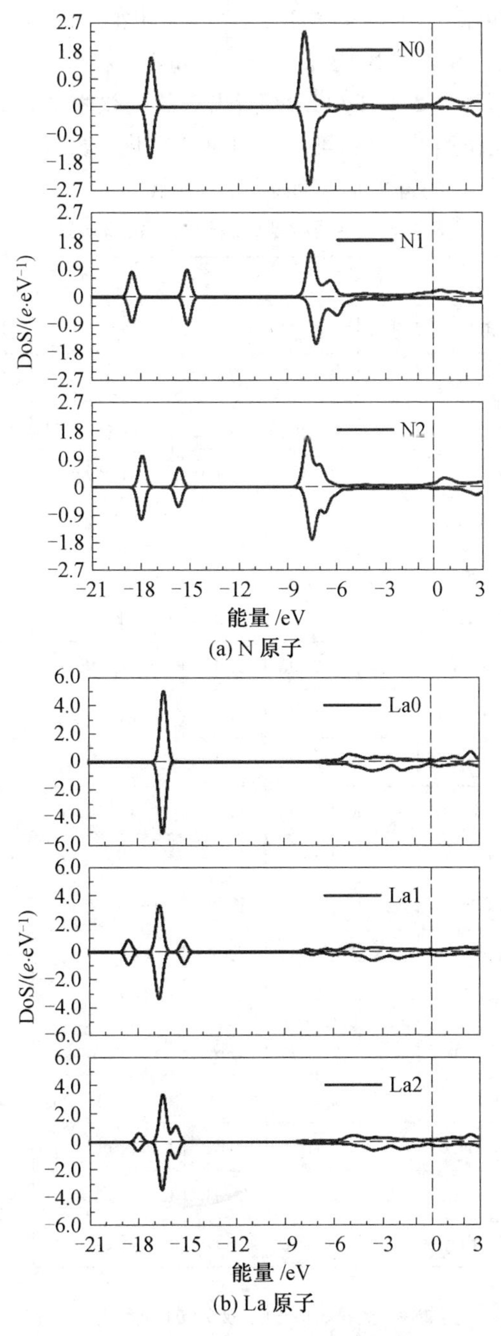

(a) N 原子

(b) La 原子

图 4.29　氮和镧原子的态密度

从曲线 La2 可以看出，与氮原子第二近邻时，镧原子的态密度也有两处变化：(1)5p 电子的态密度峰向低能级（-16.4 eV）移动少许，电子态密度

(3.37 e/eV) 降低也很多;(2) 同样出现两个杂化峰,分别位于 −17.9 eV 和 −15.6 eV 能级上,态密度分别为 0.61 e/eV 和 1.14 e/eV。

在态密度曲线 N1、N2、La1 和 La2 上,出现的杂化峰是 N 原子的 2s 电子与 La 原子的 5p 电子相互作用的结果,第一近邻时的杂化现象较第二近邻时更明显。

不同构型中原子间的键集居数如表 4.5 所示。

表 4.5 不同构型中原子间的键集居数

构型	C				N			
	键	键数	键集居数	键长 /Å	键	键数	键集居数	键长 /Å
Cfg_{FIA}^{O}	C—Fe(1nn)	2	0.50	1.75	N—Fe(1nn)	2	0.43	1.74
	C—Fe(2nn)	4	0.38	1.96	N—Fe(2nn)	4	0.29	1.95
Cfg_{La-FIA}^{1}	C—Fe(1nn)	1	0.47	1.70	N—Fe(1nn)	1	0.41	1.70
	C—Fe(2nn)	4	0.51	1.96	N—Fe(2nn)	4	0.38	1.97
	C—La	1	−0.82	2.20	N—La	1	−0.48	2.18
	La—Fe(1nn)	1	−4.45	2.32	La—Fe(1nn)	1	−4.39	2.33
	La—Fe(2nn)	4	−3.98	2.43	La—Fe(2nn)	4	−3.91	2.44
	La—Fe(3nn)	4	−1.90	2.91	La—Fe(3nn)	4	−1.83	2.92
	La—Fe(4nn)	4	−1.80	2.96	La—Fe(4nn)	4	−1.77	2.96
Cfg_{La-FIA}^{2}	C—Fe(1nn)	2	0.60	1.76	N—Fe(1nn)	2	0.51	1.75
	C—Fe(2nn)	1	0.44	1.82	N—Fe(2nn)	1	0.37	1.81
	C—Fe(3nn)	2	0.44	1.98	N—Fe(3nn)	2	0.33	1.98
	C—La	1	−0.54	2.46	N—La	1	−0.32	2.44
	La—Fe(1nn)	2	−3.85	2.49	La—Fe(1nn)	2	−3.78	2.50
	La—Fe(2nn)	4	−3.09	2.60	La—Fe(2nn)	4	−3.08	2.60
	La—Fe(3nn)	2	−2.54	2.80	La—Fe(3nn)	2	−2.51	2.80
	La—Fe(4nn)	2	−1.96	2.85	La—Fe(4nn)	2	−1.95	2.85
	La—Fe(5nn)	2	−1.99	2.91	La—Fe(5nn)	2	−1.99	2.91
	La—Fe(6nn)	2	−1.66	2.97	La—Fe(6nn)	2	−1.63	2.97

第一和第二近邻时,镧碳键的键集居数分别为−0.82 和−0.54,镧碳原子间呈反键状态,反键强度随着距离的增加而减弱。第一和第二近邻时,镧氮键的键集居数分别为−0.48 和−0.32,镧氮原子间呈同样反键状态,反键强度也是随着距离的增加而减弱。另外,镧碳反键的强度大于镧氮反键的强度。

引入镧原子之前，晶胞中只有一个碳氮原子，碳氮原子与第一近邻铁原子间的键集居数为 0.50(0.43)，与第二近邻铁原子的键集居数为 0.38(0.29)。碳氮原子与第一和第二近邻铁原子之间成共价键，共价键的强度随键长的增加而降低。相同条件下，铁碳共价键强于铁氮共价键。

引入镧原子，且与碳氮原子第一近邻时，碳氮原子与第一近邻铁原子间的键集居数为 0.47(0.41)，与第二近邻铁原子间的键集居数为 0.51(0.38)。第一近邻铁碳氮键集居数略有降低，分别为 −0.03 和 −0.02；第二近邻铁碳氮键集居数增加较多，分别为 +0.13 和 +0.09。总体来说，引入镧原子且与碳氮原子第一近邻时，铁碳氮共价键强度增加。

引入镧原子，且与碳氮原子第二近邻时，碳氮原子与第一近邻铁原子间的键集居数为 0.60(0.51)，与第二近邻铁原子间的键集居数为 0.44(0.37)，与第三近邻铁原子间的键集居数为 0.44(0.33)。第一近邻铁碳氮键集居数增加较多，分别为 +0.10 和 +0.08；第二近邻铁碳氮键集居数也略有增加，分别为 +0.06 和 +0.09；第三近邻铁碳氮键集居数也略有增加，分别为 +0.06 和 +0.04。总体来说，引入镧原子且与碳氮原子第二近邻时，铁碳氮共价键强度增加。

因此，引入镧原子，且与碳氮原子第一近邻和第二近邻时，铁碳氮键集居数增加，共价键强度增加。

镧原子与近邻铁原子之间均为反键。反键的强度随键长的变化如图 4.30 所示。随着键长的增加，镧铁键的键集居数增大，反键强度降低。镧铁键的键集居数与键长近似呈线性变化，可用公式 $P = 4.23d - 14.25$ 表示。

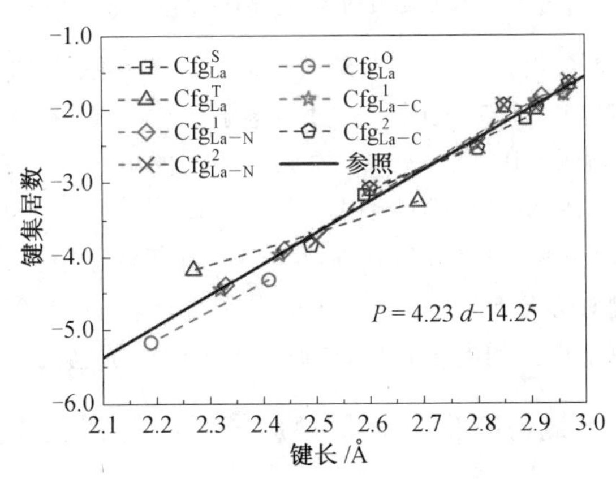

图 4.30　镧铁的键集居数与键长的关系

镧与碳氮原子近邻的电子态密度差分图如图 4.31 所示。碳氮原子得电子，镧和铁原子失电子。

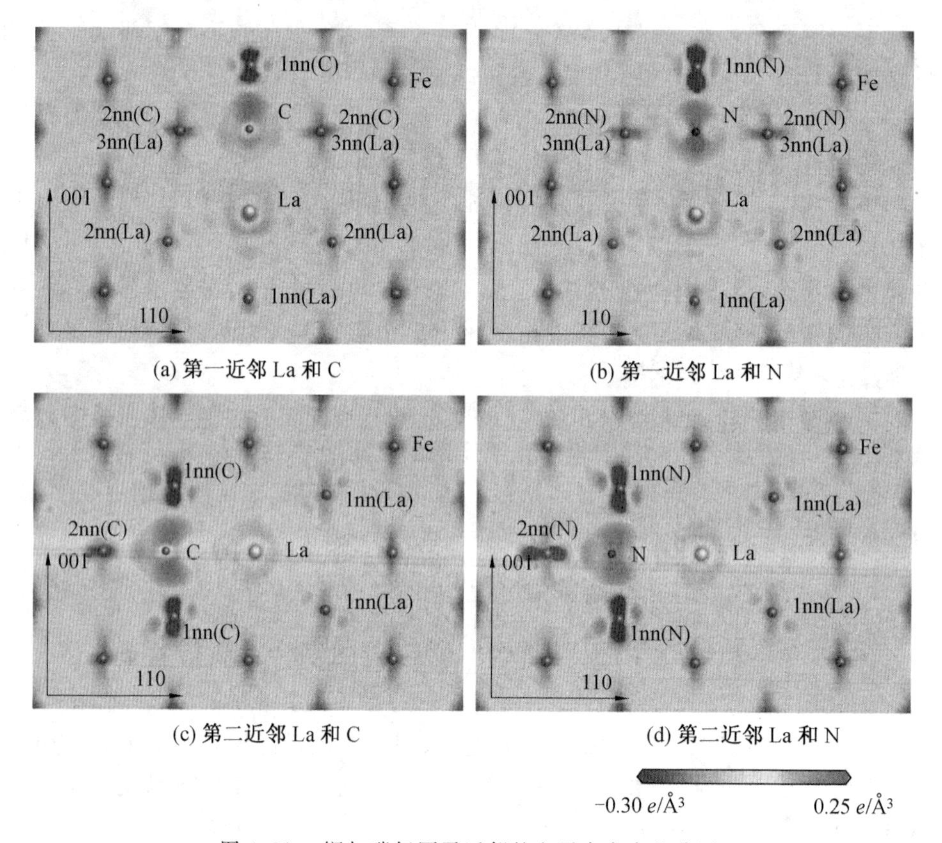

(a) 第一近邻 La 和 C

(b) 第一近邻 La 和 N

(c) 第二近邻 La 和 C

(d) 第二近邻 La 和 N

图 4.31　镧与碳氮原子近邻的电子态密度差分图

当镧与碳氮原子第一近邻时，在碳氮与第二近邻铁原子方向上，碳原子得到的电子较少，两侧对称分布，铁原子失去的电子也比较少；在碳氮与第一近邻铁原子之间，碳氮原子得到的电子较多，铁原子失去的电子也较多；在碳氮与镧原子之间，氮原子得到的电子比碳原子多。

当镧与碳氮原子第二近邻时，在碳氮与第一近邻铁原子方向上，碳原子得到的电子较多，两侧对称分布，铁原子失去的电子也比较多；在碳氮与第二近邻铁原子之间，碳氮原子得到的电子较少，铁原子失去的电子也较少。

4.3.3　稀土镧与其他外来置换原子之间的相互作用

在体心立方结构铁中，同时引入一个镧原子和一个其他类型外来置换原子，并且相互靠近时，它们可能形成 5 种构型，如图 4.32 所示。图中占据位置 1 ～ 5 的另一个外来置换原子(标记为 FSA2) 与镧原子之间是第一到第五近邻。

镧和其他外来置换原子的相互作用能如图 4.33 所示，给出了它们之间相互作用的性质、强度以及变化趋势。

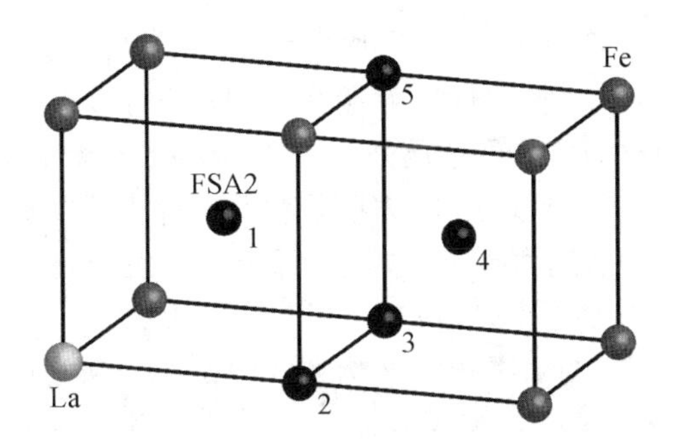

图4.32　镧和其他外来置换原子(FSA2)可能形成的构型

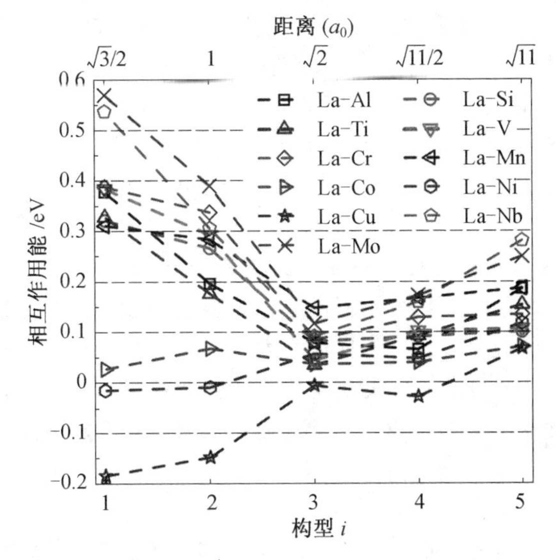

图4.33　镧和其他外来置换原子的相互作用能

在La—FSA2构型1中,镧原子和另一个外来置换原子第一近邻,产生直接的交互作用。镧原子与钼和铌原子之间的相互作用能为很大的正值,分别等于0.57 eV和0.54 eV,表示它们之间相互排斥,而且强度很高。镧原子与铝、钒和铬原子之间的相互作用能约为0.4 eV,镧原子与硅、钛和锰原子之间的相互作用能约为0.3 eV,均为排斥力,强度稍弱。尽管有一些镧铝和镧硅化合物存在,但是计算结果表明在体心立方结构铁中镧原子与铝和硅原子之间为排斥力,很难形成化合物。对于钛、钒、铬、锰、铌和钼原子,镧原子与它们之间相互排斥,没有形成团簇的趋势,也没有它们之间的金属间化合物被发现。镧原子和钴原子之间的相互作用能为很小的正值,接近零,表示它们之间为很弱的排斥力。尽管有化合物$LaCo_5$存在,但是在体心立方结构铁中形成镧钴金属间化合物的可能性很小。镧原子和镍原子之间的相互作用能为很小的负值,表示它们之间为很弱的吸引力,有形成镧镍团簇的微弱趋势,它们之间也可能形成金属间化合物

$LaNi_5$。与其他外来置换原子不同,铜原子和镧原子之间的相互作用能为较大的负值(−0.18 eV),表示它们之间相互吸引,有明显的形成团簇趋势。在铜镧二元相图中,也有几种它们之间的金属间化合物,例如 CuLa 和 Cu_6La 等。

从 La—FSA2 构型 1 到构型 5,镧原子和其他外来置换原子之间的距离逐渐增大,它们之间的相互作用力也逐渐减小,无论它们之间是排斥力还是吸引力。比较特殊的是 La—FSA2 构型 5,相互作用能比较大,大于 La—FSA2 构型 3 和构型 4。这种情况的出现,与 La—FSA2 构型 5 中镧原子和其他外来置换原子的相对位置有关。在 La—FSA2 构型 5 中,镧原子和另一个外来置换原子都位于体心立方结构的密排方向〈111〉上,而且它们之间隔着一个铁原子,没有直接的化学相互作用,主要是体现了应变能对相互作用能的贡献。这与 La—FSA2 构型 1 不同,在构型 1 中,镧原子和另一个外来置换原子在密排方向〈111〉上近邻,所有它们之间的相互作用能还有化学能的贡献。

不同构型中外来置换原子的态密度如图 4.34 所示,其中曲线 FSA0 为单个外来置换原了在体心立方结构铁中时外来置换原子的态密度,曲线 FSA1 和 FSA2 分别是 La—FSA2 构型中与镧原子第一和第二近邻的外来置换原子的态密度。

仅有一个外来置换原子在体心立方结构铁中时,外来置换原子的态密度用曲线 FSA0 表示,不同类型的外来置换原子,态密度各不相同。镧原子的 5p 电子集中分布在−16.3 eV 能级上,态密度很高,约为 5.05 e/eV。镧原子的 5d 和 6s 电子不规则地分布在 −7.0 ~ 11.0 eV 能级范围内,态密度很低,约为 0.50 e/eV。其他外来置换原子的态密度分布规律在 4.1 节中已经介绍过了,这里不再赘述。

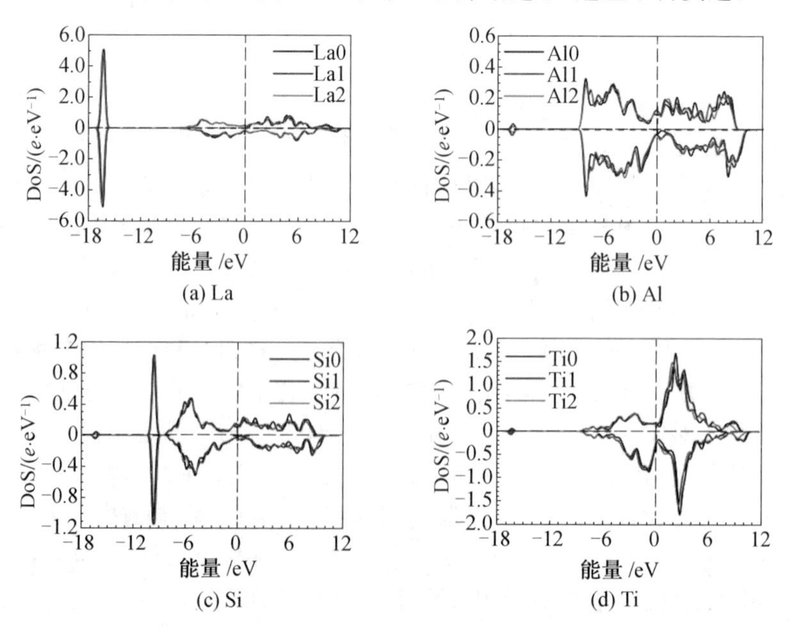

图 4.34 构型$Cfg^{i}_{La-FSA2}$(i = 1,2) 中不同外来置换原子的态密度(彩图见附录)

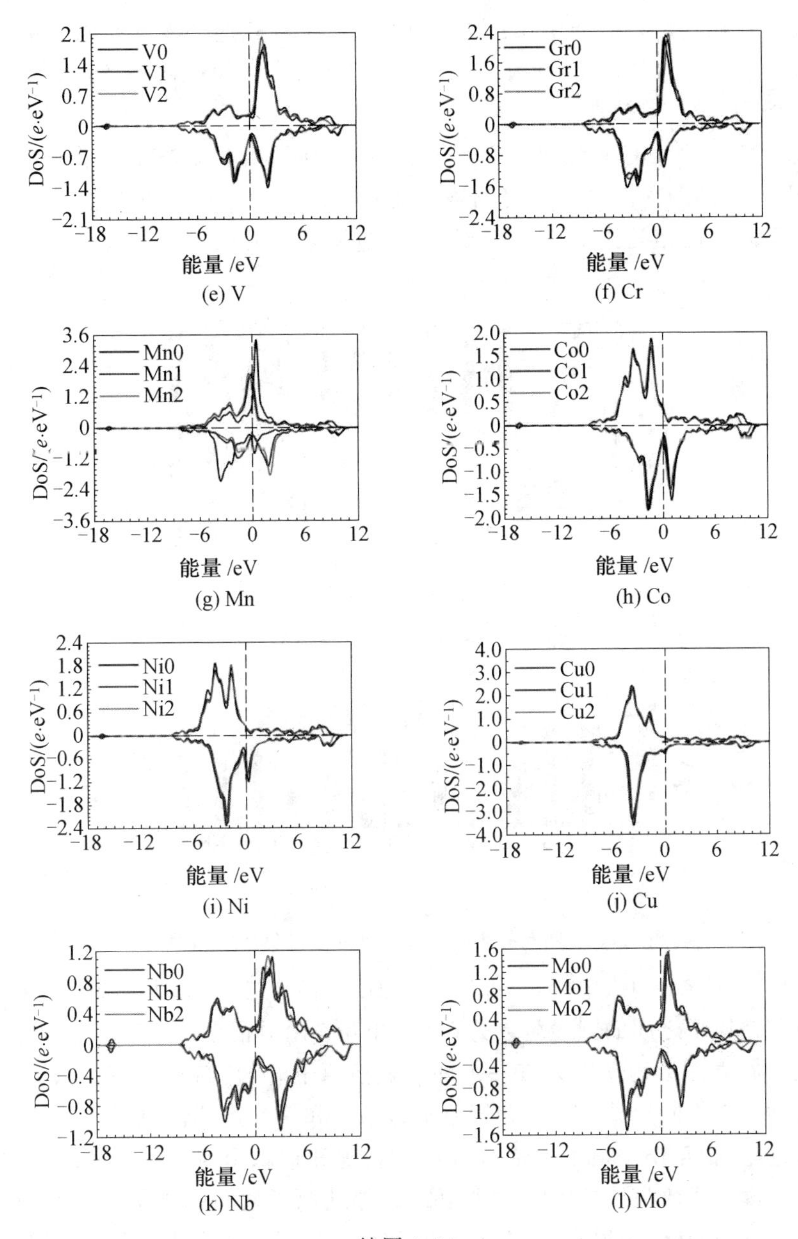

续图 4.34

当镧原子和另外一种外来置换原子在体心立方结构铁中第一和第二近邻时，它们的态密度会发生相应的变化。镧原子 5p 电子的态密度略有降低，5d 和 6s 电子的态密度没有明显变化。对于其他外来置换原子，尽管它们的态密度都有各自的特征，不尽相同，但是与镧原子靠近后，都呈现出一个共同的特征，在 −16.3 eV 能级上出现杂化峰。这一杂化峰是其他外来置换原子与镧原子的 5p

电子相互作用的结果。杂化峰的高度随着镧原子与其他外来置换原子距离的增加而减小。第一近邻时，杂化峰的态密度约为 0.05 e/eV；第二近邻时，杂化峰的态密度约为0.02 e/eV。

态密度上的杂化峰说明了镧原子与近邻其他类型的外来置换原子之间的相互作用，强度随着它们之间距离的增加而减小。镧原子与近邻其他类型的外来置换原子之间的相互作用及其趋势可以通过原子间成键的键集居数来进一步说明，如图4.35 和 表 4.6 所示。

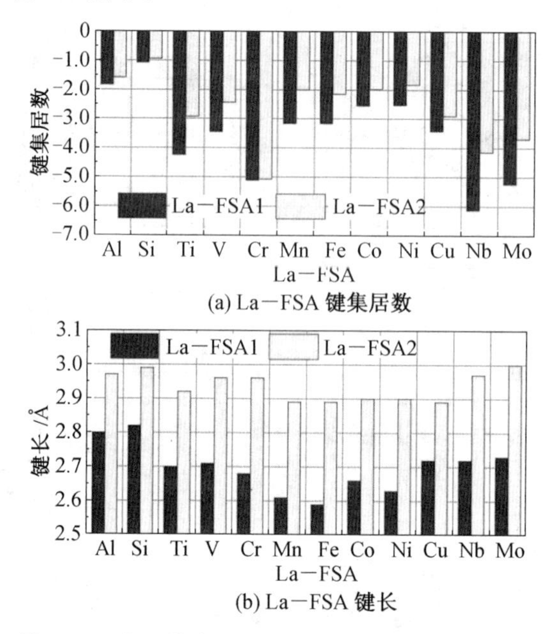

(a) La－FSA 键集居数

(b) La－FSA 键长

图 4.35 镧和外来置换原子之间的键集居数和键长

在体心立方结构铁中，第一近邻铁原子之间的键集居数为 0.26，成金属键；第二近邻铁原子之间的键集居数为 0.08，相互作用力很小。

当体心立方结构铁中只有一个外来置换原子时，它们与近邻铁原子之间的成键特性略有不同。钛、钒、铬和钼原子与第一和第二近邻铁原子之间的键集居数都接近零，相互作用很小。铝、硅、锰、钴、镍和铜原子与第一和第二近邻铁原子之间的键集居数与纯铁中第一和第二近邻铁原子之间的键集居数类似，分别成金属键，或相互作用很小。铌原子与近邻铁原子之间的键集居数为较小的负值，成较弱的反键。镧原子与近邻铁原子之间的键集居数为很大的负值，成很强的反键。

当镧原子和其他外来置换原子在体心立方结构铁中相互靠近时，所有的键集居数均为较大的负值，呈反键特性。第一近邻的键集居数均比第二近邻的键集居数更负，说明反键强度随着距离的增加而减小。与镧铁键相比，镧铝和镧硅键较弱，镧原子与钒、锰、钴、镍和铜原子之间的键强与之相近，镧原子与钛、铬、铌和钼原子之间的反键强度更高。在体心立方结构铁中，镧原子与近邻镍原子之间的键集居数为－2.54 和－1.83，与金属间化合物 $LaNi_5$ 中的 La—Ni 键的键集居数－2.06 接近。

表 4.6　外来置换原子(FSA) 与铁原子和镧原子之间的键集居数

FSA	FSA—Fe1	FSA—Fe2	FSA—La1	FSA—La2
Al	0.34	0.10	－1.84	－1.58
Si	0.35	0.06	－1.08	－0.95
Ti	0.03	－0.01	－4.25	－2.93
V	0.13	0.01	－3.46	－2.45
Cr	0.09	－0.07	－5.12	－5.07
Mn	0.19	0.07	－3.17	－2.00
Fe	0.26	0.08	－3.17	－2.14
Co	0.28	0.07	－2.56	－1.97
Ni	0.29	0.07	－2.54	－1.83
Cu	0.22	－0.02	－3.43	－2.90
Nb	－0.24	－0.13	－6.13	－4.14
Mo	－0.01	－0.06	－5.24	－3.69
La	－3.17	－2.14		

镧与其他外来置换原子之间的反键使得键长增大。弛豫之间，镧和其他外来置换原子之间的键长等于镧和铁之间的键长。弛豫之后，因为镧和其他外来置换原子之间的相互作用，使得其键长发生改变，所有 La—FSA2 键长都大于 La—Fe 键长。

镧原子与其他外来置换原子之间的相互作用在电子态密度差分图上得到更加直观的反应，如图 4.36 所示。图中描绘的是镧原子与其他外来置换原子第一近邻时构型中$(1\bar{1}0)$晶面的电子态密度差分图，镧原子占据中心位置，其他外来置换原子占据镧原子右上角的第一近邻位置。由于镧原子和其他外来置换原子之间的交互作用，这些外来置换原子的电子态密度发生明显的变化。

在图 4.36(a) 和(b) 中，铝和硅原子周围的电子态密度不再呈均匀分布。沿着两个外来置换原子(镧原子和其他外来置换原子) 方向，镧原子失去电子的数量减少，而铝和硅原子失去电子的数量增多。在铝和硅原子与第一近邻的铁原子之间,电子态密度增加。特别是沿着两个外来置换原子方向,与铝和硅原子第一近邻铁原子的电子态密度增加更明显。

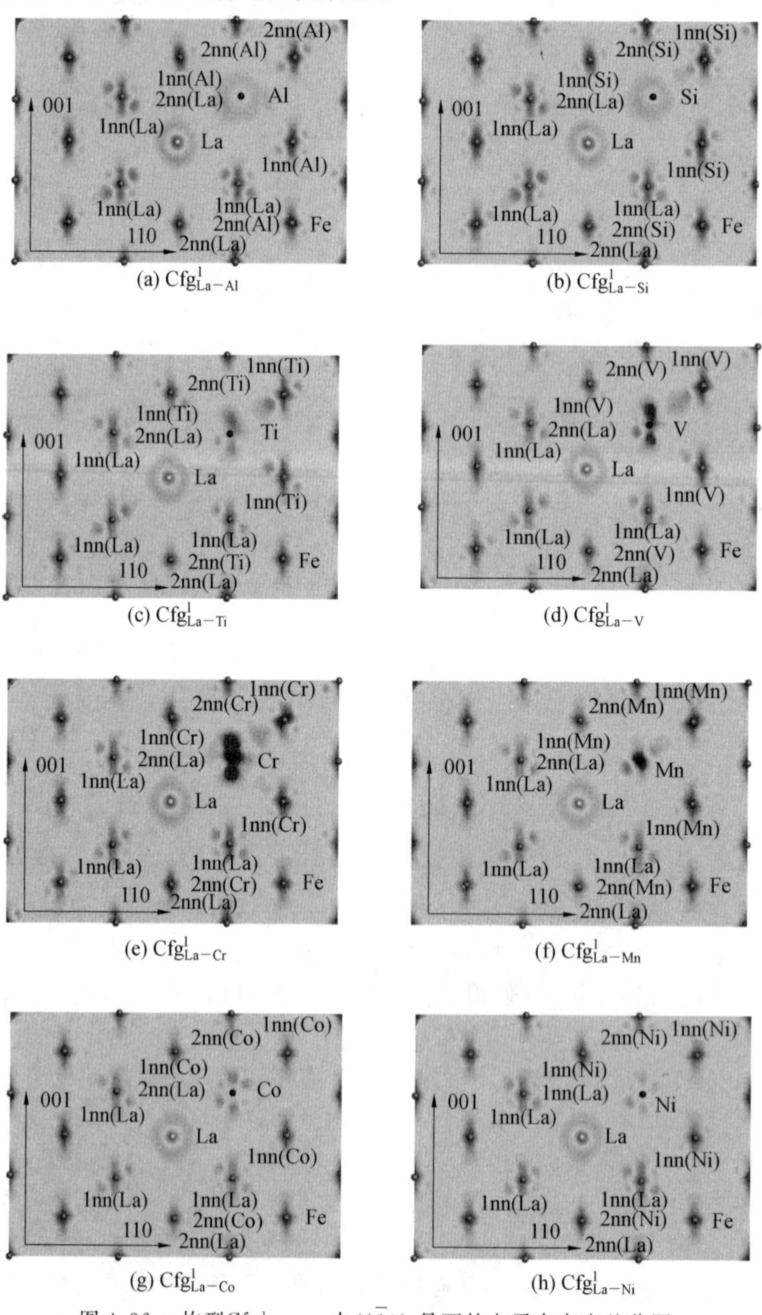

(a) Cfg^{1}_{La-Al} (b) Cfg^{1}_{La-Si}

(c) Cfg^{1}_{La-Ti} (d) Cfg^{1}_{La-V}

(e) Cfg^{1}_{La-Cr} (f) Cfg^{1}_{La-Mn}

(g) Cfg^{1}_{La-Co} (h) Cfg^{1}_{La-Ni}

图 4.36 构型$Cfg^{1}_{La-FSA2}$中$(1\bar{1}0)$晶面的电子态密度差分图

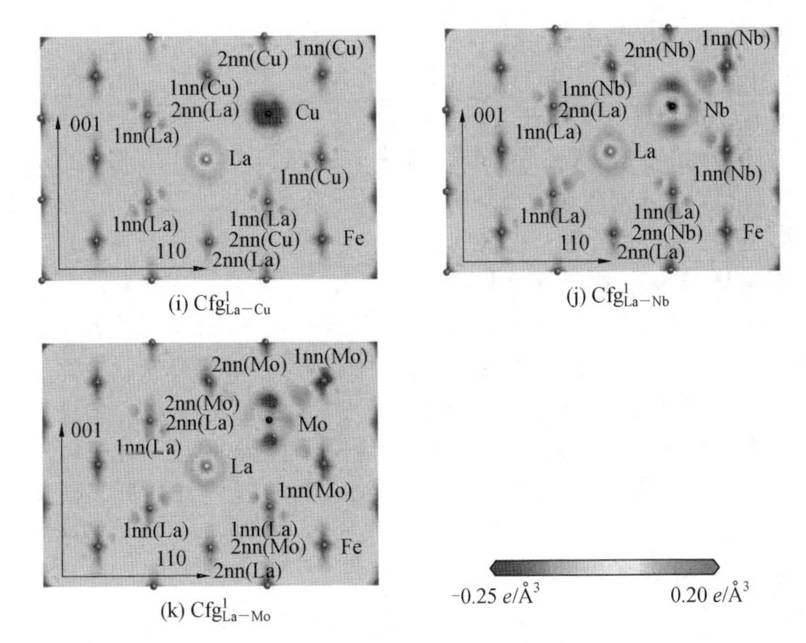

(i) Cfg^1_{La-Cu}　(j) Cfg^1_{La-Nb}　(k) Cfg^1_{La-Mo}

续图 4.36

在图 4.36(c)、(d) 和(f) ～ (h) 中,两个外来置换原子之间的电子态密度增加。在图 4.36(e) 和(i) ～ (k) 中,沿着两个外来置换原子方向,铬、铜、铌和钼原子失去电子的数量较少。

在图 4.36(c) ～ (f) 和(j) ～ (k) 中,沿着两个外来置换原子方向,钛、钒、铬、锰、铌和钼原子与其第一近邻铁原子之间的电子态密度增加。

在图 4.36(g) ～ (i) 中,沿着两个外来置换原子方向,钴、镍和铜原子与其第一近邻铁原子之间的电子态密度没有明显变化。

4.4　本章小结

本章采用第一性原理方法计算了热扩渗碳氮原子在合金化体心立方结构铁中的行为,包括置换式合金元素与碳氮原子之间的相互作用、外来置换原子与外来间隙原子以及空位之间的相互作用、稀土等溶质原子的置换性质及其相互作用。外来间隙原子为碳原子和氮原子。外来置换原子为铝、硅、钛、钒、铬、锰、钴、镍、铜、铌和钼原子。

(1) 当外来间隙原子和外来置换原子第一近邻时,它们之间的相互作用能均为正值,表现为排斥力。随着它们之间距离的增加,相互作用能减小,并逐渐趋向于零。

(2) 当碳原子和外来置换原子第一近邻时,所有外来置换原子的态密度发生杂化，出现两个杂化峰，分别位于－12.6 eV和－6.5 eV能级上，是分别与碳原子的2s和2p态电子相互作用产生的。当氮原子和外来置换原子第一近邻时，所有外来置换原子的态密度也发生杂化，出现两个杂化峰，分别位于－17.3 eV和－7.8 eV能级上，是分别与氮原子的2s和2p态电子相互作用产生的。

(3) 所有的外来间隙原子与外来置换原子以及近邻铁原子的键集居数均为正值，为不同程度的共价键。外来间隙原子对外来置换原子与铁原子之间的相互作用影响显著，碳氮原子所产生的影响类似。

(4) 电子态密度差分图显示，外来间隙原子得电子，外来置换原子失电子。与碳原子相比，氮原子得到更多电子。外来间隙原子沿着外来置换原子方向得到的电子比沿着第二近邻铁原子方向多。

(5) 外来间隙原子呈现很弱的反铁磁性，降低近邻铁原子的磁性。铝、硅、钛、钒、铬、锰、铌和钼表现出不同程度的反铁磁性，也会降低近邻铁原子的磁性。镍和钼原子为铁磁性，会稍微增加近邻铁原子的磁性。铜原子的磁性几乎为零，但也会稍微增加近邻铁原子的磁性。

(6) 当外来置换原子与空位相互靠近时，它们之间相互吸引。当外来置换原子为铝、硅、钛、钒、铬、锰、铜、铌和钼时，外来置换原子与空位第一近邻结构最稳定；当外来置换原子为钴和镍时，外来置换原子与空位第二近邻结构最稳定。

(7) 当外来间隙原子、外来置换原子和空位相互靠近时，它们之间相互吸引。当外来间隙原子与空位第二近邻时，构型的稳定性较差；当外来间隙原子与空位第一近邻时，构型的稳定性较好。

(8) 提出了合金碳化物和氮化物的空位形成机制。在空位附近，有利于碳原子、氮原子以及合金元素的聚集，进而形成碳化物和氮化物。

(9) 当体心立方结构铁中只有一个外来置换原子时，镧原子与其他外来置换原子之间存在巨大的差异。镧原子的置换能和弛豫和均为很大的正值，分别等于4.44 eV和9.5%。

(10) 镧原子和碳氮原子之间的相互作用能均为正值，相互排斥。特别是，第一近邻的镧原子和碳氮原子，相互作用能为2.70 eV(2.34 eV)，显著大于镧和碳氮原子更远距离时的相互作用能($\leqslant$ 0.6 eV)。当距离小于a_0(铁的平衡点阵常数)时镧碳间的排斥力大，当距离大于a_0时镧氮间的排斥力大。与碳氮原子之间的排斥力，镧原子显著大于其他外来置换原子。

(11) 当镧原子和其他外来置换原子同时存在并且近邻时，它们之间存在较强的相互作用。镧原子与铜原子之间相互吸引，与钴和镍原子之间的作用力接近零，与铝、硅、钛、钒、铬、锰、铌和钼原子之间相互排斥。

(12) 由于镧原子和碳氮原子的相互作用，它们的态密度发生劈裂和杂化现象。当镧原子和其他外来置换原子第一近邻和第二近邻时，所有其他外来置换原子的态密度曲线上出现杂化峰，位于－16.3 eV 能级处，是与镧原子的 5p 电子相互作用的结果。

(13) 引入镧原子，且与碳氮原子第一和第二近邻时，铁碳氮键集居数增加，共价键强度增加。镧原子与近邻铁原子之间成反键。镧铁键的键集居数与键长近似呈线性变化，随着键长的增加，镧铁键的键集居数增大，反键强度降低。镧原子和近邻铁原子以及其他外来置换原子之间的键集居数为负值，呈反键状态。

参考文献

[1] SIMONOVIC D, ANDE C K, DUFF A I, et al. Diffusion of carbon in bcc Fe in the presence of Si[J]. Physical Review B, 2010, 81(5): 054116.

[2] SAWADA H, KAWAKAMI K, SUGIYAMA M. Interaction between substitutional and interstitial elements in alpha iron studied by first- principles calculation[J]. Materials Transactions, 2005, 46(6): 1140-1147.

[3] KAMMINGA J D, KLAVER T P C, NAKATA K, et al. The interaction of N with atomically dispersed Ti, V, Cr, Mo, and Ni in ferritic steel[J]. Journal of Computer-Aided Materials Design, 2003, 10(1): 1-11.

[4] CHECHENIN N, CHEZAN A, CRAUS C, et al. Precipitate formation in low-temperature nitrided cold-rolled $Fe_{94}Ni_4Ti_2$ and $Fe_{93}Ni_4Cr_3$ films[J]. Metallurgical and Materials Transactions A, 2002, 33(10): 3075-3087.

[5] NISHIZAWA T. Thermodynamics of iron-based alloys[J]. Bulletin of the Japan Institute of Metals, 1973, 12(6): 401-417.

[6] LI C X, BELL T. Corrosion properties of plasma nitrided AISI 410 martensitic stainless steel in 3.5% NaCl and 1% HCl aqueous solutions [J]. Corrosion Science, 2006, 48(8): 2036-2049.

[7] DONG H, ESFANDIARI M, LI X Y. On the microstructure and phase identification of plasma nitrided 17-4PH precipitation hardening stainless steel[J]. Surface and Coatings Technology, 2008, 202(13): 2969-2975.

[8] SCHEUER C J, CARDOSO R P, ZANETTI F I, et al. Low-temperature plasma carburizing of AISI 420 martensitic stainless steel: influence of gas mixture and gas flow rate[J]. Surface and Coatings Technology, 2012, 206(24): 5085-5090.

[9] 由园，闫牧夫，陈义强. 低体积分数相析出过程的相场模拟[J]. 金属学报，2008, 44(10): 1171-1174.

[10] 韦永德,刘志如,王春义,等.用化学法对20钢、纯铁表面扩渗稀土元素的研究[J].金属学报,1983,19(5):B197-B200.

[11] BELL T,SUN Y,LIU Z R,et al. Rare-earth surface energineering[J]. Heat Treatment of Metals,2000,27(1):1-8.

[12] PEARSON W B. A Handbook of lattice spacings and structures of metals and alloys[M]. London:Pergamon Press,1958.

[13] YIN F,SU X,LI Z,et al. A thermodynamic assessment of the La-Al system[J]. Journal of Alloys and Compounds,2000,302(1-2):169-172.

[14] OKAMOTO H. La-Si (lanthanum-silicon)[J]. Journal of Phase Equilibria and Diffusion,2007,28(6):585-585.

[15] PALENZONA A,CIRAFICI S. The La-Mn (lanthanum-manganese) system[J]. Journal of Phase Equilibria,1990,11(5):491-493.

[16] HERBST J F,HECTOR JR L G. $La(TM)_5$ hydrides (TM=Fe,Co,Ni): theoretical perspectives[J]. Journal of Alloys and Compounds,2007,446-447:188-194.

[17] OKAMOTO H. La-Ni (lanthanum-nickel)[J]. Journal of Phase Equilibria,1991,12(5):615-616.

[18] OKAMOTO H. Cu-La (copper-lanthanum)[J]. Journal of Phase Equilibria and Diffusion,2001,22(5):594-595.

[19] DU Z,XU Y,ZHANG W. Thermodynamic assessment of the Cu-La system[J]. Journal of Alloys and Compounds,1999,289(1-2):88-95.

[20] WU Y Q,YAN M F. Electronic structure and properties of $LaNi_5$ compound from first principles[J]. Rare Metals,2010,29(4):351-354.

第5章　热扩渗碳氮在合金化面心立方结构铁中的行为

本章采用第一性原理计算的方法对下列问题进行了研究：置换合金原子在γ－Fe中的交互作用；外来间隙原子和外来置换原子在γ－Fe中的交互作用。结合理论和实验结果，对 S_N 相和 S_C 相的晶体结构进行了构建，并研究S相中合金元素的择优占位和外来间隙原了的偏聚倾向。最后，综合理论和实验结果对S相的晶体结构形成和生长机制进行了讨论。

5.1　合金原子之间的相互作用

5.1.1　置换合金原子之间的相互作用

Cr、Mo、Mn、Ni、Ti 等是奥氏体不锈钢中重要的合金元素，它们以外来置换原子的方式存在于γ－Fe 的晶格中。众多研究表明，合金元素对于奥氏体不锈钢的稳定性、耐蚀性以及机械性能等具有重要的影响。同时，S 相的形成和稳定性也与合金元素的种类和数量密切相关。例如，Mo 元素可以提高奥氏体不锈钢的耐点蚀性能，同时也可以起到稳定 S 相和延迟 Cr 的化合物析出的作用。合金元素在S相中的交互作用和分布的研究对于奥氏体不锈钢的合金设计、热力学计算以及S相的形成机理等具有重要的基础意义。然而，现有的实验手段无法对此进行研究，因此这里采用第一性原理计算的方法对 Cr、Mo、Mn、Ni、Ti 等外来置换原子在γ－Fe 中的交互作用进行了研究。

采用γ－Fe的Fe32超晶胞，对外来置换原子的交互作用进行了研究。图5.1中给出了两个外来置换原子可能的配位方式。在 Fe32 超晶胞中，两个外来置换原子存在五种可能的配位方式，这里记为 $\mathrm{Cfg}_{\mathrm{FSA-FSA}}^{i\mathrm{nn}}$，$i$ 代表第二个合金原子位于FSA 的第 i 个第一近邻间隙。

表5.1给出了单个外来置换原子FSA 在Fe32超晶胞中固溶后的晶格参数、近邻原子迁移和外来置换原子的固溶能。近邻原子的迁移定义为：$\Delta d/d_0$，其中 d_0 为未弛豫前外来置换原子 FSA 和近邻(1nn 或 2nn)Fe 原子之间的距离，Δd 为弛豫后S原子和近邻 Fe原子距离与 d_0 之差。原子的迁移为负值时，代表近邻Fe原子靠近外来置换原子，反之为远离。对于Fe32超晶胞，Mn 和 Ti原子引起了晶

胞的膨胀，而 Cr、Mo 和 Ni 则导致了晶胞的收缩。Cr、Ni 和 Ti 的固溶能均为负值，表明它们的固溶降低了体系的能量，增强了体系的稳定性。Mo 和 Mn 的固溶能为正值，降低了体系的稳定性。通常认为，Mn 为奥氏体形成元素，即 Mn 原子的固溶会增强奥氏体的稳定性，而第一性原理计算的结果却与此矛盾。这可能是由于第一性原理计算是绝对 0 K 的结果，而实验则是在一定温度条件下的结果。此外，计算中选定的 γ－Fe 为铁磁态 FM，而铁基合金的磁性很复杂，这与 Fe－Mn 合金实际磁性也存在差异。

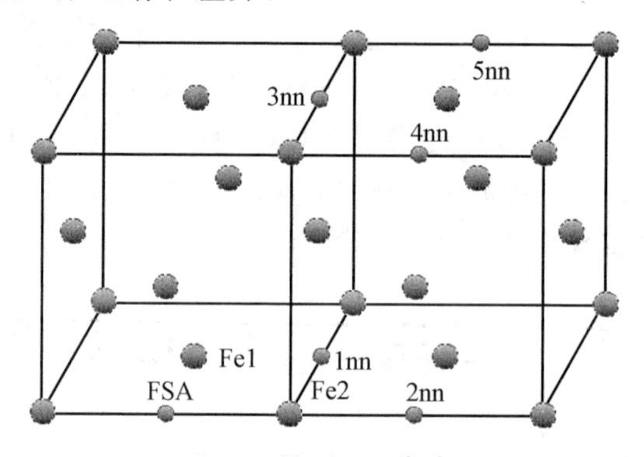

图 5.1　两个外来置换原子在 γ－Fe 的 Fe32 超晶胞中可能构型

Cr 原子引起了第一和第二近邻原子靠近 Cr 原子的位移，表明 Cr 原子周围区域内的收缩可能是因为 Fe—Cr 键的平衡距离较小。Mo 和 Ni 原子引起了第一近邻原子的远离，第二近邻原子的靠近，即 Fe_{1nn}—Mo 键的膨胀和外来置换原子所在的单个晶胞的收缩。Mn 和 Ti 原子均导致了晶胞内区域的膨胀。

表 5.1　单一外来置换原子在 Fe32 超晶胞中的固溶能和近邻 Fe 原子的迁移

	晶格参数 /nm	Fe1	Fe2	E_s/eV
Fe32	0.722 4	0.255 4	0.361 2	
Fe31Cr	0.721 0	0.254 7，－0.27%	0.360 5，－0.19%	－0.078
Fe31Mo	0.721 8	0.258 3，1.14%	0.360 9，－0.08%	0.473
Fe31Mn	0.724 1	0.257 2，0.70%	0.362 1，0.25%	0.764
Fe31Ni	0.721 6	0.253 3，－0.82%	0.360 8，－0.11%	－0.026
Fe31Ti	0.723 0	0.258 9，1.37%	0.361 5，0.08%	－0.433

表 5.2 中给出了两个相同外来置换原子在 γ－Fe 中各种构型的交互作用能。Cr—Cr、Mo—Mo、Mn—Mn 和 Ni—Ni 原子对的所有的配位方式均具有负的交互作用能，两个外来置换原子之间表现为相互吸引，体系是稳定的。对于 Cr—Cr 和 Mo—Mo，Cfg_{S-S}^{2nn} 配位具有最负的交互作用能，是最稳定的配位方式。对于 Mn 原子，所有的配位方式的交互作用能的差别都很小，Cfg_{Mn-Mn}^{1nn} 的配方方

式的交互作用能最小。对于 Ti—Ti，Cfg^{1nn}_{Ti-Ti} 配位的交互作用能为正值，说明两个 Ti 原子之间为排斥作用；其他几种配位的交互作用能均为负值，表现为相互吸引作用。

表 5.2　γ－Fe 中两个相同外来置换原子不同构型方式的交互作用能　eV

	1nn	2nn	3nn	4nn	5nn
Cr	－0.075	－0.214	－0.186	－0.195	－0.209
Mo	－0.114	－0.426	－0.260	－0.134	－0.312
Mn	－0.234	－0.223	－0.231	－0.225	－0.217
Ni	－0.250	－0.236	－0.216	－0.226	－0.202
Ti	0.025	－0.191	－0.127	－0.125	－0.140

Cr、Ni 和 Mo 是奥氏体不锈钢中最常见的合金元素，对于提高不锈钢的机械性能、耐蚀性和热稳定性等具有重要的作用。在奥氏体不锈钢的化学热处理中，Cr、Mo 和 Ni 对于 S 相的形成、热稳定性、耐蚀性和机械性能等具有非常重要的影响。例如，Mo 元素含量的增加可以抑制或延迟 Cr 的碳氮化物的析出，提高 S 相的稳定性。因此，这里对 Cr—Ni 和 Cr—Mo 的交互作用进行了研究。表 5.3 给出了 Cr—Ni 和 Cr—Mo 原子对不同配位方式的交互作用能。Cr—Ni 和 Cr—Mo 原子对各种配位方式的交互作用能均为负值，表明 Cr 与 Ni 和 Mo 原子之间具有相互吸引的作用。对于 Cr—Ni 原子对，Cfg^{1nn}_{Cr-Ni} 具有最负的交互作用能，为最稳定的配位方式。Cr—Mo 的各种配位方式中，Cfg^{2nn}_{Cr-Mo} 具有最负的交互作用能，为最稳定的配位方式。

表 5.3　Cr—Ni 和 Cr—Mo 在 γ－Fe 中的交互作用能　eV

	1nn	2nn	3nn	4nn	5nn
Cr—Ni	－0.172	－0.143	－0.140	－0.158	－0.132
Cr—Mo	－0.067	－0.289	－0.215	－0.169	－0.276

基于第一性原理计算，获得了 γ－Fe 中合金元素的交互作用及其在平衡条件下可能的分布方式。在奥氏体不锈钢的低温化学热处理中，由于温度较低，相较于外来间隙原子的扩散速率，合金元素的迁移速率是极其缓慢的。因此，经低温化学热处理过程后，合金元素会基本保持固溶处理后其在奥氏体晶格中的分布方式。Cr、Mo 和 Ti 倾向于第二近邻的分布方式，而 Mn 和 Ni 则倾向于随机分布。Cr—Ni 原子对倾向于第一近邻的分布方式，而 Cr—Mo 倾向于第二近邻的分布方式。合金元素的偏聚倾向及其在低温条件下的可动性非常弱，会导致渗层析出相中含有其他的合金元素，如 CrN 中的 Cr 原子可能被 Fe、Mo、Ni、Mn 和 Ti 等原子取代。

5.1.2 合金元素与外来间隙原子的交互作用

奥氏体钢中，合金元素 Cr、Mo、Mn、Ni、Ti 等以置换形式存在于面心立方结构的阵点中，N 和 C 以外来间隙原子的方式占据八面体间隙。置换合金元素和间隙合金元素的交互作用研究铁合金的热力学性质、相图计算和原子扩散等的基础理论。对于 S 相，置换合金元素和间隙合金元素的交互作用对于其形成机理，晶体学、热力学等也具有重要的意义。

外来置换原子取代顶角的 Fe 原子，外来间隙原子可位于不同近邻位置的八面体间隙。图 5.2 给出了 Me—X(Me=Cr、Mo、Mn、Ni 和 Ti；X=C，N) 在 γ－Fe 的 2×2×2 的含 32 个 Fe 原子的超晶胞。图中 $i$nn 代表外来间隙原子位于 Me 原子的第 i 个第一近邻位置，可能的配位方式有 4 种。这里采用 $Cfg^{i}_{FSA-FIA}$ 来代表外来置换原子和外来间隙原子对不同的构型，i 代表外来间隙原子位于外来置换原子的第 i 个第一近邻八面体间隙。FSA 代表外来置换原子 Cr、Mo、Mn、Ni 和 Ti，FIA 代表外来间隙原子 N、C。

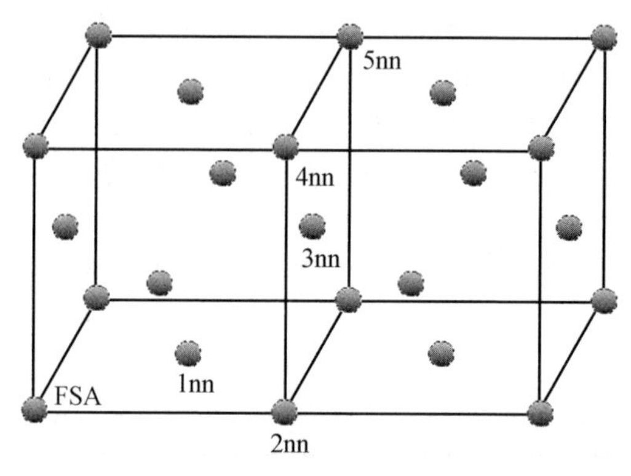

图 5.2 外来间隙原子和外来置换原子在 γ－Fe 中可能形成的构型

表 5.4 中给出了弛豫后外来置换原子和外来间隙原子为第一近邻配位时，FSA—FIA 的键长和相对于无外来置换原子时 Fe—FIA 键长的变化。未弛豫前，Fe—N 和 Fe—C 的键长为 γ－Fe 晶格常数的一半，即 0.180 6 nm。所有外来置换原子的平衡键长均大于 Fe—FIA 的键长，导致了晶格内局部的膨胀。当外来置换原子为 N 时，FSA—N 的平衡键长由大到小排序为 Ti、Mo、Ni、Cr、Mn。当外来置换原子为 C 时，FSA—C 的平衡键长由大到小排序为 Ti、Mo、Cr、Mn、Ni。

表 5.4 $Cfg^{1nn}_{FSA-FIA}$ 中 FSA—FIA 的键长和变形

原子	Fe	Cr	Mo	Mn	Ni	Ti
N	0.187 43	0.193 83,3.4	0.203 26,8.4	0.191 78,2.3	0.192 60,2.8	0.206 78,10.3
C	0.188 76	0.203 89,8.0	0.209 46,11.0	0.194 10,2.8	0.189 49,1.4	0.215 52,14.2

表 5.5 给出了外来置换原子和外来间隙原子不同配位方式的交互作用能。在 Cfg^{1nn}_{Cr-N} 中，Cr—N 的交互作用能为 0.135 eV，表现出很强的排斥作用。Cfg^{2nn}_{Cr-N} 的交互作用能为 0.001 eV，Cfg^{3nn}_{Cr-N} 的交互作用能为 0 eV，在这两种构型中，Cr—N 原子间的排斥作用很弱。当 Cr 与 C—C 为第一近邻时，它们的交互作用能为 0.307 eV，Cr—C 之间表现出比 Cr—N 之间更强的排斥作用。在其他几种配位时，Cr—C 的交互作用能均为比较小的正值，Cr—C 之间的排斥作用减弱。第二近邻位置的 Cr—C 的排斥作用最弱。

表 5.5　γ－Fe 中 FSA—FIA 不同配位方的交互作用能　eV

原子	FSA—N				FSA—C			
	Cfg^{1nn}_{FSA-N}	Cfg^{2nn}_{FSA-N}	Cfg^{3nn}_{FSA-N}	Cfg^{4nn}_{FSA-N}	Cfg^{1nn}_{FSA-C}	Cfg^{2nn}_{FSA-C}	Cfg^{3nn}_{FSA-C}	Cfg^{4nn}_{FSA-C}
Cr	0.135，－0.193[a]	0.001	0	0.018	0.307，－0.107[a]，－0.084±0.004[b]	0.001	0.017	0.023
Mo	0.033，－0.113[a]	－0.012	－0.017	0.033	0.191，－0.103[a]，－0.094±0.014[b]	－0.015	0.020	0.055
Mn	－0.092，－0.102[a]	－0.013	－0.001	0.024	－0.053，－0.051[a]，－0.044±0.005[b]	－0.056	－0.022	－0.010
Ni	0.316，0.135[a]	0	－0.028	－0.021	0.350，0.112[a]，0.051±0.002[b]	0.108	0.071	0.074
Ti	－0.149	－0.063	0.011	0.029	0.095，－0.79±0.06[b]	－0.008	0.034	0.038

注：[a] 1 423 K 热力学估值。

[b] 奥氏体相区热力学估值。

基于热力学数据计算，获得 Cr 和 N 原子为第一近邻时的交互作用能为 －0.193 eV，Cr—N 原子之间为吸引作用。同样，Cr—C 的交互作用能为负值，Cr—C之间存在吸引作用。这可能是计算条件的差异引起的：第一性原理计算是绝对 0 K 的结果，而热力学则是高温奥氏体区的结果。此外，这也可能与外来间隙原子固溶引起的晶格应变能有关。参考合金元素的碳氮化物可知，FSA—C/N的平衡键长均大于γ－Fe的晶格常数的一半。因此，在γ－Fe中合金元素 FSA 与 C/N 的成键会引起局域内较大的晶格畸变，导致体系的应变能增加。当成键释放的能量小于应变能的增加时，体系能量升高，FSA与C/N之间表现为相互排斥；反之，FSA 与 C/N之间为相互吸引。热力学计算的结果使用于高温区域(相关文献中为 1 423 K)。温度较高时，外来间隙原子在合金原子周围固溶导致的晶格畸变，可以很容易得到释放。因此，热力学计算和第一性原理计算中，外来间隙原子固溶引起的应变能是有很大差异的，这也导致了获得的合金原子与外来间隙原子交互作用的不同。奥氏体晶格的膨胀也会降低 C 固溶引起的应变能，这就使得S相中合金元素与C/N之间的作用由排斥变为吸引。因此，在S 相中检测到了强碳氮化合物形成元素与 C/N 形成的团簇。

Mo—N 在第一近邻和第四近邻构型时，它们的交互作用能均为正值，表现为相互排斥，而第二近邻和第三近邻构型则具有负的交互作用能，表现为相互吸引作用。Mo—C 原子在第一、三、四近邻构型时，交互作用能为正值，Mn 与原子之间为排斥作用。其中第一近邻构型，交互作用能最大为 0.191 eV，具有较强的排斥作用。第二近邻位置，Mo—C 之间的交互作用能为负值，表现为相互吸引。

Mn—N 和 Mn—C 之间的交互作用能均为负值，表明 Mo 与 N 和 C 之间存在相互吸引的作用。Mn—N 为第一近邻构型时，它们之间的交互作用能最负，这就表明 N 有在 Mn 原子周围偏聚的倾向。Mn—C 为第一和第二近邻构型的交互作用能相近，表明 C 原子也倾向于偏聚于 Mn 原子周围的第一和第二近邻八面体间隙位置。Mn—C 在第一近邻位置的交互作用能与热力学计算的结果比较接近。

Ni—N 的第一近邻构型具有较大的正值 0.316 eV，表明 Ni—N 之间有很强的排斥作用。Ni—N 为第二近邻配位时的交互作用能为 0 eV，表明 Ni—N 之间的交互作用能很弱。第三和第四近邻配位时，Ni—N 之间的交互作用能为负值，表现为相互吸引。Ni—C 的交互作用能都为正值，表明 Ni 与 C 原子之间为排斥作用。C 占据 Ni 第一近邻八面体间隙时，Ni 与 C 原子之间具有很强的排斥作用。在第一近邻位置，Ni—N 和 Ni—C 的交互作用能与热力学计算的结果相吻合，只是数值略大一些。对于 Ni 原子，N 占据其第三或第四近邻八面体间隙为稳定构型，C 原子在所研究的近邻八面体间隙位置均与 N 原子之间有排斥作用。

Ti—N 在第一和第二近邻配位时的交互作用能均为负值，Ti 与 N 之间相互吸引。第三和第四近邻配位时，交互作用能为正值，两者之间表现为排斥作用。Ti—C 为第二近邻时的交互作用能为负值，Ti—C 之间为吸引作用。其他几种配位时，Ti 与 C 之间均为排斥作用。对于 Ti 原子，N 占据第一近邻位置是最稳定的构型，而 C 原子则倾向于占据第二近邻八面体间隙。

通过交互作用能的计算，获得了三元体系奥氏体中外来置换原子和外来间隙原子的本质交互作用。Cr、Ti、Mo 等是强碳氮化合物形成元素，热力学计算也表明这些元素与外来间隙原子的相互吸引作用，而第一性原理计算结果却与此相矛盾。例如，第一性原理计算发现强碳氮化合物形成元素 Cr 与 N 和 C 在第一近邻位置时均存在很强的排斥作用。造成这些差异的原因可能是计算时的温度差异。第一性原理计算是在绝对 0 K 下的结果，而热力学计算则适用于高温奥氏体相区内，碳氮化合物也是在一定温度的热处理过程中形成的。单一外来间隙原子在 $\gamma-Fe$ 固溶后会引起了局域晶格的膨胀和近邻原子的弛豫。由表 5.4 可知，在第一近邻构型时，Cr、Mo、Ti 等外来置换原子与外来间隙原子的键长均大于 Fe 与外来间隙原子的键长，也就是说外来间隙原子在外来置换原子第一近邻的固溶导致了局域应变和体系总能量的进一步增加。在高温条件下，奥氏体晶格的膨胀一定程度降低了应力，同时高温时的应力释放也缓解了局域的高应力状态。而在绝对 0 K 条件下，上述应力没有很好的释放途径，导致了体系的总能量比较高。此外，第一性原理计算结果并没有否认这些合金元素与外来间隙原子很强的化学键合，只是从体系总能量升降的方面对外来间隙原子的择优占位进行了推测。

在奥氏体不锈钢 AISI304 和 316 中合金元素的含量很高，Cr 的质量分数高达 18%，Ni 的质量分数一般不低于 8%，合金元素的原子数分数高于 30% 这种情况下，在单个 γ－Fe 的晶胞中至少含有一个合金原子，因此渗入的外来间隙原子具有很高的概率占据置换合金原子的第一或第二近邻间隙。

为更好地表征外来置换原子和外来间隙原子之间的交互作用，对构型 $Cfg_{FSA-FIA}^{1nn}$ 和 $Cfg_{FSA-FIA}^{2nn}$ 中外来间隙原子及其近邻的金属原子的分波态密度进行了研究。在 $Cfg_{FSA-FIA}^{1nn}$ 和 $Cfg_{FSA-FIA}^{2nn}$ 构型中，选择 FIA 原子，FSA 原子，第一、二近邻 Fe 原子的态密度进行分析。其中，第一、二近邻 Fe 原子分别记为 Fe1 和 Fe2。

图 5.3 给出了 Fe32 超晶胞中含单个 N 原子(Fe32N) 时，N 及其第一和第二近邻 Fe 的分波态密度。正的和负的态密度分别对应于自旋向上和向下的电子。在 －17 eV 处的峰主要是来自 N－2s 轨道的电子，同时也可以观察到少量的来自 Fe1 的 3d 电子。在 －7.5 eV 的峰为 p－d 杂化区域，来自于 N－2p 和少量的 Fe－3d 电子，代表了 Fe—N 之间的共价结合。Fe1 对 p－d 杂化区域的贡献大于 Fe2，表明 Fe1 与 N 之间有更强的结合。同时，Fe—N 之间的共价结合是一个释放能量的过程，会降低体系的总能量，增强体系的热稳定性。－5 eV 到费米面以下的态密度来自于 Fe 的 3d 电子和少量的 N－2p 电子，代表了 Fe1 和 Fe2 之间的金属键合。

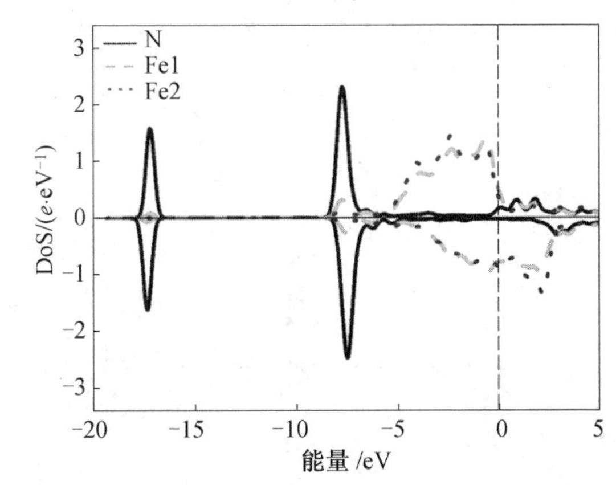

图 5.3　Fe32N 中 N 及其第一和第二近邻 Fe 原子的分波态密度

图 5.4 给出了 N 在 Fe32N、Cfg_{Cr-N}^{1nn} 和 Cfg_{Cr-N}^{2nn} 构型中的分波态密度。N 在 Fe32N 和 Cfg_{Cr-N}^{2nn} 中的态密度几乎重合，这就表明 Cr 位于 N 的第二近邻位置时，与 N 的作用非常微弱。当 N 位于 Cr 的第一近邻位置时，N 的 2s 和 2p 电子的态密

度峰更加尖锐，且向右偏移，即向高能级偏移。态密度向高能级偏移会导致整个体系能量的升高，降低体系的热稳定性。在其他合金元素的 Cfg^{2nn}_{FSA-N} 构型中，N 的态密度与在 Fe32N 中的态密度也几乎重合，这表明合金元素在第二近邻位置时与外来间隙原子的交互作用非常微弱。因此在接下来的态密度分析中，重点研究在 Cfg^{1nn}_{Cr-N} 和 Cfg^{2nn}_{Cr-N} 构型中 N 与 Fe 和外来置换原子的交互作用。

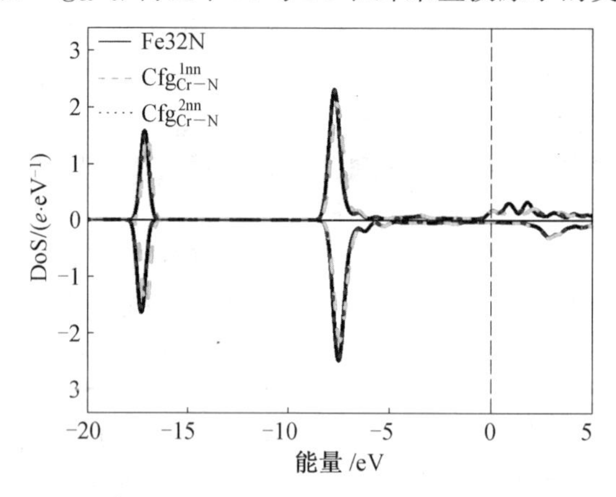

图 5.4　N 原子在 Fe32N、Cfg^{1nn}_{Cr-N} 和 Cfg^{2nn}_{Cr-N} 构型中的分波态密度

图 5.5 中给出了 Cfg^{1nn}_{Cr-N} 和 Cfg^{2nn}_{Cr-N} 构型中 N 和近邻金属原子的分波态密度。在 Cfg^{1nn}_{Cr-N} 构型中，在 p－d 杂化区域有来自于 Fe1 和 Cr 原子的 3d 电子，形成了 Cr—N 共价结合。在 Cfg^{2nn}_{Cr-N} 构型中，Cr 的 3d 电子对 p－d 杂化区域较 Cfg^{1nn}_{Cr-N} 中明显减少，Cr—N 之间的共价键合作用很微弱。在 Cfg^{1nn}_{Cr-N} 和 Cfg^{2nn}_{Cr-N} 构型中的 Fe2 的态密度曲线几乎重叠，这表明 Cr 的 N 第一和第二近邻的置换固溶对其第二近邻 Fe 的影响很小。

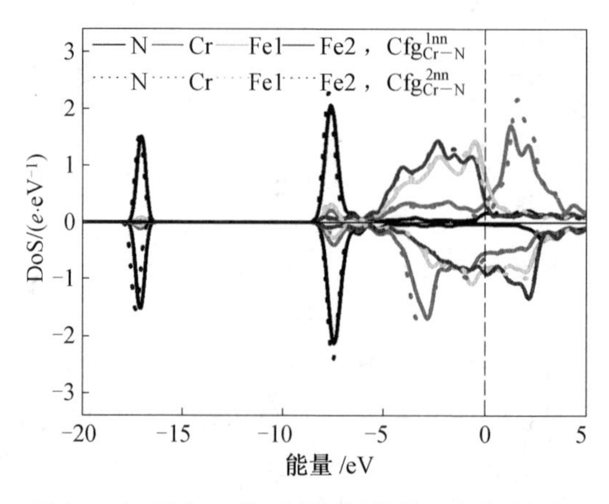

图 5.5　Cfg^{1nn}_{Cr-N} 和 Cfg^{2nn}_{Cr-N} 构型中原子的分波态密度（彩图见附录）

图 5.6 中为 Cfg^{1nn}_{Mo-N} 和 Cfg^{2nn}_{Mo-N} 构型中原子的分波态密度。N 原子占据 Mo 原子第一近邻位置时,同样导致了 N 原子 2s 和 2p 态密度峰的向右偏移。Mo 原子在 Cfg^{1nn}_{Mo-N} 中,对 p－d 杂化区域的贡献高于 Fe1 原子,与 N 原子形成了较强的共价键合。Cfg^{2nn}_{Mo-N} 中的 Mo 原子对 p－d 态密度的贡献与 Fe2 原子相差不大。对于两种构型中的 Mo 原子,在 Cfg^{2nn}_{Mo-N} 中 d－d 区域内 Mo 的态密度较高。

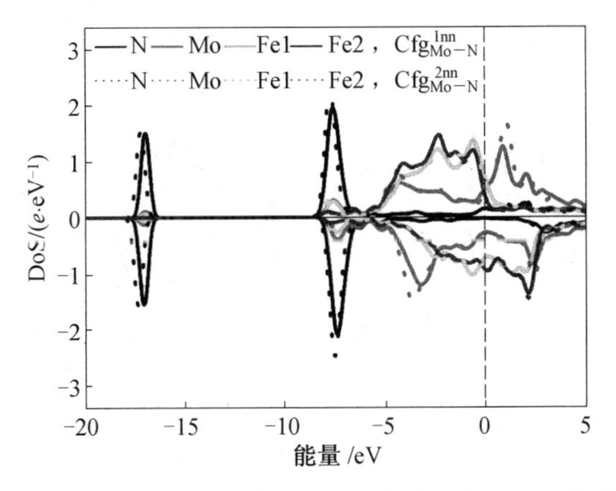

图 5.6　Cfg^{1nn}_{Mo-N} 和 Cfg^{2nn}_{Mo-N} 构型中原子的分波态密度(彩图见附录)

图 5.7 给出了 Mn—N 的两种构型中原子的分波态密度。N 在 Mn 原子第一近邻位置的占位同样导致其态密度峰整体向高能级偏移,但偏移程度不大。在 Cfg^{1nn}_{Mn-N} 中,Fe1 原子对 p－d 杂化区域的贡献高于 Mn 原子,表明 Fe—N 之间更强的共价键合。在 Cfg^{2nn}_{Mn-N} 中,p－d 杂化区域内 Mn－3d 和 Fe2－3d 电子的态密度重叠,与 N 的交互作用接近。

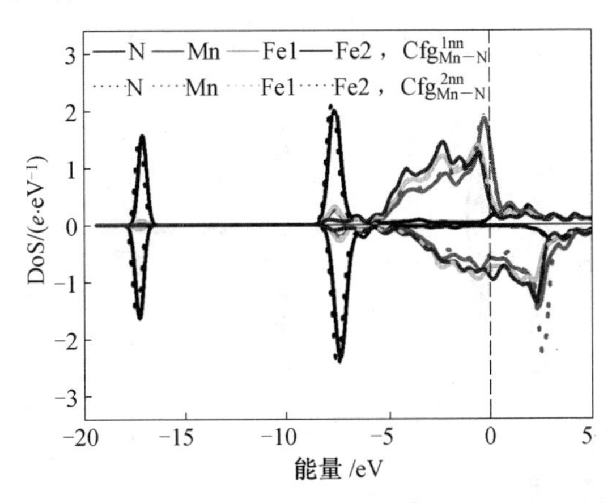

图 5.7　Cfg^{1nn}_{Mn-N} 和 Cfg^{2nn}_{Mn-N} 构型中原子的分波态密度(彩图见附录)

图 5.8 中给出了 Ni—N 在 Cfg^{1nn}_{Ni-N} 和 Cfg^{2nn}_{Ni-N} 构型中原子的分波态密度。在两种构型中，N 原子的分波态密度几乎重合，受到近邻 Ni 原子的影响比较微弱。在 Cfg^{1nn}_{Ni-N} 中，p－d 区域中 Ni 原子的贡献与 Fe1 原子相差不大。在 Cfg^{2nn}_{Ni-N} 中，Ni 原子和 Fe2 原子对 p－d 区域的贡献也很相近。这就表明 Ni 与 N 的共价键合相比于 Fe—N 键没有明显的增强。

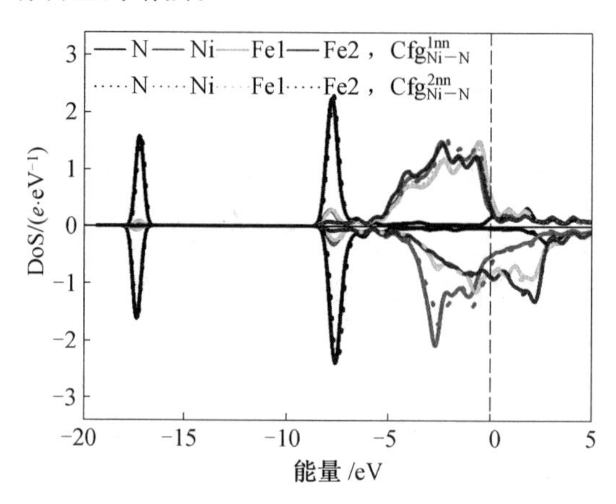

图 5.8 Cfg^{1nn}_{Ni-N} 和 Cfg^{2nn}_{Ni-N} 构型中原子的分波态密度(彩图见附录)

图 5.9 所示为 Ti—N 的 Cfg^{1nn}_{Ti-N} 和 Cfg^{2nn}_{Ti-N} 构型中原子的分波态密度。与 Cfg^{2nn}_{Ti-N} 相比，N 原子的态密度向高能级偏移非常显著，说明 Ti 对 N 原子的态密度有明显的影响。在 p－d 区域内，Ti 的态密度峰低于 Fe 原子，说明 Ti—N 的共价性弱于 Fe—N 键。与 Cfg^{2nn}_{Ti-N} 中的 Fe1 相比，Cfg^{1nn}_{Ti-N} 中 Fe1 在 p－d 区域内的态密度也向高能级偏移。

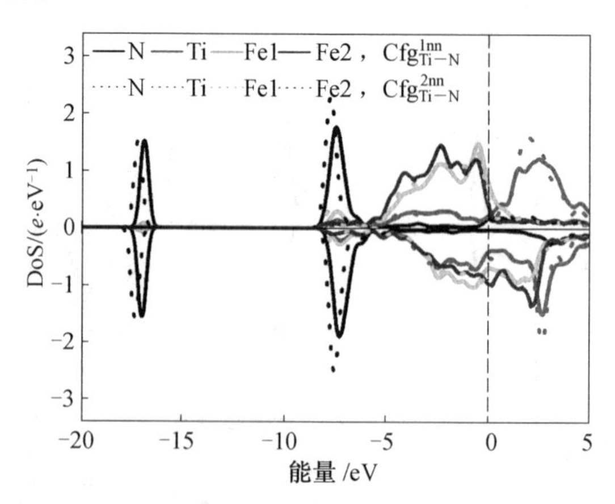

图 5.9 Cfg^{1nn}_{Ti-N} 和 Cfg^{2nn}_{Ti-N} 构型中原子的分波态密度(彩图见附录)

图 5.10 给出了 Fe32C(Fe32 超晶胞中含单个 C 原子）中 C 原子及其第一(Fe1）和第二近邻(Fe2）原子的分波态密度。在 −12 eV 能级处的态密度主要是来自 C−2s 轨道的电子和少量的 Fe1−3d 电子。在 −6 eV 附近的态密度为p−d 杂化区，来自于 C−2p 和 Fe−3d 电子，代表了 Fe—C 之间的共价键合。Fe1 对 p−d 杂化区域的贡献大于 Fe2，表明 Fe1 与 C 之间有更强的结合。−5 eV 到费米面的态密度来自于 Fe−3d 电子和少量的 N−2p 电子，表明了 Fe 之间的金属键合。

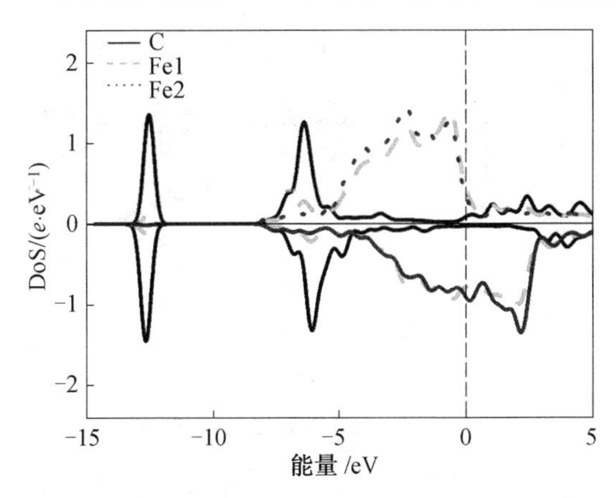

图 5.10　Fe32C 中 C 及其第一和第二近邻 Fe 原子的分波态密度

图 5.11 给出了 C 在 Fe32C、Cfg^{1nn}_{Cr-C} 和 Cfg^{2nn}_{Cr-C} 构型中的分波态密度。与 N 情况类似，C 在 Cfg^{2nn}_{Cr-C} 与 Fe32C 中的态密度几乎重合。C 位于 Cr 第二近邻位置时，Cr—C 的作用非常微弱。C 为 Cr 的第一近邻时，C−2s 和 −2p 电子的态密度峰更加尖锐，且向右偏移。下面仅对 Cfg^{1nn}_{Cr-N} 和 Cfg^{2nn}_{Cr-N} 构型中的 C 及其第一近邻 Fe 和外来置换原子的态密度进行分析。

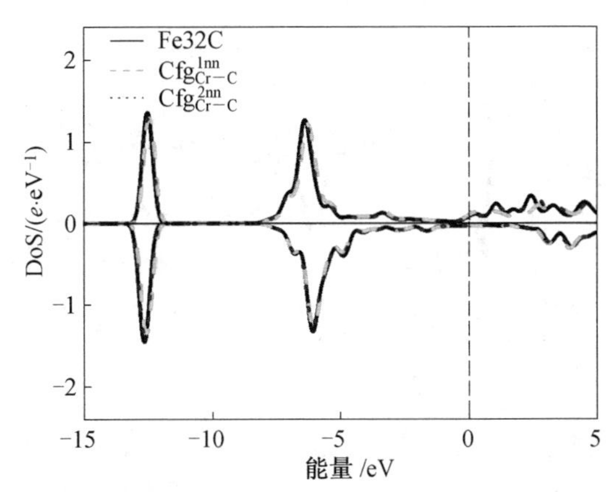

图 5.11　C 在 Fe32C、Cfg^{1nn}_{Cr-C} 和 Cfg^{2nn}_{Cr-C} 构型中的分波态密度

图 5.12 给出了 Cfg^{1nn}_{Cr-C} 和 Cfg^{2nn}_{Cr-C} 构型中原子的分波态密度。C 占据 Cr 的第一近邻位置时，C 的整体态密度的偏移不是很显著。C 占据 Cr 的第一近邻或第二近邻位置，p－d 杂化态内 Fe1 和 Fe2 的态密度几乎没有受到影响。Cfg^{1nn}_{Cr-C} 中 Cr 原子对 p－d 杂化态有更大贡献，显示出更强的 Cr—C 键。

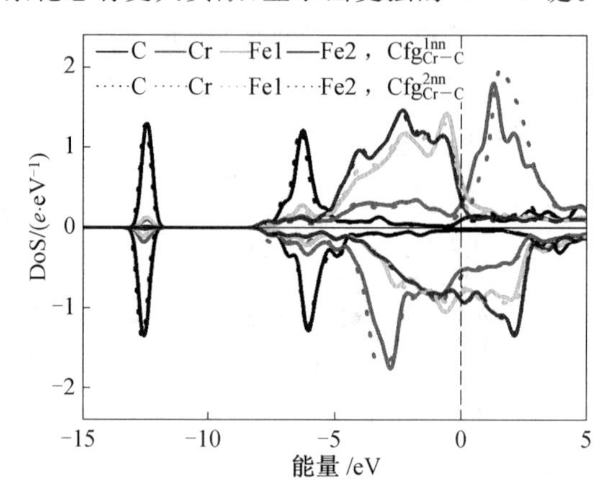

图 5.12　Cfg^{1nn}_{Cr-C} 和 Cfg^{2nn}_{Cr-C} 构型中原子的分波态密度(彩图见附录)

图 5.13 给出了 Cfg^{1nn}_{Mo-C} 和 Cfg^{2nn}_{Mo-C} 中原子的分波态密度。在 Cfg^{1nn}_{Cr-C} 中，C 的态密度向右偏移，Mo 与 C 之间有很强的键合作用。在 p－d 杂化区，Mo－3d 电子的态密度高于 Fe1，表明 Mo—C 的共价键合强度高于 Fe—C 键。在 Cfg^{2nn}_{Mo-C} 中，Mo－3d 对 p－d 态的贡献也高于 Fe2，这也表明 Mo—C 之间有更强的键合作用。

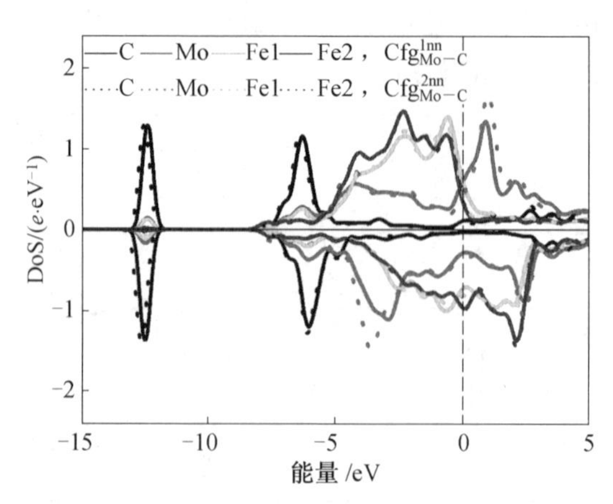

图 5.13　Cfg^{1nn}_{Mo-C} 和 Cfg^{2nn}_{Mo-C} 构型中原子的分波态密度(彩图见附录)

图 5.14 所示为 Cfg^{1nn}_{Mn-C} 和 Cfg^{2nn}_{Mn-C} 构型中原子的分波态密度。构型 Cfg^{1nn}_{Mn-C} 中 C 的态密度向高能级偏移。p－d 杂化区域内，Cfg^{1nn}_{Mn-C} 中 Mn 的贡献小于 Fe1，

Cfg^{2nn}_{Mn-C} 中 Mn 的贡献与 Fe2 接近。Mn—C 键的强度低于 Fe—C 键。

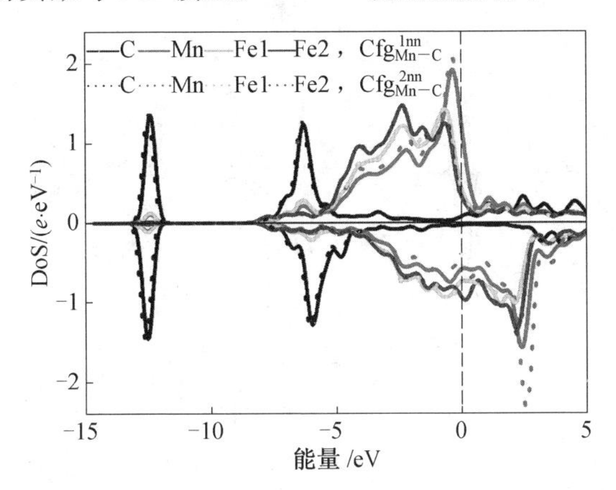

图 5.14　Cfg^{1nn}_{Mn-C} 和 Cfg^{2nn}_{Mn-C} 构型中原子的分波态密度(彩图见附录)

图 5.15 所示为 Cfg^{1nn}_{Ni-C} 和 Cfg^{2nn}_{Ni-C} 构型中原子的分波态密度。C 位于 Ni 的第一近邻位置时,C 的态密度峰向低能级偏移。在 Cfg^{1nn}_{Ni-C} 构型中 p－d 杂化区域内,Ni 原子的态密度高于 Fe1,与 C 有更强的共价键合。在 Cfg^{2nn}_{Ni-C} 中,Ni 的在 p－d 区内的态密度与 Fe2 重合。

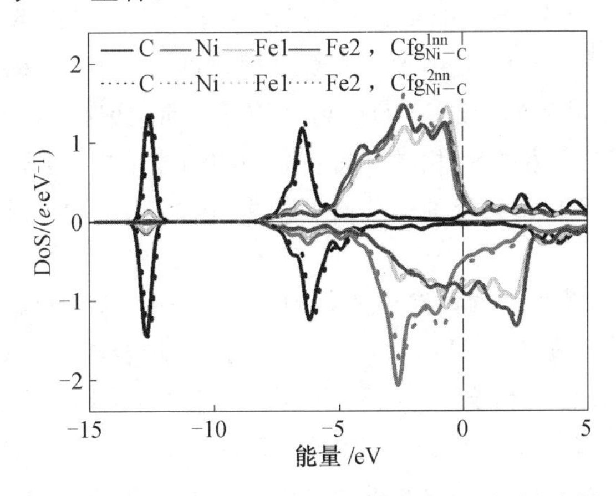

图 5.15　Cfg^{1nn}_{Ni-C} 和 Cfg^{2nn}_{Ni-C} 构型中原子的分波态密度(彩图见附录)

图 5.16 给出了 Cfg^{1nn}_{Ti-C} 和 Cfg^{2nn}_{Ti-C} 构型中原子的分波态密度。构型 Cfg^{1nn}_{Ti-C} 中,C 的态密度显著向高能级偏移,C 的态密度受到 Ti 的影响较大。同时,Ti 在 p－d 区域内的态密度峰低于 Fe1,且没有明显的劈裂。Ti 与 C 的共价键合作用弱于 Fe 原子。

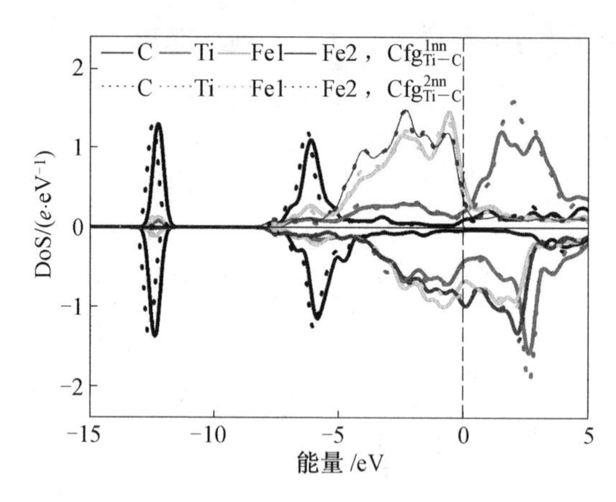

图 5.16 Cfg^{1nn}_{Ti-C} 和 Cfg^{2nn}_{Ti-C} 构型中原子的分波态密度(彩图见附录)

5.2 S_N 相的晶体结构及形成机制

5.2.1 S_N 相晶体结构的物理描述

基于实验研究可知，S_N 相(即含 N 的膨胀奥氏体)具有以下几个特征：(1) 超饱和的外来间隙原子浓度，其中 N 原子数分数可高达 25% ～ 30%；(2) 与奥氏体不锈钢基体相比，S_N 相的特征 XRD 衍射峰均显著向左偏移，且异于 $\gamma'-Fe_4N$ 的特征衍射峰；(3) 无应力的 S_N 相具有面心立方的晶体结构，但 S_N 相内存在的高密度层错导致了其 XRD 衍射峰的偏移；(4) S_N 相中含有大量的层错，具有很高的残余应力。

稀土碳氮共渗动力学的共渗层的 XRD 结果表明：随着处理时间的延长，共渗层内部分 S_N 相转变为 $\varepsilon-Fe_{2-3}N$ 和 $\gamma'-Fe_4N$。结合前述的 S_N 相特征可对共渗层内的相演变进行如下描述：(1) S_N 相内的层错为 $\varepsilon-Fe_{2-3}N$ 相提供了形核核心，层错的运动和堆积导致了 $\varepsilon-Fe_{2-3}N$ 的析出；(2) $\varepsilon-Fe_{2-3}N$ 相中 N 原子数分数高达 25% ～ 33%，$\varepsilon-Fe_{2-3}N$ 相的析出降低了 S_N 相内的 N 原子浓度；(3) S_N 相内 N 原子的浓度降低后，发生了 N 原子的有序化，形成了 $\gamma'-Me_4N$(Me = Cr、Mo、Mn、Ni、Ti、…)。

第一性原理计算结果表明：在高 N 原子浓度时(Fe8N2 超晶胞中，N 原子数分数 20%)，N 原子的择优分布方式与 $\gamma'-Fe_4N$ 中 N 原子的分布相同。穆斯堡尔谱研究结果也与此相吻合，即 Fe—N 合金的 N 原子的分布可以用 $\gamma'-Fe_4N$ 的晶体结构来描述。这就是说，$\gamma-Fe$ 中渗入高浓度 N 原子时，优先形成相为 $\gamma'-Fe_4N$。

在一定处理温度和时间条件下，在奥氏体不锈钢表面获得了单一的 S_N 相层。此时，奥氏体不锈钢中的合金元素固溶于 S_N 相的晶体点阵中。强的氮化物形成元素（如 Cr、Mo、Ti 等）与 N 之间有很强的键合作用，造成了局域内 N 原子的偏聚区，这就使得 S_N 相的 N 浓度高于 $\gamma'-Fe_4N$。同时，N 的偏聚也导致了局域的晶格畸变和残余应力。

基于以上结果和分析（忽略 S_N 相层中的层错），可对 S_N 相的晶体结构进行构建：以 $\gamma'-Fe_4N$ 为 S_N 相的基础晶体模型，合金原子取代 $\gamma'-Fe_4N$ 中的部分 Fe 原子；除了 $\gamma'-Fe_4N$ 中的 N 外，N 在某些合金原子周围形成了偏聚区。

完成对 S_N 相的晶体模型的构建之后，要解决的问题就是：合金原子在 $\gamma'-Fe_4N$ 的择优取代及其对 $\gamma'-Fe_4N$ 的稳定性的影响；合金原子周围形成 N 偏聚区的倾向。

5.2.2　S_N 相中合金元素的择优取代

本节使用 $\gamma'-Fe_4N$ 的晶体结构来模拟 S_N 相。使合金元素取代 $\gamma'-Fe_4N$ 中不同位置的 Fe（即顶角和面心位置 Fe），获得合金元素对 S_N 相稳定性的影响及其在 S_N 相中的择优取代，并对 S_N 相中合金原子与 N 的交互作用进行分析。

$\gamma'-Fe_4N$ 为面心立方结构（$Pm\bar{3}m$，221），Fe 原子占据 1a(0,0,0) 和 3c(0.5,0.5,0) 的阵点，N 原子占据 1b(0.5,0.5,0.5) 阵点，如图 5.17 所示。3c 阵点的 Fe 为面心位置，其第一近邻间隙有两个 N，记为 Fe_2；1a 阵点的 Fe 位于晶体结构的顶角位置，其第一近邻没有 N，记为 Fe_0。采用 $\gamma'-Fe_4N$ 的 $2\times2\times2$ 的超晶胞，其中含有 32 个 Fe 和 8 个 N。使单个合金原子 Cr、Mo、Mn、Ni 和 Ti 分别取代 $\gamma'-Fe_4N$ 中 Fe_0 或 Fe_2，即可获得含合金元素的 S_N 相。对上述结构进行几何优化，计算其形成能。

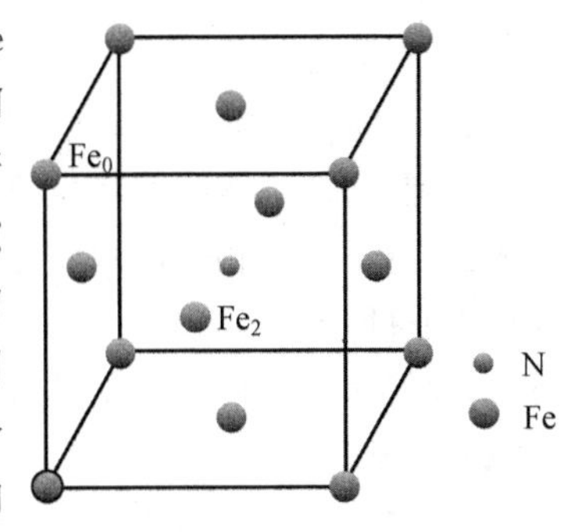

图 5.17　S_N 相的晶体结构

表 5.6 给出了合金原子取代 $\gamma'-Fe_4N$ 中不同位置 Fe 后，含合金元素的 S_N 相的形成能。$\gamma'-Fe_4N$ 的形成能为负的（-0.142 eV），为稳定结构。合金元素取代不同位置的 Fe 后，S_N 相的形成能均为负值，这就表明含合金元素的 S_N 相仍然是稳定的。Cr 和 Mo 取代 Fe_2 时，S_N 相具有更负的形成能，这就说明 Cr 和 Mo 优先取代面心位置的 Fe。Ni、Mn 和 Ti 取代 Fe_0，S_N 相的形成能更负，即 Ni、Mn 和 Ti 优先取代顶角位置的 Fe。

Cr 和 Mo 取代 Fe_2 时，即两个 N 处于 Cr 和 Mo 的第一近邻间隙，此时 S_N 相有更高的稳定性。由此可知，S_N 相中 Cr、Mo 与 N 之间为吸引作用。奥氏体晶格的膨胀降低了 N 占据 Cr 和 Mo 第一近邻间隙引起的应变能，且低于 Cr、Mo 与 N 成键释放的能量，所以 Cr、Mo 与 N 之间表现为吸引作用。同理可知，Ni、Mn 和 Ti 与 N 之间仍然为排斥作用。

表 5.6　合金元素取代不同位置 Fe 原子时 S_N 相的形成能　eV

占位	Fe_4N	Cr	Mo	Ni	Mn	Ti
Fe_0	−0.142	−0.143	−0.128	−0.144	−0.142	−0.155
Fe_2		−0.152	−0.136	−0.135	−0.138	−0.145

与 $\gamma'-Fe_4N$ 的形成能相比，可获得合金元素对 S_N 相稳定性的影响。Cr 取代 Fe_2 时，S_N 相的形成能更负，S_N 相的稳定性略有提高。Mo 元素取代两种位置 Fe 原子，均提高了 S_N 相的形成能，降低了 S_N 相的稳定性。Mn、Ni 和 Ti 取代 Fe_0 原子，没有降低 S_N 相的稳定性，甚至还有一定程度的提高。这就表明，Cr、Mn、Ni 和 Ti 等合金元素具有稳定 S_N 相的作用。奥氏体不锈钢中，Cr 原子的质量分数一般在 18% 左右，Ni 原子的质量分数在 9% 左右。在构建的模型中，单个 Fe 原子被合金原子取代时合金元素原子数分数约为 3.13%(不包含 N 原子)。在渗氮或氮碳共渗过程中，奥氏体不锈钢中较高含量的 Cr、Ni、Mn 等合金元素是获得 S_N 相层的关键。

表 5.7 中给出了合金元素取代 Fe_2 后，FSA—N 的键长、局域形变和键集居数。由表可知，除 Ni 外，其余的 FSA—N 的键长均大于 Fe—N 键。合金元素与 N 的成键导致了 S_N 相中晶格畸变，增加了 S_N 相中的应变能。N 与 Mo、Ti 和 Mn 成键时引起的局域形变较大，Cr 和 Ni 导致的晶格畸变较小。由此可知，合金元素与 N 键合时引起的晶格畸变也是 S_N 相中应力来源之一。此外，晶格内的晶格畸变也会导致 S_N 相的 XRD 衍射峰的宽化。

表 5.7　合金元素取代 S_N 相中 Fe_2 后的 FSA—N 键长、局域变形和键集居数

置换位置	Fe—N	Cr—N	Mo—N	Ni—N	Mn—N	Ti—N
键长 /nm	0.188 355	0.190 125	0.197 621	0.187 557	0.191 799	0.192 979
局部形变 /%	0	0.9	4.9	0.4	1.8	2.5
键集居数	0.35	0.39	0.38	0.31	0.23	0.26

键集居数计算结果表明，Cr—N 和 Mo—N 的键集居数高于 Fe—N 键，而 Ni—N、Mn—N 和 Ti—N 的键集居数低于 Fe—N 键。这就表明 Cr、Mo 与 N 之间形成了更强的共价键合，有助于提高 S_N 相的体积模量。

在含合金元素的 S_N 相的超晶胞中，在合金原子的最近和最远的八面体间隙分别放置 N 原子。计算 N 原子在两种位置的固溶能，就可以获得 S_N 相中 N 在合金元素周围的偏聚倾向。

在S_N相中，Cr和Mo优先取代面心位置的Fe原子，而Mn、Ni和Ti则优先取代顶角位置的Fe原子。以上述的稳定结构为基础，将N原子分别放置于合金元素的最近和最远的八面体间隙位置，如图5.18所示。在图5.18(a)中，FSA代表Cr和Mo原子，n－N(nearest N)原子占据了FSA的第一近邻位置八面体间隙，f－N(furthest N)原子占据FSA的(所选用超晶胞中)最远的八面体间隙。在图5.18(b)中，FSA代表Mn、Ni和Ti原子，n－N和f－N分别表示位于占据了FSA的最近和最远的八面体间隙的N原子。

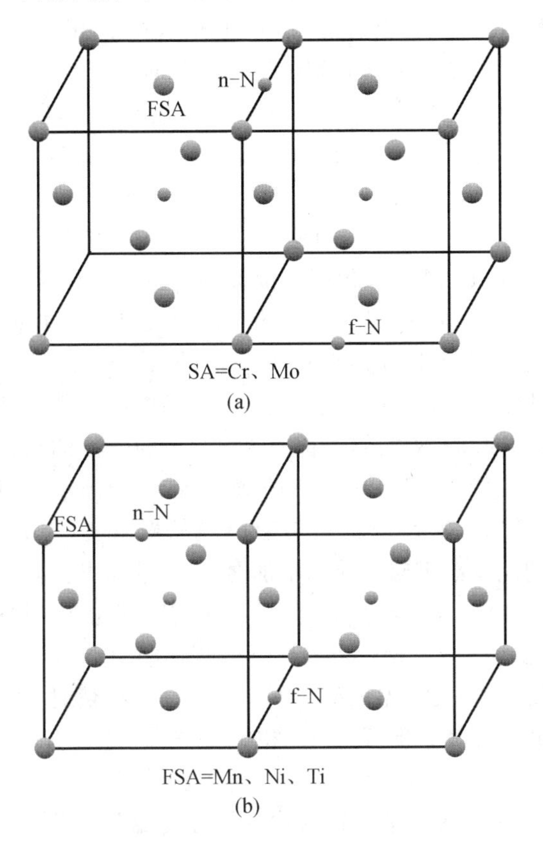

图5.18　S_N相中n－N和f－N原子的占位

表5.8中给出了n－N和f－N原子在含合金元素的S_N相中的固溶能。对于Cr，两种占位的N的固溶能均为负值，这就表明N的固溶增加了体系的稳定性。其中，n－N的固溶能更负，即N优先占据Cr的第一近邻八面体间隙。由此可知，S_N相中Cr对N有吸引作用，Cr周围有形成N偏聚区的倾向。当S_N相含Mo时，n－N的固溶能更负，N也易于在Mo周围偏聚。对于Ni，f－N的固溶能更负，这就表明N优先占据Ni最远的间隙，N不在Ni周围偏聚。当合金元素为Mn时，N

优先占据 Mn 第一近邻间隙，Mn 对 N 有吸引作用。当 S_N 相中含有 Ti 时，n－N 的固溶能为负值，即 N 优先占据 Ti 的近邻间隙；f－N 的固溶能为正值，降低了 S_N 相的稳定性。

表 5.8　n－N 和 f－N 在 S_N 相中的固溶能　　eV

位置	Fe	Cr	Mo	Ni	Mn	Ti
n－N	－0.260	－0.491	－0.629	－0.124	－0.462	－0.066
f－N		－0.376	－0.417	－0.390	－0.370	0.102

基于 N 在不同间隙位置的固溶能结果可知，N 在 S_N 相中 Cr、Mo、Mn 和 Ti 等合金元素的周围有偏聚的倾向，Cr、Mo、Mn 和 Ti 原子对 N 有吸引作用。N 在合金原子周围的偏聚有助于提高 S_N 相的 N 浓度。由此可知，Cr 和 Mo 含量的增加有助于获得更高 N 浓度的 S_N 相。在 S_N 相中，Ni 对 N 有排斥作用，抑制 S_N 相中 N 浓度的提高。

在 γ－Fe 中，Cr、Mo 与 N 之间为相互排斥，即 N 不易于占据 Cr 和 Mo 第一近邻间隙。在 S_N 相中，Cr 和 Mo 取代面心位置 Fe 原子，Cr 对 N 有吸引作用，N 倾向于占据 Cr 和 Mo 的第一近邻位置，即 Cr 和 Mo 表现出对 N 的吸引作用。S_N 相中 N 的偏聚研究结果表明，N 优先占据 Cr 和 Mo 的第一近邻八面体间隙。此时，Cr 和 Mo 的第一近邻有 3 个 N 原子。由此可知，S_N 相中 Cr 和 Mo 对 N 有很强的吸引作用，且其周围易于形成 N 的偏聚区。参考 Cr 和 Mo 的稳定氮化物（CrN 和 MoN）可知，Cr—N 和 Mo—N 的平衡键长均大于 γ－Fe 或 S_N 相的晶格常数的一半。因此，Cr—N 和 Mo—N 成键会引起周围晶格畸变，导致体系的应变能增加。当成键释放的能量小于应变能的增加时，体系能量升高，Cr、Mo 与 N 之间表现为相互排斥；反之，Cr、Mo 与 N 之间为相互吸引。奥氏体晶格的膨胀降低了 N 固溶引起的应变能，使得 Cr、Mo 与 N 之间表现为吸引作用。

实验研究中发现，当处理温度或时间超过某一门槛值时，渗层中会有 CrN 析出。基于第一性原理计算结果可知，S_N 相中 Cr 对 N 原子有较强的吸引作用，使得 N 偏聚于 Cr 原子周围，这就为 CrN 的析出提供了成分条件。在 γ－Fe 中，Cr—Ni 的最稳定分布方式为第一近邻构型。在低温化学热处理中，合金元素的扩散速率是极慢的。由此可认为，S_N 相中 Cr—Ni 元素的分布基本保持了固溶处理后的平衡分布方式，即 Cr—Ni 为第一近邻。S_N 相中，Cr 近邻间隙为 N 的稳定占位，而 Ni 近邻间隙则为不稳定占位。由此，Cr—Ni 共有的第一近邻间隙就成为 N 的亚稳或不稳定占位，降低了 N 在 Cr 周围的偏聚程度，从而抑制或延迟了 CrN 的析出。在 S_N 相中，N 在 Mo 的近邻间隙位置也有很强的偏聚倾向。因此，Cr 和 Mo 形成了对 N 原子的竞争，这就减弱了 N 在 Cr 周围的偏聚程度，延迟了 CrN 的析出。这也与实验研究结果相吻合：奥氏体不锈钢中 Mo 元素的添加延迟

了 S_N 相层中 CrN 的析出。同理，S_N 相中 Mn 和 Ti 也表现出与 N 的吸引作用，具有延迟 CrN 析出的作用，但其作用弱于 Mo 原子。

5.2.3　N 和 C 在 S_N 相中的扩散

实验结果表明，外来间隙原子 N 在 S_N 相中的扩散激活能低于 γ'－Fe 和奥氏体不锈钢中扩散激活能，即外来间隙原子在 S_N 相有更快的扩散速率。在低温氮碳共渗研究中，可获得 S_N+S_C 相的双层结构，这就表明在制备的过程中大量的 C 原子可以通过上坡扩散通过 S_N 相层，形成了里层的 S_C 相。这里用 $\gamma'-Fe_4N$ 代表 S_N 相，研究了 N 和 C 原子在 S_N 相中的扩散。

图 5.19 中给出了 $\gamma'-Fe_4N$ 的八面体 O 和四面体间隙 T 位置。这里采用 2×2×2 的 $\gamma'-Fe_4N$ 的超晶胞，分别计算 N 和 C 原子占据两种间隙位置的固溶能。外来间隙原子的扩散激活能可表述为外来间隙原子占据 T 间隙与占据 O 间隙的固溶能之差，即

$$\Delta E = E_{sol}^{I}(T) - E_{sol}^{I}(O)$$

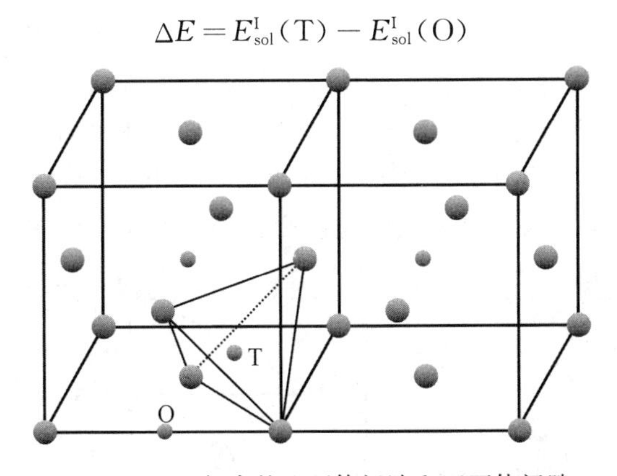

图 5.19　S_N 相中的八面体间隙和四面体间隙

N 原子占据八面体和四面体间隙的固溶能分别为 －0.26 eV 和 1.468 eV（表 5.9）。N 原子择优占据 S_N 相中八面体间隙位置，且提高了体系的稳定性。与 N 在 γ－Fe 中不同间隙位置的固溶能相比，N 占据 S_N 相中 O 间隙的固溶能升高，占据 T 间隙的固溶能降低。由此可知，N 占据 S_N 相中 O 和 T 间隙对体系的稳定性的影响相反，空间体积均变大，N 择优占据八面体间隙。

C 原子占据两种间隙位置的固溶能均为正值，这就说明 C 原子不易于在 S_N 相中存在。这也与实验研究结果相吻合，实验研究中都没有获得 S_N+C 相。

N 在 S_N 相中的 ΔE 为 1.728 eV，与其在 γ－Fe 中的扩散激活能 2.047 eV 相比，N 在 S_N 相中的扩散激活能降低，有更快的扩散速率。C 原子在 S_N 相和 γ－Fe 中的 ΔE 分别为 1.737 eV 和 2.663 eV。C 在 S_N 相中的扩散激活能也有显著的降低，有更快的扩散速率。S_N 相晶格的膨胀降低了 N 或 C 原子的扩散激活能，使得

外来间隙原子有更快的扩散速率。

表 5.9 N/C 原子在 S_N 相中的固溶能和扩散激活能

构型	E_{sol}^{N}/eV	E_{sol}^{C}/eV
Cfg_I^T	1.468	2.203
Cfg_I^O	−0.260	0.466
ΔE	1.728,1.45	1.737

5.2.4 S_N 相的晶体结构

奥氏体不锈钢 AISI304 和 AISI316 中，Cr 和 Ni 为最主要的、质量分数最高的两种合金元素，其质量分数分别为 18% 和 9% 左右，两者的原子百分比接近 2∶1。γ－Fe 中合金元素的交互作用的计算结果表明：Cr—Cr 和 Cr—Ni 原子的最稳定分布方式分别为第二和第一近邻构型。固溶处理中，合金元素在奥氏体晶格中充分地扩散和迁移，以最稳定的分布方式固溶于 γ－Fe 晶格中。在不考虑其他合金元素的条件下，构建的奥氏体不锈钢的晶体结构如图 5.20(a) 所示。该晶体结构中含有 5 个 Fe、两个 Cr 和 1 个 Ni 原子，Cr 和 Ni 的原子数分数为 25% 和 12.5%，略高于奥氏体不锈钢中的实际含量。其中，两个 Cr 为第二近邻分布，1 个 Ni 与 2 个 Cr 均为第一近邻分布，形成了 Cr—Ni 原子的团簇。

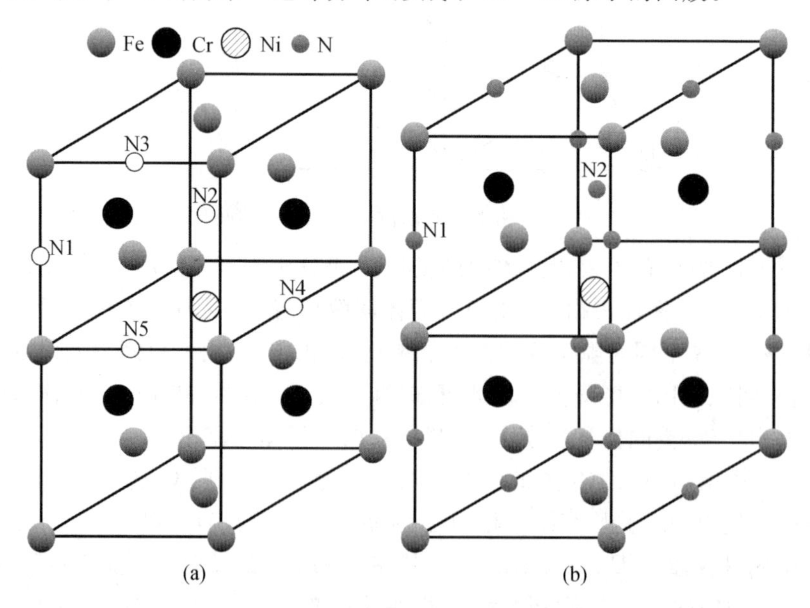

图 5.20 奥氏体不锈钢和 S_N 相的晶体结构模型示意图

在奥氏体晶胞中，八面体间隙为 N 原子的稳定占位。根据构成八面体外来间隙原子种类的不同，构建的奥氏体晶胞中有5种不同的间隙位置，如图5.20(a)所示：(1)N1间隙，由2个Cr和4个Fe原子构成；(2)N2间隙，由3个Fe、2个Cr和1个Ni原子构成；(3)N3间隙，由6个Fe原子构成；(4)N4间隙，由2个Cr、2个Ni和2个Fe原子构成；(5)N5间隙，由4个Fe和2个Ni原子构成。

在低温化学热处理过程中，金属原子的扩散速率是极其缓慢的。例如，在450 ℃，Cr原子的扩散系数为$10^{-21}\,m^2 \cdot s^{-1}$。这表明，即使经历数十小时的保温处理，Cr原子的扩散距离都远小于一个奥氏体晶胞的大小。由此可知，经低温渗氮或碳氮共渗后，除了S_N相层中的层错和孪晶区域，S_N相中大部分的合金元素仍保持着其在奥氏体晶胞中的分布方式。

第一性原理计算的结果表明：在S_N相中，N优先占据Cr的第一近邻八面体间隙，然后为Fe的近邻间隙，最次为Ni的近邻间隙。据此，可对N在图5.20(a)中几种八面体间隙的择优占据进行排序：N1＞N2＞N3＞N4＞N5。EXAFS的研究结果表明：氮化处理的奥氏体不锈钢中，Cr、Fe和Ni原子第一近邻的N原子数分别为4.9、3.3和3.0；脱氮处理后，Cr、Fe和Ni原子第一近邻的N原子数为3、＜0.5和＜0.5。这也与第一性原理计算获得的N原子择优占位相吻合。扩展X射线吸收精细结构谱(EXAFS)的结果还表明：Cr原子的第一近邻八面体间隙为N原子的稳定占位，是N原子的陷阱；Cr和Ni原子的近邻八面体间隙则为N原子的亚稳占位，在渗氮或脱氮过程中可以扩散或逃逸。

基于上述结果和分析，对S_N相晶体结构进行构建：N首先占据全部的N1间隙，晶胞中N的原子数分数为27.3%，Cr、Fe和Ni第一近邻的N原子数分别为3、2和0；N继续占据亚稳定的N2间隙，N的原子数分数为38.4%，Cr、Fe和Ni第一近邻的N原子数分别为5、3.6和2。由此，构建的S_N相的晶体结构如图5.20(b)所示，N原子占据了全部的N1和N2位置，其中N2位置的N为亚稳的。实验获得S_N相的最高N的原子数分数为38%，这也与所构建的S_N相的N浓度接近，这就表明所构建的奥氏体晶胞中的其他间隙位置很难被N原子占据。

基于简化的奥氏体不锈钢的晶体模型，结合理论计算和实验结果，构建了S_N相的晶体结构模型。上述模型中，合金元素的成分和实际情况存在差异，这也导致理论模型与实验结果的差异。构建的奥氏体不锈钢模型中，Cr和Ni的原子数分数为25%和12.5%，高于其在AISI304钢和AISI316钢中的实际含量。在EXAFS的研究中，基体材料为AISI316钢。AISI316钢中Cr和Ni原子数分数约为18%和10%，其比例低于模型中2∶1。由此可知，AISI316钢中Cr周围更高的Ni数量会导致Cr近邻N原子数的降低和Ni近邻N原子数的提高。奥氏体不锈钢的Cr含量低于所构建的晶体模型，并且N在N2间隙为亚稳占位，这都导致实验获得的S_N相中N浓度低于理论预测。

在奥氏体晶胞中,Cr 有 6 个第一近邻的八面体间隙,而 EXAFS 结果表明其近邻有 4.9 个 N 原子。基于第一性原理计算可知,Cr 周围的 Ni 导致其近邻八面体间隙N4位置为N的不稳定占位。由此可知,Cr—Ni的团簇导致N不能完全占据 Cr 的第一近邻八面体间隙。这就表明 Ni 元素有抑制 N 在 Cr 周围偏聚的倾向,在一定程度上延迟了 CrN 的析出。

基于实验结果和理论计算,实现了对 S_N 相的晶体结构模型的构建。该模型中只考虑了 Cr 和 Ni 元素,且其含量也与实验值存在偏差。基于第一性原理计算,已经获得 Cr、Ni、Mo、Mn 和 Ti 等近邻间隙位置 N 的偏聚倾向及占位稳定性。合金元素种类和含量的变化影响了奥氏体不锈钢晶格中 N 的稳定占位、亚稳占位和不稳定占位的数量。N 的各种占位数量的变化影响了 S_N 相的稳定性、N 浓度和生长速度等。在实际的研究中,需要结合具体钢种,对其表面生成的 S_N 相的晶体结构模型进行修正。当奥氏体不锈钢中含有 Mo 元素时,可做如下修正:基于第一性原理计算可知,γ 相中 Mo—Mo 和 Cr—Mo 的稳定分布方式为第二近邻构型,且 N 在 Cr 和 Mo 原子周围均具有强的偏聚倾向;在 S_N 相中 Cr—Mo 以第二近邻构型的分布方式存在,N 先占据 Cr—Mo 中间的八面体间隙,然后占据 Mo 原子近邻的其他间隙。

在 S_N 相中,N 在 Cr、Mo 等合金元素周围的偏聚形成了 FSA—N 的团簇,造成了局域的、较高的残余应力和较大的形变。由于 FSA—N 键强的共价性,团簇区具有更高的强度。与团簇毗邻的区域内没有 N 的稳定占位,原子之间为金属键,强度与奥氏体不锈钢接近。团簇区域内较高的形变会导致其毗邻区域的协同变形。当残余应力超过了奥氏体不锈钢的屈服强度时,毗邻区域内发生塑性变形,导致层错和孪晶的生成。层错和孪晶的形成释放了部分的残余应力。同时,层错区域的原子错排形成了局域的密排六方结构。N 在层错区域内的固溶会形成稳定的氮化物 $\varepsilon-Fe_{2-3}N$ 相,因此层错也是 N 的稳定占位。$\varepsilon-Fe_{2-3}N$ 相的生成也降低了 S_N 相中的氮浓度和 S_N 相层内的残余应力。

综上所述,S_N 相不具有完美的周期性晶体结构,晶格中金属原子保持了准面心立方结构,N 占据了 Cr、Mo 等原子的第一近邻八面体间隙并形成团簇,亚结构为层错和孪晶,层错和孪晶处也固溶了大量的 N 原子。

5.2.5 S_N 相的形成和生长机制

基于第一性原理计算,结合实验研究结果,获得了合金元素对 S_N 相稳定性的影响,实现了奥氏体不锈钢和 S_N 相的晶体结构的构建。基于以上结果,对 S_N 相的形成和生长机制进行了讨论。

根据热力学分析可知,原子扩散的驱动力为原子的化学势的差异。在热力学和统计力学中,化学势等于体系的总吉布斯自由能除以体系粒子总数。它代表了在一个体系内加入一个额外粒子所需要的能量。在第一性原理计算中,N 占据 S_N 相中的稳定间隙时,体系有更低的总能量;而 N 位于亚稳定或稳定间隙时,体系总能量较高。由此可知,亚稳定或不稳定间隙中 N 的化学势高于稳定间隙位置中 N 的化学势。N 在间隙位置占位的稳定性导致了 N 化学势的差异,进而为 N 的扩散提供了驱动力。

低温条件下,合金原子的扩散被抑制,外来间隙原子可以在晶格中扩散和迁移。在渗氮或氮碳共渗过程中,N 扩散进入 γ 相中,并稳定占据某些间隙,造成了晶格膨胀,生成了早期的 S_N 相。同时,与之毗邻的晶格也会由于错配而膨胀。毗邻晶格的膨胀使得该晶格中的某些间隙成为 N 的亚稳或稳定占位。随后,N 扩散进入毗邻晶格内,形成稳定占位,也就生成了稳定的 S_N 相。基于此,构建了奥氏体不锈钢和 S_N 相界面处的晶体结构的示意简图,如图 5.21 所示。图中从左至右分为三部分,即 S_N 相、中间相和 γ 相。在该模型中,对三种相均进行了简化,都只有单个晶胞的厚度。三种相均为面心立方结构(或者准面心立方结构),共格面为(100)。S_N 相左侧的晶面可能不是实际的奥氏体不锈钢的表面,这里采用(100)作为表面只是为了简化模型的构建,且使用此模型不会影响对 S_N 相的形成和生长机制的阐述。

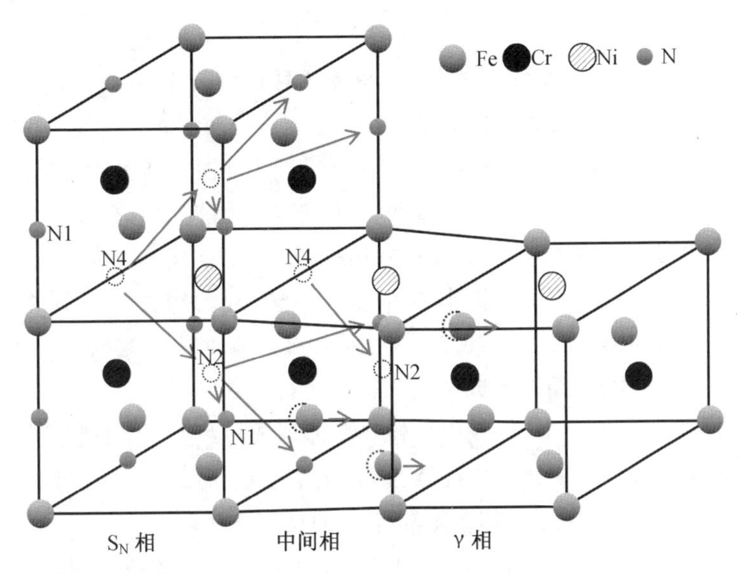

图 5.21　S_N 相的形成和生长机制示意图

在低温渗氮或氮碳共渗初期,表面极高的 N 浓度梯度使得 N 扩散进入奥氏体不锈钢最表面的晶格中(本质的扩散驱动力为 N 原子的化学势之差),形成了早期的膨胀奥氏体。膨胀奥氏体形成后,Cr、Mo 等原子的近邻八面体间隙成为

N的稳定占位，且N的扩散系数提高，N偏聚于Cr和Mo原子周围，即N占据S_N相左侧晶面的N1位置，形成了稳定的S_N相。此时S_N相左侧晶面上的N4位置就成为N的扩散通道。扩散到N4的N会继续扩散至亚稳的N2位置，形成N的亚稳定占位。N占据N2位置，导致了晶格的膨胀，S_N相右侧晶面(S_N相和中间相的共格界面)的N1位置就成为N的稳定占位。此时N2位置和N4通道扩散进来的N原子就会占据S_N相右侧晶面上的稳定间隙N1。当共格界面上的N1位置完全被占据后，中间相的左侧晶面(即共格界面)已经形成了膨胀。中间相(200)晶面上的Fe原子也会被N1位置的N向右推移，使得中间相的N2间隙体积膨胀并成为N的亚稳位置。N通过N4位置扩散至N2位置，至此，S_N相完成了一个晶格大小的生长周期。

在S_N相的生长过程中，N占据稳定间隙会导致N扩散通道的减少，因此S_N相太高的N浓度会降低N的扩散系数。这也与实验结果一致，即N的扩散系数是与浓度相关的，在一定的浓度获得最大的扩散系数。奥氏体不锈钢中Cr、Mo与N原子之间均为排斥作用，只有一定程度的晶格膨胀才能使得Cr和Mo的第一近邻间隙成为N的稳定占位。因此，S_N生长需要界面处N的堆积和实现一定程度的晶格膨胀，即N完全或占据多个界面处的稳定间隙位置后，才能实现下一周期N的扩散。这就表明只有形成S_N相的生长受N的反应扩散控制。基于S_N相层的生长过程可知，与基体毗邻的S_N相仍然具有很高的N浓度，S_N相层内很难出现明显的扩散区。这也与实验结果一致。

在上述模型中，基于实验结果和理论计算，对S_N相的形成和生长机制进行了唯像描述。该模型中合金元素的含量和分布与实际情况存在一定的差异，只是S_N相形成过程中的一种情况。结合实际情况，可对上述模型进行修正。合金元素含量和分布的改变影响了晶格中N的稳定占位、亚稳定占位和不稳定占位的数量和分布。根据第一性原理的结果，可对合金元素变化引起的N占位的变化进行分析，进而可对S_N相的形成和生长机制进行描述。

上述模型中，没能给出S_N相中层错和孪晶形成过程。S_N相层中层错和孪晶形成机制的研究需要大量的理论计算：合金元素在层错或孪晶的占位、N原子对层错能的影响、层错和孪晶中合金元素与N的交互作用等。

综上所述，S_N相是由于在低温条件下，合金元素的扩散被抑制，N原子扩散进入奥氏体的晶格中并形成稳定或亚稳定占位而形成的间隙超饱和的固溶体。在S_N相的生长过程中，N的稳定占位形成S_N相；亚稳定占位造成了奥氏体晶格的膨胀，降低了N扩散的势垒，促进了N的扩散；不稳定占位是N原子的扩散通道，其数量影响了S_N层的生长速度；S_N相层的生长受N反应扩散控制。

5.3 S_C 相的晶体结构及形成机制

5.3.1 S_C 相晶体结构的物理描述

由实验研究结果可知，S_C 相具有如下特征：(1) 在 S_C 相层中，C 原子数分数呈梯度分布；(2)S_C 相的 C 原子数分数在很大的一个范围之内，最高可达 12%；(3) 无应力的 S_C 相为面心立方结构。

第一性原理计算的结果表明，C 在 γ－Fe 中的择优分布是与浓度相关的。超晶胞 Fe16 中含有两个 C 原子时，该结构中 C 原子数分数为 11.1%。这与实验制备的 S_C 相的最高 C 原子数分数接近。在 Fe16 超晶胞中，C 原子在第一和第二近邻构型中相互排斥，是不稳定的构型；在第三和第四近邻构型中 C 原子之间为吸引作用，它们为稳定构型。由此可知，C 原子数分数为 11.1% 时，C 原子的第三和第四近邻构型为稳定分布方式。

基于 Fe—C 合金的穆斯堡尔谱结果，研究人员构建了图 5.22 所示的晶体模型 Fe8C，并用以代表 Fe—C 合金中 C 原子的分布方式。该晶体模型为面心立方结构，空间群为 Fm－3m。晶胞中有 32 个 Fe 原子和 4 个 C 原子，其中 C 原子数分数为 11.1%。该晶体模型中，C 原子分布方式为第四近邻构型。这也与第一性原理计算的结果相吻合。

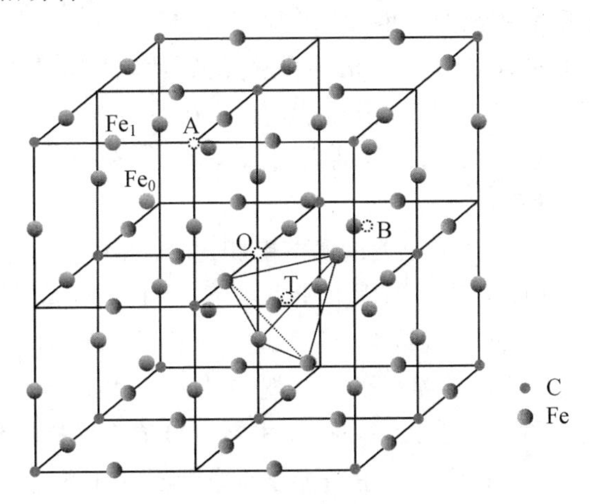

图 5.22　S_C 相的晶格模型

奥氏体不锈钢经低温渗碳处理后，在其表面可获得了单一的 S_C 相层。此时，奥氏体不锈钢中的 Cr、Ni、Mo、Mn 和 Ti 等合金元素固溶于 S_C 相的晶格点阵中。

基于第一性原理计算和实验研究的结果，从 Fe8C 的晶体模型出发对 S_C 相的晶体结构进行构建：合金元素取代 Fe8C 晶体结构中的部分 Fe 原子，C 原子在某些合金元素周围偏聚。

在图 5.22 的晶体模型中，有两种类型的 Fe 原子：Fe_0 原子，第一近邻没有 C 原子；Fe_1 原子，第一近邻有 1 个 C 原子。表 5.10 中给出了理论计算的 Fe8C 的晶格参数、形成能和原子磁矩。第一性原理计算获得的 Fe8C 的晶体结构与其他的实验和理论计算的结果接近，这就表明第一性原理计算具有很高的可靠性。Fe8C 的形成能为正的 0.097 eV，这就表明 Fe8C 的晶体结构为亚稳定的。Fe8C 中，Fe_1 的磁矩低于 Fe_0 原子，这就表明 Fe 原子近邻的 C 原子降低了其磁矩。

表 5.10 Fe8C 的晶格参数、形成能和原子磁矩

	晶格参数 /nm	E_f/eV	$M(\mu_B)$		
			μ_{Fe0}	μ_{Fe1}	μ_C
Fe8C	$a=0.7294$，0.7323[a]，0.7398[b]，0.7154[c]	0.097	2.68，2.71[b]	2.04，2.12[b]	−0.3，−0.16[b]

[abc] 来自相关参考文献。

图 5.22 中给出了 S_C 相中的八面体间隙（O）和四面体间隙（T）。C 在八面体间隙和四面体间隙的固溶能分别为 −0.082 eV 和 1.432 eV。这就表明八面体间隙为 C 原子的稳定占位，而四面体间隙则为不稳定或过渡占位。S_C 相中，C 占据八面体和四面体间隙对 S_C 相稳定性的影响相反。根据 $\Delta E = E^{I}_{sol}(T) - E^{I}_{sol}(O)$，可获得 C 在 S_C 相中的扩散激活能为 1.514 eV。与 C 在 γ−Fe 中的扩散激活能 2.663 eV 相比，S_C 相中 C 的扩散激活能显著降低，使 C 具有更快的扩散速率。奥氏体晶格的膨胀降低了 C 的扩散激活能，使 C 在 S_C 相中的扩散速率高于其在 γ−Fe 中的扩散速率。这也与实验结果相吻合，C 在 S_C 相中的扩散速率高于其在 γ−Fe 中的扩散速率。

与 C 在 γ−Fe 中两种间隙位置的固溶能相比，S_C 相中 C 占据八面体间隙的固溶能升高。这就表明 S_C 相中 C 的固溶能力弱于 γ−Fe 中 C 的固溶能力。这就表明，在 S_C 相与 γ−Fe 的界面处或毗邻区域内的 C 原子倾向于占据 γ−Fe 的八面体间隙位置，从而使体系的能量更低。这就会导致 S_C 相层的 C 向 γ−Fe 中的扩散。因此，S_C 相的 C 浓度不会太高，且 S_C 相层中 C 浓度呈梯度分布，由表及里逐渐降低。但同时由于 C 在 γ−Fe 中的扩散速率低于其在 S_C 相中的扩散速率，因此 C 在 S_C 相中堆积，这就保证了 S_C 相较高的 C 浓度。

5.3.2 S_C 相中合金元素的占位和 C 的偏聚

合金元素 Cr、Mo、Ni、Mn、Ti 原子分别取代晶体模型 Fe8C 中的 Fe_0 和 Fe_1 原子，本节研究了合金元素在 S_C 相中的择优占位及其对 S_C 相稳定性的影响。

表5.11中给出了合金元素取代 S_C 相中不同位置Fe后，S_C 相的形成能。合金元素取代不同位置Fe后，S_C 相的形成能均为正值，这就表明含合金元素的 S_C 相是亚稳定的。合金元素取代 Fe_0 原子时，S_C 相的形成能更小，这就表明合金元素择优取代 Fe_0 原子。

表5.11　合金元素取代 S_C 相中Fe原子后的形成能　eV

置换位置	Cr	Mo	Ni	Mn	Ti
Fe_1	0.089	0.101	0.089	0.102	0.075
Fe_0	0.077	0.089	0.085	0.100	0.060

与Fe8C的形成能0.097 eV相比，Cr、Ni和Ti取代两种位置的Fe后，S_C 相的形成能均变小，S_C 相的稳定性获得提升。Mo元素取代 Fe_1 时，降低了 S_C 相的稳定性；取代 Fe_0 时 S_C 相的稳定性略有提高。Mn元素取代两种位置的Fe原子均降低了 S_C 相的稳定性。合金元素Cr、Ni和Ti等有助于提高 S_C 相的稳定性。

表5.12中给出了合金元素取代 Fe_1 后，合金元素与C的键长、局域形变和键集居数。由表可知，FSA—C的键长均大于Fe—C键，且导致了合金原子周围的局域形变。C与Cr、Mo和Ti等原子成键时引起的局域形变较大，Mn和Ni导致的局域形变较小。由此可知，合金元素与C键合时引起的局域形变也是 S_C 相内应力来源之一。此外，晶格内的局域形变和应力会导致其XRD衍射峰的宽化，这也与 S_C 相的XRD结果吻合。Cr—C和Ni—C的键集居数与Fe—C的键集居数相差不大，而Mo—C、Mn—C和Ti—C的键集居数低于Fe—C键。这就表明 S_C 相中，C原子不会优先占据合金原子的近邻间隙。实验研究中，S_C 相层中的析出相为 M_5C_2 和 M_7C_3，其中M不是纯的Fe，部分Fe被合金元素Cr、Ni等取代。这也与第一性原理计算的结果相吻合，即 S_C 相中合金元素周围不易于形成C的偏聚区。

表5.12　合金元素取代 S_C 相中 Fe_1 后的FSA—C键长、局域形变和键集居数

置换位置	Fe—C	Cr—C	Mo—C	Ni—C	Mn—C	Ti—C
键长/nm	0.187 752	0.200 781	0.209 178	0.189 448	0.193 922	0.210 235
局域形变/%		6.9	11.4	0.9	3.3	12.0
键集数居	0.33	0.32	0.29	0.36	0.24	0.17

Cr、Ni和Mo取代 S_C 相中的 Fe_0 原子时，S_C 相具有更高的稳定性。下面对C在Cr、Ni和Mo周围的偏聚倾向进行研究。以FSA取代 Fe_0 的稳定结构为基础，添加C原子至FSA的第一近邻和最远端的八面体间隙位置，即图5.22中的A和B间隙位置。FSA第一近邻和远端的C原子分别记为n－C和f－C。计算C在两

种间隙的固溶能，即可表征Cr、Mo和Ni周围C的偏聚倾向。

表5.13中给出了n－C和f－C在S_C相中的固溶能。当S_C相中无合金原子时，C的固溶能为－0.082 eV，这就表明C的固溶提高了S_C相的稳定性。当Cr和Ni取代Fe_0后，n－C的固溶能均为正值，均降低了S_C相的稳定性；f－C的固溶能为负值，提高了S_C相的稳定性。由此可知，S_C相中Cr和Ni的第一近邻间隙为C的不稳定占位。Mo取代Fe_0后，n－C和f－C的固溶能均为负值，提高了S_C相的稳定性。其中，f－C的固溶能更负，这就表明S_C相中Fe的近邻间隙为C的稳定占位。

表5.13 n－C和f－C在S_C相中的固溶能 eV

位置	Fe	Cr	Mo	Ni
n－N	－0.082	0.087	－0.004	0.091
f－N		－0.108	－0.126	－0.176

S_C相中，C择优占据晶胞中Cr、Ni和Mo最远的间隙位置，即完全由Fe构成的八面体间隙。由此可知，S_C相中Fe的第一近邻间隙为C的稳定占位，较难形成Cr—C和Mo—C团簇。在γ－Fe中，Cr、Mo与C原子之间均为强的排斥作用，其第一近邻间隙为C的不稳定占位，降低了C在γ－Fe中的固溶度。在S_C相(C原子数分数为11.1%)中，Cr和Mo的近邻间隙为C的不稳定占位。提高S_C相的C原子数分数(13.2%)，Mo的近邻间隙为C的亚稳定占位，Cr的第一近邻间隙为不稳定占位。

综上所述，S_C相中合金元素的第一近邻间隙形成C的稳定占位，不易于形成合金原子和C的团簇。无合金元素的S_C相(Fe8C)中的间隙位置为C的稳定占位。

5.3.3 S_C相的晶体结构及其形成和生长机制

实验制备的S_C相的C浓度在很大的范围区间内。S_C相浓度的不确定性导致很难对S_C相的晶体结构进行构建。基于第一性原理计算，获得了S_C相中C的择优占位，合金元素对S_C相稳定性的影响等。结合实验和理论结果，对S_C相的晶体结构、形成和生长机制进行了讨论。

第一性原理计算结果表明：基于Fe8C构建的S_C相的晶体结构是亚稳定的；Cr、Ni和Ti等合金元素具有提高S_C相稳定性的作用；S_C相中Fe的第一近邻间隙为C的择优占位，而合金原子第一近邻间隙为C的亚稳或不稳定占位。

在图5.20中构建的奥氏体不锈钢的晶体模型中，只有N3间隙为C的稳定占位，其余间隙均为亚稳或不稳定占位。C占据N3间隙，即可实现对S_C相晶体结构的构建。该结构中C的原子数分数为11.1%。这也与实验制备的S_C相的最高原子数分数12%接近。C占据N3间隙后,C原子为第二近邻分布。此时C原子之间为强的排斥作用,这会导致部分N3位置的C为不稳定占位,且可以扩散和迁移。同时,上述构建的S_C相也是亚稳定的。上述模型中,部分N3位置C的迁移降低了S_C相的C浓度,使S_C相具有较大的C浓度区间。

C在$\gamma-Fe$中的固溶能(即C占据Fe32超晶胞中的八面体间隙位置)为负的(−0.507 eV),远高于C在Fe8C中的固溶能−0.082 eV。这就表明$\gamma-Fe$中的八面体间隙为C的更稳定的占位。由此可知,与S_C相毗邻的奥氏体晶格中的八面体间隙为C的更稳定占位,这会导致S_C相中不稳定占位的C原子向奥氏体晶格中的扩散和迁移。C在$\gamma-Fe$和S_C两种相中不同的占位稳定性造成了C的化学势的差异,为C的扩散提供了驱动力。

在$\gamma-Fe$中,合金原子Cr、Mo对第一近邻的C有强的排斥作用,即合金原子的第一近邻八面体间隙为C的不稳定占位。奥氏体不锈钢中含有大量的合金元素,这就会减少奥氏体不锈钢晶格中C的稳定占位的数量,并提高C扩散的势垒。因此,S_C相中的C原子向奥氏体不锈钢中的扩散是很缓慢的。S_C相的晶格膨胀降低了C的扩散势垒,提高了C的扩散速率。C在奥氏体不锈钢中扩散速率较小导致了S_C相中C的堆积,获得了较高C浓度的S_C相。基于上述分析可知,S_C相层的生长受N的纯扩散控制。

综上所述可知,S_C相为膨胀的面心立方结构,其中C占据部分Fe的第一近邻间隙,合金原子第一近邻间隙没有被占据。在S_C相和奥氏体不锈钢的晶格中,C在不同间隙位置的占位稳定性的不同导致了C的化学势差异,提供了C的扩散驱动力。与奥氏体不锈钢相比,C在S_C相中有更高的扩散速率,形成了高C浓度的S_C相层。在奥氏体不锈钢中,C更高的占位稳定性导致了S_C相中C向奥氏体不锈钢中扩散和S_C相层的生长。S_C相生长机制受N的纯扩散控制。

5.4　本章小结

本章对合金元素在$\gamma-Fe$中的交互作用等进行了系统的研究,基于$\gamma'-Fe_4N$和Fe8C的晶体模型分别构建S_N和S_C相,S相中合金与外来间隙原子的交互作用、外来间隙原子的择优占位以及S相中外来间隙原子的扩散,获得了以下结论:

(1)在$\gamma-Fe$中,Cr—Cr、Mo—Mo、Ti—Ti和Cr—Mo择优分布方式为第二近邻构型,Cr—Ni第一近邻构型为最稳定分布方式,而Ni和Mn倾向于随机分布。在$\gamma-Fe$中,Cr、Mo和Ni与第一近邻的外来间隙原子之间为排斥作用,Mn对第一近邻的两种外来间隙原子都有吸引作用,Ti吸引第一近邻的N而排斥C。

(2)S_N 相不具有理想的晶体结构，晶格中金属原子保持了准面心立方结构，N 占据了 Cr、Mo 等原子的第一近邻八面体间隙并形成短程有序。S_N 相是由于在低温条件下，合金元素的扩散被抑制，N 扩散进入奥氏体的晶格中占据稳定或亚稳定占位而形成的间隙超饱和的固溶体。在 S_N 相的生长过程中，N 的稳定占位形成 S_N 相，亚稳定占位和不稳定占位是 N 原子的扩散通道，S_N 层的生长需要 N 原子浓度的堆积，S_N 相层的生长受 N 的反应扩散控制。

(3)S_C 相的晶体结构也为非理性的面心立方结构，其中 C 占据部分 Fe 的第一近邻间隙，合金原子第一近邻间隙没有被占据。C 在 $\gamma-Fe$ 和 S_C 两种相中稳定占位的固溶能之差就为 C 提供了扩散驱动力。奥氏体不锈钢中，C 较小的扩散速率导致了 S_C 相中 C 浓度的升高。S_C 相层的生长受 C 的纯扩散控制。

参考文献

[1] DONG H. S-phase surface engineering of Fe—Cr,Co—Cr and Ni—Cr alloys[J]. Int. Mater. Rev. ,2010,55(2):65-98.

[2] SOZINOV A L,GAVRILJUK V G. Estimation of interaction energies Me—(C,N)in f. c. c. iron-based alloys using thermo-calc thermodynamic database[J]. Scripta Mater. ,1999,41(6):679-683.

[3] BLANTER M S,MAGALAS L B. Carbon-substitutional interaction in austenite[J]. Scripta Mater. ,2000,43(5):435-440.

[4] SOZINOV A L,BALANYUK A G,GAVRILJUK V G. C—C interaction in iron-base austenite and interpretation of Mössbauer spectra[J]. Acta Mater. ,1997,45(1):225-232.

[5] WILLIAMSON D L,OZTURK O,WEI R,et al. Metastable phase formation and enhanced diffusion in f. c. c. alloys under high dose,high flux nitrogen implantation at high and low ion energies[J]. Surf. Coat. Technol. ,1994,65(1-3):15-23.

[6] MICHAL G M,ERNST F,KAHN H,et al. Carbon supersaturation due to paraequilibrium carburization:Stainless steels with greatly improved mechanical properties[J]. Acta Mater. ,2006,54(6):1597-1606.

[7] ODDERSHEDE J,CHRISTIANSENT L,STÅHL K,et al. Extended X-ray absorption fine structure investigation of nitrogen stabilized expanded austenite[J]. Scripta Mater. ,2010,62(5):290-293.

[8] BLANCÁ E L P Y,DESIMONI J,CHRISTENSEN N E. First principles determination of hyperfine parameters on fcc-Fe8X (X = C,N)

arrangements[J]. Hyperfine Interact. ,2005,161(1-4):197-202.

[9] TIMOSHEVSKII A N,TIMOSHEVSKII V A,YANCHITSKY B Z. The influence of carbon and nitrogen on the electronic structure and hyperfine interactions in face-centred-cubic iron-based alloys[J]. J. Phys. Condens. Matter,2001,13(5):1051.

[10] CHENG L,BÖTTGER A,DE KEIJSER T H,et al. Lattice parameters of iron-carbon and iron-nitrogen martensites and austenites[J]. Scripta Metall. ,1990,24(3):509-514.

[11] ERNST F,CAO Y,MICHAL G M,et al. Carbide precipitation in austenitic stainless steel carburized at low temperature[J]. Acta Mater. ,2007,55(6):1895-1906.

第6章　热扩渗层中析出相的性质

在低温化学热处理过程中，与外来间隙原子的扩散速率相比，合金元素的扩散几乎可以忽略。因此，共渗层中出现的析出相可能是含有合金元素的多元化合物相。本章采用第一性原理计算对共渗层中析出相的晶体结构、稳定性、弹性和电子结构等性质进行了研究。在此基础上，对共渗层中的析出相顺序及其对共渗层性能的影响进行了讨论。

6.1　渗氮层中析出相的性质

6.1.1　铁氮化合物的稳定性和弹性性质

铁氮化合物(FeN)是化学热处理改性层中最常见的生成相，具有较高的硬度，可以显著提高材料表面的抗疲劳、耐磨和耐蚀性。本小节采用第一性原理计算的方法对系列铁氮化合物的晶体结构、热力学稳定性、机械稳定性、弹性性质和电子结构进行了研究，为化学热处理改性层中的相演变、渗层性能表征和表面相调控等提供理论基础。

在化学热处理中，FeN 通常作为过渡相在改性层的最表面生成，是不稳定的。研究发现，FeN 有两种晶体结构，RS 和 ZB 类型。对于 Fe_2N，常见的有三种晶体结构，$\zeta-$、$\eta-$和 $\varepsilon-Fe_2N$。$\varepsilon-Fe_3N$ 为密排六方结构，也具有较高的氮浓度。$\gamma'-Fe_4N$ 也是渗层中常见的生成相，为面心立方结构晶体，具有较高的硬度和塑性。$\alpha''-Fe_{16}N_2$ 是不稳定的相，在 220 ℃ 回火时可以分解为 $\gamma'-Fe_4N$ 和 Fe，具有体心四方结构。

表 6.1 给出了理论计算获得的铁氮化合物的晶体结构和形成能。氮化物的晶格常数与其他实验值和理论结果相比，误差很小，说明第一性原理计算具有较高的可靠性。ZB－FeN 具有较负的形成能，其稳定性高于 RS－FeN。三种结构的 Fe_2N 都具有较负的形成能，且数值比较接近，它们的稳定性相差不大。$\gamma'-Fe_4N$ 和 $\alpha''-Fe_{16}N_2$ 的形成能也都为负值，表明了是热力学稳定的。根据形成能的大小，氮化物稳定性的顺序为 $\eta-Fe_2N > \varepsilon-Fe_2N > \zeta-Fe_2N > \varepsilon-Fe_3N > \gamma'-Fe_4N > ZB-FeN > \alpha''-Fe_{16}N_2 > RS-FeN$。

表 6.1　铁氮化合物的晶体结构参数和形成能

化合物	空间群	点阵常数 /nm	E_f/eV
RS－FeN	Fm－3m,a	0.400 8,0.402 1[a]	－0.001
ZB－FeN	F－43m,a	0.423 5,0.430 7[a]	－0.140
ζ－Fe_2N	Pbcn,(a,b,c)	(0.431 3,0.542 2,0.472 0), (0.434 1,0.544 8,0.475 4)[b]	－0.233
η－Fe_2N	Pnnm,(a,b,c)	(0.464 4,0.429 3,0.277 1), (0.470 4,0.431 4,0.276 9)[c]	－0.244
ε－Fe_2N	P312,(a,c)	(0.472 0,0.431 9),(0.478 7,0.441 8)[d]	－0.241
ε－Fe_3N	P312,(a,c)	(0.461 5,0.429 4),(0.478 9,0.441 0)[e]	－0.221
γ′－Fe_4N	Pm－3m,a	0.375 8,0.379 5[f]	－0.145
α″－$Fe_{16}N_2$	I4/mmm,(a,c)	(0.572 0,0.629 0),(0.565 2,0.623 6)[g]	－0.019

注：[a b c d e f g] 来自参考文献中的实验结果。

表 6.2 中给出了氮化物的理论弹性常数、体积模量(B)、剪切模量(G)、B/G、弹性模量(E)和泊松比(ν)。根据晶体的弹性常数可以判定其机械稳定性。对于四方晶系 α″－$Fe_{16}N_2$,其稳定性标准为

$$\begin{cases}(C_{11}-C_{12})>0, \quad (C_{11}+C_{33}-2C_{13})>0 \\ C_{11}>0, \quad C_{33}>0, \quad C_{44}>0, \quad C_{66}>0 \\ [(2(C_{11}+C_{12})+C_{33}+4C_{13})]>0\end{cases} \tag{6.1}$$

对于立方晶系的 γ′－Fe_4N、ZB－FeN 和 RS－FeN,其稳定性标准为

$$C_{11}>0, \quad C_{44}>0, \quad C_{11}>|C_{12}|, \quad (C_{11}+2C_{12})>0 \tag{6.2}$$

正交晶系 ζ－Fe_2N 和 η－Fe_2N 的稳定性标准为

$$\begin{cases}(C_{11}-C_{12})>0, \quad (C_{11}+C_{33}-2C_{13})>0 \\ C_{11}>0, \quad C_{22}>0, \quad C_{33}>0, \quad C_{44}>0, \quad C_{55}>0, \quad C_{66}>0 \\ [C_{11}+C_{22}+C_{33}+2(C_{12}+C_{13}+C_{23})]>0 \\ (C_{11}+C_{22}+C_{12})>0, \quad (C_{11}+C_{33}-2C_{13})>0 \\ (C_{22}+C_{33}-2C_{23})>0\end{cases} \tag{6.3}$$

六方晶系 ε－Fe_2N 和 ε－Fe_3N 的机械稳定性标准为

$$C_{44}>0, \quad C_{11}>|C_{12}|, \quad C_{33}(C_{11}+C_{12})>2C_{13}^2 \tag{6.4}$$

根据上述机械稳定性标准,所研究的铁氮化合物均为机械稳定的。

RS－FeN 具有最高的体积模量(268 GPa),ZB－FeN 的体积模量略微降低,

为 241 GPa。$\zeta-Fe_2N$ 和 $\eta-Fe_2N$ 的体积模量、剪切模量和弹性模型均非常接近。$\gamma-Fe_4N$ 的 B、G 和 E 分别为 168 GPa、54 GPa 和 146 GPa。$\alpha''-Fe_{16}N_2$ 的 B、G 和 E 分别为175 GPa、91 GPa 和 233 GPa。 系列铁氮化合物的 B/G 值都大于 1.75，表明它们均为韧性相。计算的泊松比均接近 0.3，说明系列铁氮化合物是金属性的。

表 6.2　氮化物的弹性常数(GPa)、体积模量(B,GPa)、剪切模量(G,GPa)、B/G、弹性模量(E,GPa) 和泊松比

化合物	弹性常数									B	G	B/G	E	ν
	C_{11}	C_{22}	C_{33}	C_{44}	C_{55}	C_{66}	C_{12}	C_{13}	C_{23}					
FeN－RS	440			46			142			241	75	3.21	203	0.367
FeN－ZB	332			108			236			268	78	3.44	213	0.278
$\zeta-Fe_2N$	361	376	398	90	119	102	219	217	159	258	96	2.69	256	0.332
$\eta-Fe_2N$	366	351	333	134	124	100	218	189	230	258	94	2.74	251	0.338
$\varepsilon-Fe_2N$	352		362	121			152	223		249	94	2.65	250	0.359
$\varepsilon-Fe_3N$	366, 342[a]		349, 375[a]	119, 110[a]			143, 158[a]	169, 171[a]		245, 228[a]	106, 99[a]	2.31	278, 260[a]	0.311, 0.31[a]
$\gamma-Fe_4N$	286 313[b] 337[c]			38 46[b] 59[c]			108 137[b] 131[c]			168 196[b] 194[c]	54 59[b] 74[c]	3.11	146,162[b] 159 ± 17[b] 197[c]	0.355, 0.36[a] 0.336[b]
$\alpha''-Fe_{16}N_2$	265 324[d]		298 344[d]	94 119[d]		127 40[d]	119 118[d]	129 158[d]		175 206[d]	91 86[d]	2.24	233 225[d]	0.336 0.32[d]

[acd] 第一性原理计算结果。

[b] 实验测试得 E 为(159 ± 17) GPa;其他值为第一性原理计算结果。

材料的剪切模量可以用来衡量材料的硬度。据此可知，在系列铁氮化合物中，$\alpha''-Fe_{16}N_2$ 可能具有最高硬度，Fe_2N 和 $\varepsilon-Fe_3N$ 也具有较高的硬度，其次为 FeN，最次为 $\gamma-Fe_4N$。系列铁氮化合物的氮浓度由大到小排序为 FeN、Fe_2N、$\varepsilon-Fe_3N$、$\gamma-Fe_4N$、$\alpha''-Fe_{16}N_2$。FeN 氮浓度最高，但其硬度值不是最高的，氮浓度最低的 $\alpha''-Fe_{16}N_2$ 反而具有最高硬度。根据其所属晶系进行分类，发现 FeN 和 $\gamma-Fe_4N$ 均为面心立方结构，$\alpha''-Fe_{16}N_2$ 为体心正方结构，Fe_2N 和 $\varepsilon-Fe_3N$ 为密排六方结构。由此可以推断，氮原子的强化效果不仅与氮浓度有关，还与铁原子的排布方式有密切的关系。在体心立方的 $\alpha-Fe$ 中，氮原子具有最显著的强化效果，在密排六方 $\varepsilon-Fe$ 中的强化效果略差，在面心立方 $\gamma-Fe$ 中的强化效果最差。

表 6.3 中给出了氮化物中各个原子的轨道电荷分布和磁矩，由此可以判定化合物中电子转移和原子电荷。在铁氮化合物中，铁原子失电子带正电，氮原子得电子带负电。

表 6.3　氮化物中原子的轨道电荷分布和磁矩

化合物	位置	轨道电子分布和磁矩					
		s	p	d	电子总数	电荷数	磁矩(μ_B)
RS－FeN	4a－Fe	0.25	0.48	6.59	7.32	0.68	1.54
	4c－N	1.70	3.98		5.68	－0.68	0.12
ZB－FeN	4g－Fe	0.21	0.49	6.67	7.37	0.63	0
	2a－N	1.72	3.91		5.63	－0.63	0
$\zeta-Fe_2N$	8d－Fe	0.31	0.63	6.72	7.66	0.34	1.46
	4c－N	1.68	3.99		5.68	－0.68	－0.1
$\eta-Fe_2N$	4g－Fe	0.31	0.63	6.72	7.66	0.34	1.42
	2a－N	1.69	3.99	0.00	5.68	－0.68	－0.10
$\varepsilon-Fe_2N$	6l－Fe	0.32	0.63	6.72	7.66	0.34	1.46
	1d/1e－N	1.68	3.98		5.67	－0.67	－0.10
	1a－N	1.68	4.01		5.70	－0.70	－0.08
$\varepsilon-Fe_3N$	6l－Fe	0.41	0.69	6.67	7.76	0.24	2.02
	1d/1e－N	1.69	4.02		5.71	－0.71	0.00
$\gamma-Fe_4N$	1a－Fe	0.57	0.96	6.53	8.06	－0.06	2.98
	3c－Fe	0.42	0.65	6.66	7.73	0.27	2.20
	1b－N	1.68	4.07		5.74	－0.74	0.02
$\alpha''-Fe_{16}N_2$	4e－Fe	0.56	0.68	6.64	7.87	0.13	2.14
	8h－Fe	0.52	0.72	6.64	7.88	0.12	2.34
	4d－Fe	0.59	0.87	6.56	8.02	－0.02	2.84
	2a－N	1.69	4.02		5.71	－0.71	－0.08

图 6.1 和图 6.2 分别为氮化物的总态密度和原子分波态密度。根据分波态密度，总态密度可划分为三个区域：(1) －8 eV 区域内的 p－d 杂化区域，主要来自于N－2p 和少量 Fe－3d 电子，表明铁氮化合物中 Fe—N 的共价结合；(2)d－d 键合区域，从 －5 eV 到费米面，来自近邻 Fe 原子 3d 电子之间的交互作用；

(3) 费米面以上的反键区域，主要为未成键的金属电子。由此可知，铁氮化合物的化学键兼具共价、金属和离子键的特征。

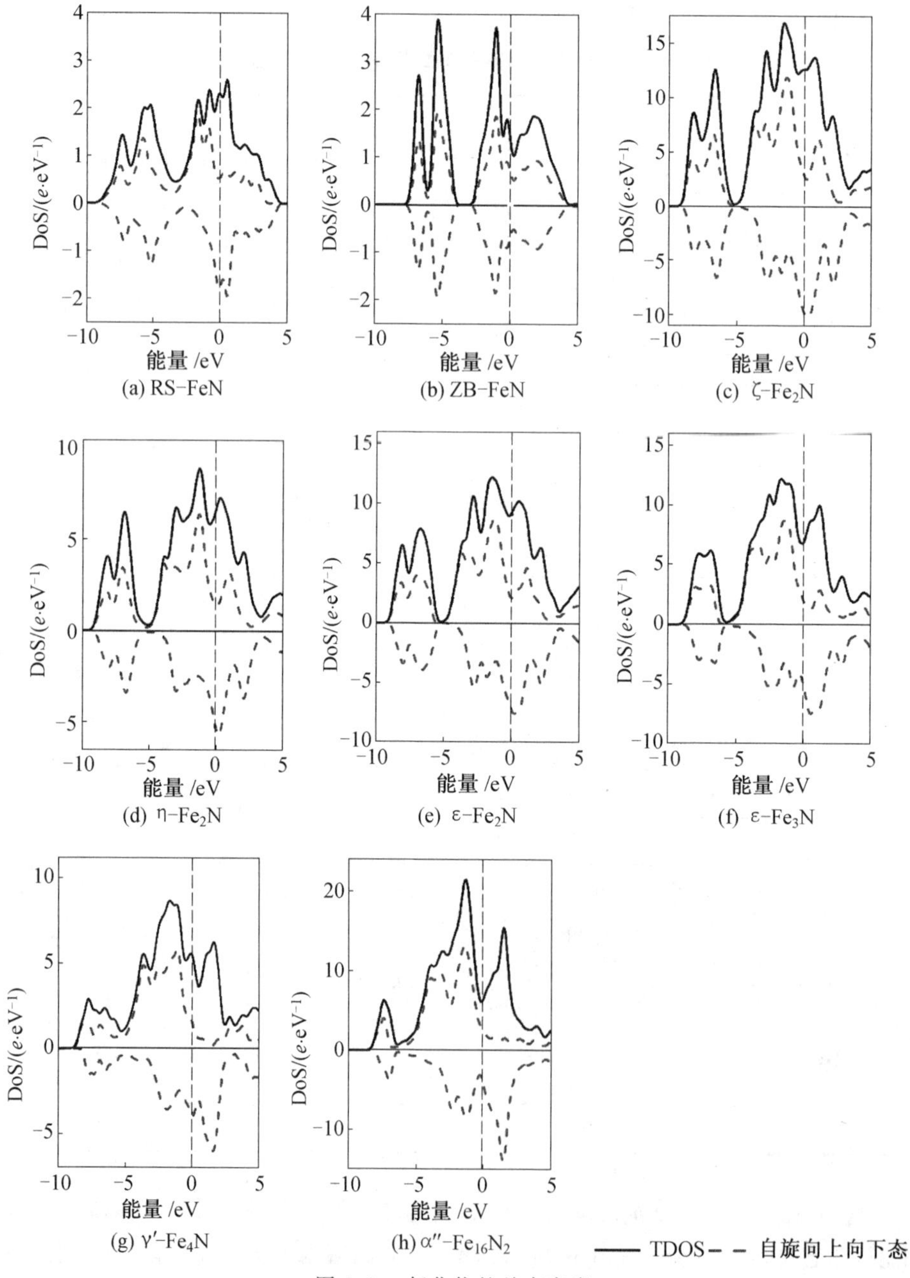

图 6.1　氮化物的总态密度

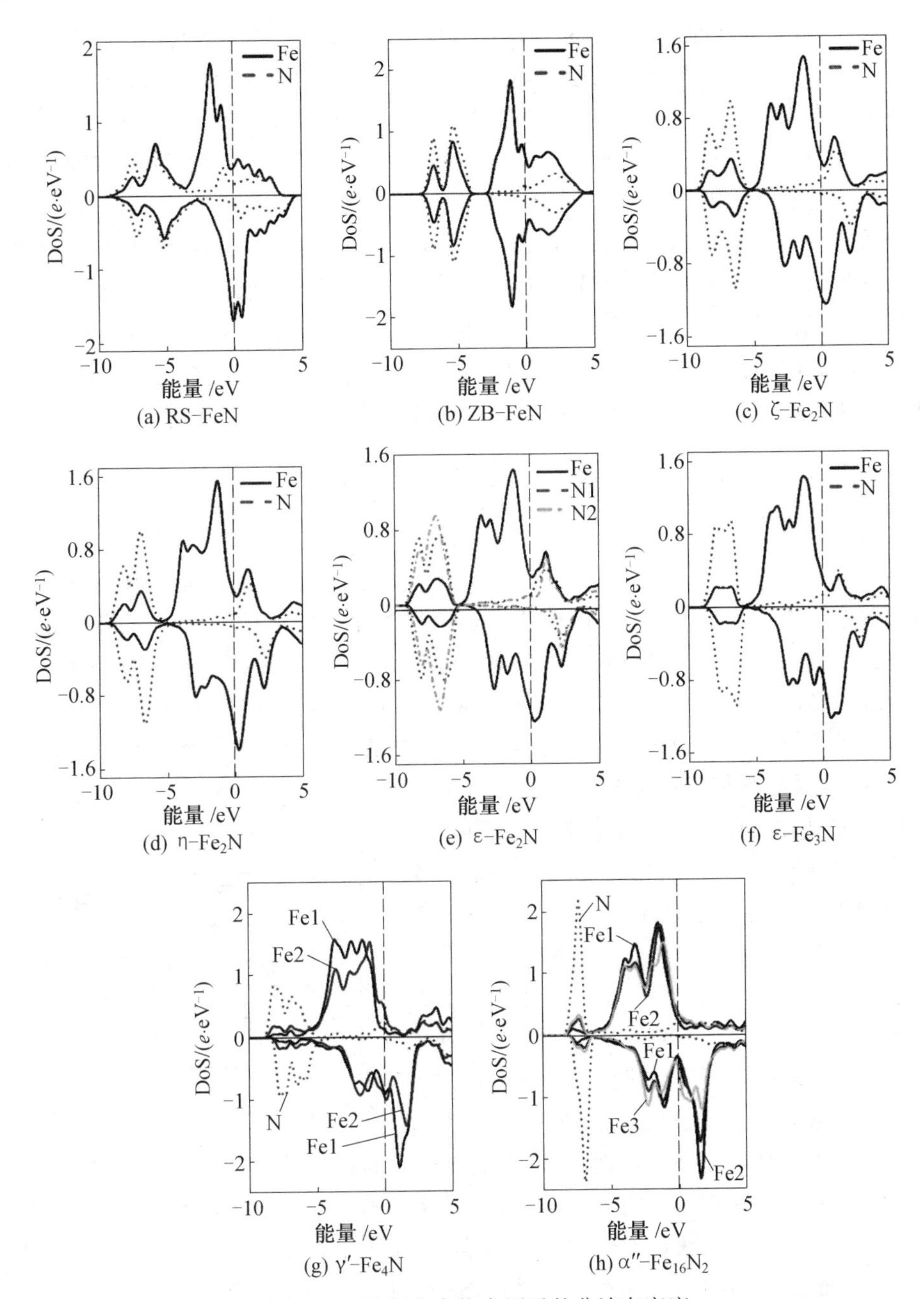

图 6.2　铁氮化合物中原子的分波态密度

p－d 杂化区域具有很强的方向性，具有很强的对抗剪切变形的能力。费米面附近的金属性的 d 电子来自于近邻金属原子的 d－d 金属键，对晶体的剪切模量有负的贡献。其中，费米面上的态密度（Number of states at the Fermi level，N_F）最重要,它的降低和升高通常对应于材料的硬化和软化。ZB－FeN的自旋向下的态密度超过了自旋向上的态密度,因此其呈现铁磁性。根据其分波态密度可知,其铁磁性主要来自于Fe－3d电子。RS－FeN的自旋向上和向下的态密度呈对称分布,故表现为非磁性。与ε－Fe_2N相比,ε－Fe_3N的p－d杂化区域的劈裂较弱,表明其中的共价键的强度减弱,但是N_F低于ε－Fe_2N,故其剪切模量高于ε－Fe_2N。γ′－Fe_4N的p－d区域有较多的劈裂峰,但是N_F位于峰尖位置。在剪切力作用下,两侧的波谷为脱键的电子提供了较多未占据态,促进了电子的再成键,表现出较好的韧性,这也与实验研究一致。α″－$Fe_{16}N_2$的p－d区域很小,这是因为α″－$Fe_{16}N_2$中的氮浓度较低,形成的Fe—N键数量较少。α″－$Fe_{16}N_2$的N_F位于谷底位置,提高了其对抗剪切变形的能力,使得其具有较高的剪切模量。

6.1.2　合金掺杂CrN的稳定性和弹性性质

铬(Cr)元素是奥氏体不锈钢中最重要的合金元素之一。铬原了通常以置换固溶的方式存在于面心立方铁的晶格中,从而提高了不锈钢的强度和耐蚀性。Cr是强烈的氮化物形成元素,因此化学热处理改性层中通常会有Cr的化合物的析出。在奥氏体不锈钢的S相工程中,CrN是最常见的析出相。本小节采用第一性原理计算的方法对CrN的晶体结构、弹性和电子性质等进行了研究。

在奥氏体不锈钢的S相工程的研究中,CrN的析出通常会导致渗层耐蚀性的急剧下降,因此S相工程的核心问题之一是抑制CrN的析出。CrN的析出首先需要Cr原子的扩散和偏聚,而S相通常是在较低的温度生成,外来间隙原子的扩散速率较大,Cr的扩散速率是很小的。在这里,认为CrN是一种含有其他合金元素的多元的NaCl类型(FM－3M)的化合物,记为$Cr_{0.75}Me_{0.25}N$,其中Me＝Cr、Fe、Mo、Ni、Mn、Ti等。如图6.3所示,构建了含有合金元素的$Cr_{0.75}Me_{0.25}N$的晶胞,研究合金元素的掺杂对该相的稳定性、弹性和电子性质的影响。

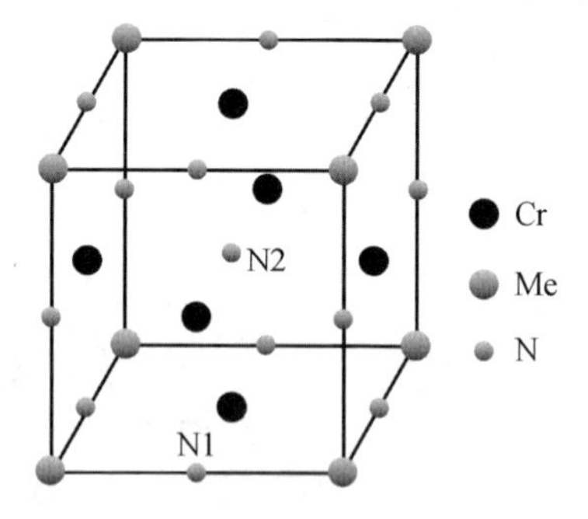

图6.3　$Cr_{0.75}Me_{0.25}N$的晶体结构

CrN的单个晶胞中含有4个Fe和4个N原子。用合金元素Me取代其顶角位置的Cr原子,以此获得$Cr_{0.75}Me_{0.25}N$的超晶胞。表6.4中给出了结构优化后获得的平衡晶体结构。首先对非磁性(NS)和磁性(SP)的CrN进行了研究,结果表明:非磁性的CrN具有较小的晶胞,但磁性的CrN具有更负的形成能和更高的稳定性,这也与其他实验的理论研究相吻合。在对$Cr_{0.75}Me_{0.25}N$的研究中,选择磁性态对其进行计算。与CrN相比,Mo、Mn、Ti原子的掺杂导致了晶胞的膨胀,而Fe和Ni原子则造成了晶胞收缩。Fe原子导致了晶胞最大的收缩为－3.1%,

而 Mo 导致了严重的膨胀(1.1%)。三元合金 $Cr_{0.75}Me_{0.25}N$ 都具有负的形成能，均为热力学稳定的。与 SP－CrN、Ti 掺杂后 $Cr_{0.75}Me_{0.25}N$ 具有更负的形成能，其他合金原子的掺杂均提高了其形成能。或者说，Ti 提高了 $Cr_{0.75}Me_{0.25}N$ 的稳定性，而 Fe、Ni、Mo、Mn 等原子则降低了其稳定性。但是所有的三元合金 $Cr_{0.75}Me_{0.25}N$ 都是热力学稳定的。

表 6.4　$Cr_{0.75}Me_{0.25}N$ 的晶格常数、体积变形和形成能

	晶格常数 /nm	体积变化	形成能 /eV
NS－CrN	0.404 8		－0.466
SP－CrN	0.417 5		－0.674
$Cr_{0.75}Fe_{0.25}N$	0.404 7	－3.1%	－0.338
$Cr_{0.75}Mo_{0.25}N$	0.422 2	1.1%	－0.625
$Cr_{0.75}Mn_{0.25}N$	0.418 2	0.2%	－0.296
$Cr_{0.75}Ni_{0.25}N$	0.415 2	－0.6%	－0.439
$Cr_{0.75}Ti_{0.25}N$	0.419 7	0.5%	－1.033

奥氏体不锈钢的低温渗氮通常是在低于 460 ℃ 下进行，可以获得无析出的单相的 S 相层。当保温时间超过临界时间时，会导致 CrN 的析出。但 Cr 在 450 ℃ 的扩撒速率约为 10^{-21} m·s^{-1}，碳原子位于 10^{-16} ～ 10^{-17} m·s^{-1} 范围之内，氮原子与碳原子处于同一个数量级上。由此可知，低温渗氮条件下，Cr 原子的扩散和偏聚是极其困难的，形成纯的 CrN 相是很难的。结合前述形成能计算可知，含 Fe、Mo、Ni、Mn、Ti 的三元合金 $Cr_{0.75}Me_{0.25}N$ 是热力学稳定的。因此可以认为 S 相层中的析出相具有 CrN 的晶体结构，部分 Cr 原子可以被 Fe、Mo、Ni、Mn、Ti 等取代，是一种多元合金化合物。

表 6.5 给出了 $Cr_{0.75}Me_{0.25}N$ 的弹性常数、体积模量(B)、剪切模量(G)、弹性模量(E)、B/G 和泊松比(ν)。根据机械稳定性准则，可知所有的晶体结构都是机械稳定的。Cr 原子被合金原子取代后，其体积模量均获得提升。合金元素的掺杂对剪切模量 G 和弹性模量 E 的影响是相似的，Ti 原子引起了 G 和 E 的升高，其他原子均降低了 G 和 E，其中 Mn 和 Fe 原子的影响最显著。根据 G 对 $Cr_{0.75}Me_{0.25}N$ 的硬度进行预测，可知 Ti 原子提高其硬度，而其他原子均导致了其硬度的降低。根据 B/G 对 $Cr_{0.75}Me_{0.25}N$ 的韧脆性进行判断可知：$Cr_{0.75}Ti_{0.25}N$ 为脆性相，CrN 接近临界值，其他相均表现出较好的韧性。

表 6.6 中给出了 $Cr_{0.75}Me_{0.25}N$ 中的金属原子与 N 原子的键长和键集居数。N1 代表合金元素 Fe、Mo、Mn、Ni 和 Ti 原子近邻的 N，N2 为中心位置 N，如图 6.3 中所示。正的键集居数表明化学键的共价性。键集居数越高，化学键的共价性越强。CrN 中 Cr—N 的键集居数为 0.41，表明 Cr—N 键有很强的共价性。

$Cr_{0.75}Fe_{0.25}N$ 中，Fe—N1、Cr—N1 和 Cr—N2 键的键集居数分别为 0.22、0.31 和 0.415。Fe—N1 和 Cr—N1 键的共价性均弱于 CrN 中的 Cr—N 键。N1 的近邻 Fe 导致了其与 Cr 键合共价性的减弱。其他合金元素近邻 N 与 Cr 键合的共价性也是降低的。Mo—N1 键的共价性强于 Cr—N 键，Mn—N、Ni—N 和 Ti—N 键的共价性均弱于 Cr—N 键。

表 6.5　$Cr_{0.75}Me_{0.25}N$ 的理论弹性常数、体积模量、剪切模量、弹性模量、B/G 和泊松比

	C_{11}	C_{44}	C_{12}	B	G	E	B/G	ν
CrN	368	114	125	206	117	295	1.76	0.261
$Cr_{0.75}Fe_{0.25}N$	514	22	190	298	56	158	5.32	0.412
$Cr_{0.75}Mo_{0.25}N$	379	98	179	246	99	262	2.48	0.323
$Cr_{0.75}Mn_{0.25}N$	310	6	160	210	22	64	9.55	0.449
$Cr_{0.75}Ni_{0.25}N$	402	92	172	249	101	267	2.47	0.321
$Cr_{0.75}Ti_{0.25}N$	499	147	126	250	162	400	1.54	0.234

表 6.6　$Cr_{0.75}Me_{0.25}N$ 中 Me—N 的键集居数和键长

	键	键长 /nm	键集居数
SP－CrN	Cr—N	0.208 725	0.41
$Cr_{0.75}Fe_{0.25}N$	Fe—N1	0.202 355	0.22
	Cr—N1		0.31
	Cr—N2		0.415
$Cr_{0.75}Mo_{0.25}N$	Mo—N1	0.211 093	0.435
	Cr—N1		0.26
	Cr—N2		0.365
$Cr_{0.75}Mn_{0.25}N$	Mn—N1	0.209 095	0.185
	Cr—N1		0.32
	Cr—N2		0.405
$Cr_{0.75}Ni_{0.25}N$	Ni—N1	0.207 596	0.235
	Cr—N1		0.31
	Cr—N2		0.405
$Cr_{0.75}Ti_{0.25}N$	Ti—N1		0.355
	Cr—N1	0.209 861	0.345
	Cr—N2		0.345

图6.4给出了$Cr_{0.75}Me_{0.25}N$的总态密度。图6.5为$Cr_{0.75}Me_{0.25}N$的原子分波态密度，其中Cr与N1近邻。Cr被合金元素置换后，$Cr_{0.75}Me_{0.25}N$的p—d杂化区域和费米面的态密度都发生了明显的变化。与CrN相比，合金元素掺杂后均提高了p—d杂化区域的态密度。由分波态密度可知，其他合金原子和Cr对p—d杂化态的贡献是不同的。同时，合金原子也影响了其近邻的N1对p—d杂化态的贡献。Fe对p—d杂化态的贡献弱于Cr，与其近邻的N1的态密度也向高能级偏移，这就导致了Fe—N1和Cr—N1的共价性的减弱和体系稳定性的下降。Mo对p—d杂化态贡献较大，占据了杂化区域的低能级，N1在相应能级也有较高的态密度，这就表明Mo—N1之间有较强的共价性。Mo和N1占据了p—d杂化区域的低能级，导致Cr和N2的态密度向高能级迁移。Mn对p—d杂化态的贡献小于Cr，同时N1的态密度也低于N2原子。Ni对p—d杂化态的贡献略高于Cr，N1的态密度低于N2。Ti在p—d杂化区域内的态密度低于Cr，N1的态密度高于N2，这就说明Ti—N键有更强的共价性。

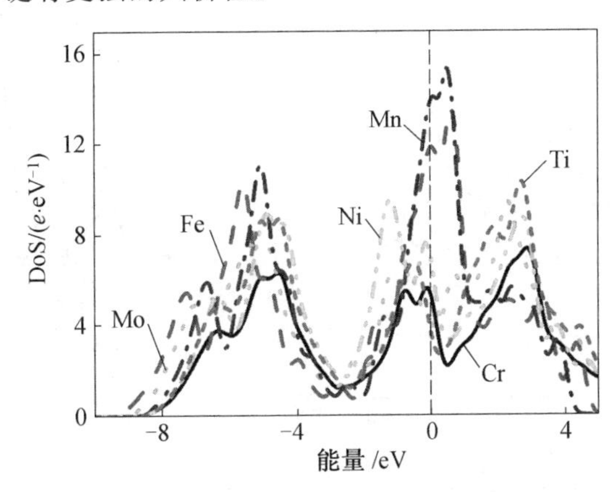

图6.4 $Cr_{0.75}Me_{0.25}N$(Me = Cr,Fe,Mo,Ni,Mn,Ti)的总态密度

Ti和Mo原子的掺杂降低了费米面的态密度N_F，而Fe、Mn和Ni则导致了费米面态密度N_F的提高。其中，Mn导致N_F提高最多，Fe原子次之，Ni最次。Ti原子导致了N_F最大的降低。由此可知，Mn、Fe和Ni原子的掺杂会引起$Cr_{0.75}Me_{0.25}N$硬度的降低，而Ti和Mo则会提高其硬度。利用剪切模量对$Cr_{0.75}Me_{0.25}N$的硬度进行预测，发现Ti导致了G提高，Mn和Fe原子导致了G的显著降低，与费米面的态密度的变化相吻合。Mo导致了G的降低，这与剪切模量计算的结果相矛盾。$Cr_{0.75}Mo_{0.25}N$中，Cr—N1的键集居数为0.26，共价性显著降低，这就表明Mo与N1原子的键合导致了其与近邻Cr原子之间键合强度的降低。弱化的Cr—N1键使晶体在形变过程中的剪切强度降低。

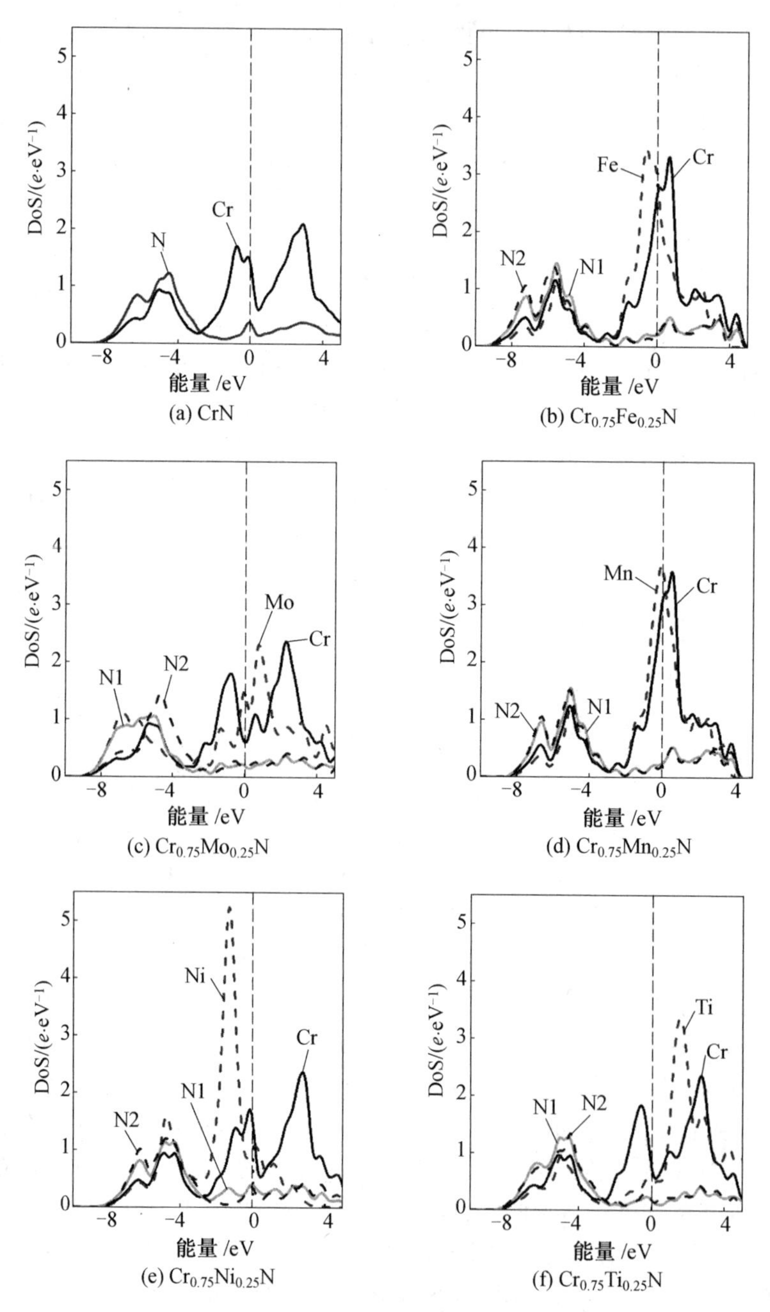

图 6.5　$Cr_{0.75}Me_{0.25}N$ 的原子分波态密度

6.1.3　Cr_2N 的晶体结构和弹性性质

Cr_2N 是不锈钢热处理、化学热处理和硬质膜制备中常见的相。Cr_2N 具有密排六方的结构，N 原子占据部分八面体间隙的位置。Kim 实验研究指出，Cr_2N 属于空间群 P3－1m，间隙 N 原子占据了 Wyckoff（威科夫）阵点 1a 和 2d。近期，Lee 等人通过透射电镜和中子衍射的方法发现，N 原子占据 Wyckoff 阵点 1a、1b、2d 和 2c 的概率分别为 1.00、0.0、0.74 和 0.12，N 原子沿 c 轴方向呈现部分无序分布，如图 6.6 所示。在这里采用了第一性原理计算的方法，对 N 原子在 Cr_2N 中的分布及其对 Cr_2N 的稳定性、弹性和电子性质的影响进行了研究。

图 6.6 中含有六个 Cr 原子的晶胞，其中 a、b、(c，d)、(e，f) 分别代表空间群 P3－1m 中 Wyckoff 阵点 1a、1b、2c、2d。三个氮原子占据其中的三个间隙位置。与 Fe_2N 类似，有三种独立的配位方式。这里采用类似的方法，分别简记为 Cfg_{123}、Cfg_{222} 和 Cfg_{233}，如图 6.6 所示。

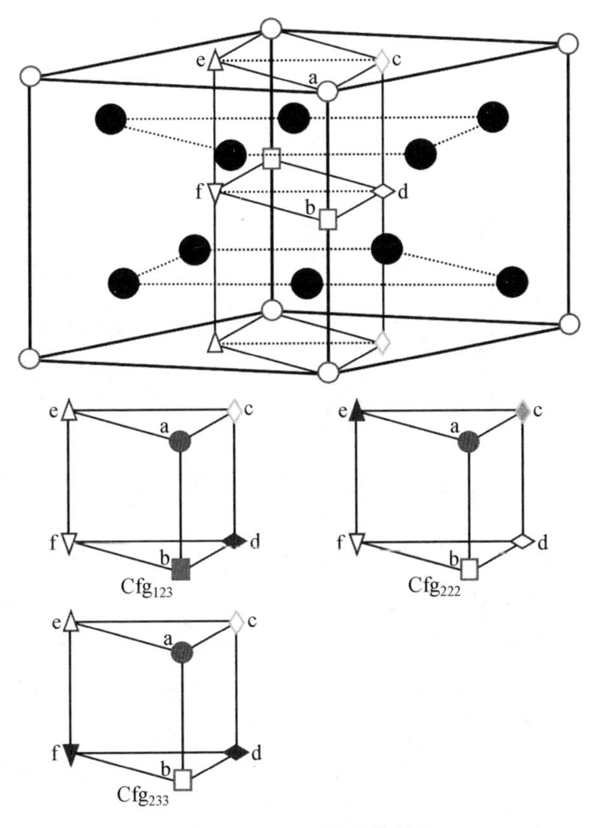

图 6.6 Cr_2N 的晶体结构

表 6.7 中给出了结构优化后的各种配位晶体结构信息和形成能。Cfg_{233} 与实验研究具有相同的 N 原子分布，其晶格常数和原子的坐标与实验值非常接近。与 Cfg_{233} 相比，Cfg_{123} 导致了晶胞沿 c 轴方向的拉长，而 Cfg_{222} 则使晶胞的 a 轴拉长。三种配位方式都具有负的形成能，表明了它们的热力学稳定性。其中，

Cfg_{233} 具有最负的形成能 −0.647 eV，是最稳定的配方方式。Cfg_{222} 具有中等的稳定性，而 Cfg_{123} 的稳定性最小。这就表明，N 原子优先占据 1a 和 2d 阵点，其次是 2c 阵点，最后是 1b 位置，这也与 Lee 的研究结果相符。

表 6.7　Cr_2N 各种配位方式的晶体结构信息和形成能

	空间群	占据位置	近邻	a/nm	c/nm	V_0/nm^3	原子坐标 / 位置	E_f/eV
Cr_2N	149	NNVNVV	123	0.461 7	0.477 6	0.088 19	Cr:(0.330,0,0.243)/1 N:1a(0,0,0)/1 N:1b(0,0,0.5)/0.5 N:2d(0.333,0.667,0.5)/0.5	−0.417
	164	NVNVNV	222	0.491 2	0.423 2	0.088 43	Cr:(0.330,0,0.251)/1 N:1a(0,0,0)/1 N:2c(0.333,0.667,0)/1	−0.494
	162	NVVNVN	233	0.478 2	0.440 4	0.087 23	Cr:(0.326,0,0.253)/1 N:1a(0,0,0)/1 N:2d(0.333,0.667,0.5)/1	−0.647
其他	162			0.475 2[a] 0.480 0[b]	0.442 9[a] 0.447 2[b]	0.086 1[a]	Cr:(0.333,0,0.249/1[a] N:1a(0,0,0)/1[a] N:2d(0.333,0.667,0.5)/1[a] Cr:(0.333,0,0.249)/1[b] N:1a(0,0,0)/1[b] N:2c(0.333,0.667,0)/0.12[b] N:2d(0.333,0.667,0.5)/0.74[b]	

注：[a][b] 来自参考文献。

表 6.8 给出了不同配位方式 Cr_2N 的弹性性质。根据六方晶系的机械稳定性标准，三种配位方式都是机械稳定的。Cfg_{233} 的弹性模量为 356 GPa，高于 Wei 的 225/234 GPa，但与 Lin 的实验值 355 GPa 非常接近。Cfg_{123} 和 Cfg_{222} 的弹性模量分别为 303 GPa 和 189 GPa，均导致了 Cr_2N 弹性模量的下降，但 Cfg_{222} 的 E 下降得更严重。Cfg_{233} 具有最高体积模量（283 GPa），Cfg_{123} 和 Cfg_{222} 的体积模量分别为 223 GPa 和 238 GPa。剪切模量的变化与弹性模量相似，最稳定配位方式 Cfg_{233} 最高为 138 GPa，Cfg_{123} 的 G 略微降低为 119 GPa，而 Cfg_{222} 具有最小的 G 为 69 GPa。剪切模量通常可用于衡量材料的硬度，因此可知，N 的分布方式影响了 Cr_2N 的硬度。Cfg_{233} 的构型使 Cr_2N 具有最高的硬度，而 Cfg_{222} 的构型方式则会导致 Cr_2N 的软化。由此可推测，稳定化的回火处理可以使 Cr_2N 具有更高的硬度。这也与实验结果吻合，即回火处理后 Cr_2N 膜的硬度上升。

表 6.8　Cr_2N 的弹性常数、体积模量、剪切模量、弹性模量、B/G 和泊松比

	占位	C_{11}	C_{33}	C_{44}	C_{12}	C_{13}	B	G	E	B/G	ν
Cr_2N	NNVNVV	384	432	114	150	150	223	119	303	2.051	0.273
	NVNVNV	393	424	26	123	174	238	69	189	7.805	0.368
	NVVNVN	465	394	162	151	230	283	138	356	2.051	0.290
其他									225/234[a],355[b]		

注：[ab] 来自参考文献。

图 6.7 为不同 N 分布构型的 Cr_2N 的总态密度和原子分波态密度图。各种配位方式的态密度分为三个区域：(1)p－d 杂化区域，主要来自于 N－2p 以及少量的 Cr－3d 电子，表明了 Cr—N 键的共价性；(2)d－d 杂化区域，来自于 Cr－3d 电子的交互作用；(3) 费米面以上的自由电子。

N 在 Cr_2N 中的不同分布方式引起了 p－d 杂化态密度和费米面的态密度 N_F 的变化。在 p－d 杂化区域内，Cfg_{123} 和 Cfg_{222} 有两个明显的劈裂峰，而 Cfg_{233} 有多个劈裂峰，这就表明构型 Cfg_{233} 中 Cr—N 键有更强的共价结合。构型 Cfg_{123}、Cfg_{222} 和 Cfg_{233} 的费米面的态密度 N_F 分别为 10.54 e/eV、11.29 e/eV 和 9.87 e/eV。根据费米面的态密度 N_F，可对三种构型的硬度进行预测：$Cfg_{222} < Cfg_{123} < Cfg_{233}$。同时，剪切模量也可以用来衡量晶体的硬度。同时，态密度的结果与剪切模量的计算结果相吻合。

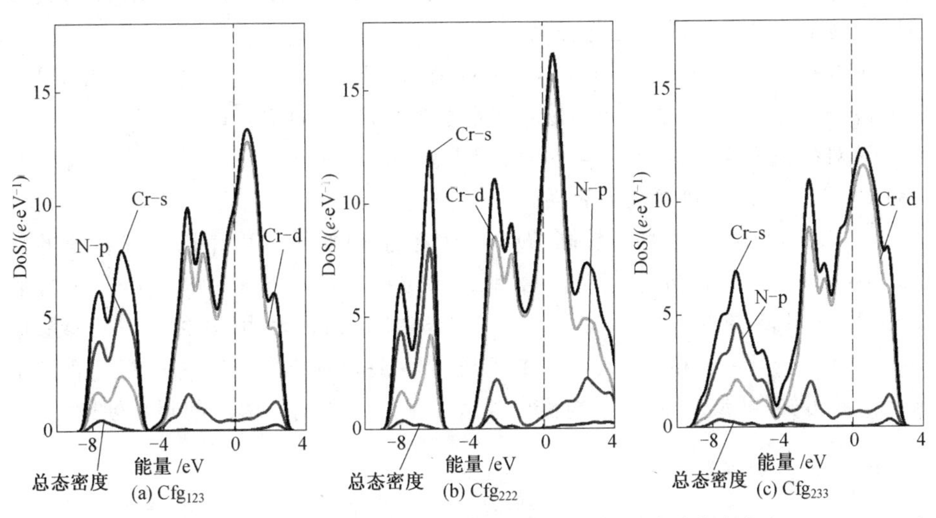

图 6.7　不同 N 构型 Cr_2N 的总态密度和原子分波态密度

6.1.4　共渗层中的优先析出相及其对性能的影响

形成能的计算结果表明：铁氮化合物中，ε－$Fe_{2-3}N$ 和 γ'－Fe_4N 具有最高的

稳定性。这也与实验结果相吻合，共渗层中析出的氮化物相主要为 $\varepsilon-Fe_{2-3}N$ 和 $\gamma'-Fe_4N$。$\varepsilon-Fe_6C_xN_y$ 相的计算结果表明，$\varepsilon-Fe$ 具有很高的固溶N的能力，$\varepsilon-Fe_2N$ 有最负的形成能和最高的稳定性。$\varepsilon-Fe$ 固溶C的能力较弱，形成的 $\varepsilon-Fe_6C_x$ 相的稳定性弱于 $\varepsilon-Fe_6N_y$。N和C可同时固溶于 $\varepsilon-Fe$ 点阵中，形成三元化合物 $\varepsilon-Fe_6C_xN_y$。$Fe_6C_xN_y$ 相的稳定性也弱于 $\varepsilon-Fe_6N_y$。在碳氮共渗中，优先析出相为 $\varepsilon-Fe_{2-3}N$ 相，C也可取代少量的N形成三元相 $\varepsilon-Fe_6C_xN_y$。

CrN和 Cr_2N 均为Cr的稳定化合物。CrN是奥氏体不锈钢的低温化学热处理过程常见的析出相，而 Cr_2N 常见于高氮奥氏体不锈钢的时效或等温热处理过程中。第一性原理计算的结果表明CrN的形成能更负，具有更高的稳定性。S_N 相为含有高浓度N原子和高密度层错的一种相。高密度的层错可以作为 Cr_2N 形核的核心，面心立方结构的 S_N 相为CrN析出提供了结构准备。CrN中N的原子数分数为50%。与 Cr_2N 相比，CrN的形成可以释放更多的能量，同时也可显著降低 S_N 相中的N浓度和残余应力，使整个体系的能量更低。此外，形成单个 Cr_2N 单胞中需要更多的Cr原子偏聚，而低温条件下Cr原子的扩散很难。因此CrN成为奥氏体不锈钢低温化学热处理中的优先析出相。

在低温化学热处理中，Cr原子的扩散速率是极其缓慢的，成为形成CrN的瓶颈。第一性原理计算发现，合金元素掺杂CrN形成的三元化合物 $Cr_{0.75}Me_{0.25}N$ 是稳定的。这种三元化合物的形成大大降低了对Cr原子偏聚的依赖。因此，共渗层中的析出相不是纯的CrN，而是一种部分Cr原子被其他合金取代的具有CrN晶体结构的三元或多元化合物。

在 NH_3 流量为0.6 L/min时，渗层内有 $\gamma'-Fe_4N$ 和 $\varepsilon-Fe_{2-3}N$ 的析出，没有CrN析出，但渗层的耐蚀性能仍然获得显著的提高。由此可知，$\gamma'-Fe_4N$ 和 $\varepsilon-Fe_{2-3}N$ 对材料表面的耐蚀性影响不大或不会降低材料表面的耐蚀性。在低 NH_3 流量时，CrN析出导致了材料表面耐蚀性的显著降低。

$\varepsilon-Fe_{2-3}N$ 和CrN均有较高的剪切模量，而剪切模量可用以表征材料的硬度。在共渗动力学研究中，AISI304钢共渗层内的硬度最高可达HV1 500，而AISI316钢共渗层的硬度在HV1 200左右。XRD结果表明，两种钢的共渗层中均有CrN、$\gamma'-Fe_4N$ 和 $\varepsilon-Fe_{2-3}N$ 的生成，但AISI304钢共渗层中CrN的含量更高。由此可知，共渗层中CrN的析出导致了AISI304钢共渗层的超高硬度。

6.1.5 小结

采用第一性原理计算的方法对渗氮层中析出相的晶体结构、弹性和电子性质进行了研究，获得了如下结论：

(1) 获得了系列铁氮化合物的晶体结构、稳定性、弹性和电子性质。系列氮化物稳定性排序为

$\eta-Fe_2N > \varepsilon-Fe_2N > \zeta-Fe_2N > \varepsilon-Fe_3N > \gamma'-Fe_4N >$
$ZB-FeN > \alpha''-Fe_{16}N_2 > RS-FeN$

(2) 获得了合金掺杂对CrN的稳定性、弹性和电子结构的影响：含Fe、Mo、Ni、Mn、Ti的三元合金$Cr_{0.75}Me_{0.25}N$是热力学稳定的；S相层中的析出相具有CrN的晶体结构，部分Cr原子可以被Fe、Mo、Ni、Mn、Ti等取代，是一种多元合金化合物。

(3) 得出了Cr_2N中N的稳定分布及其对Cr_2N的弹性和电子性质的影响：N原子优先占据1a和2d阵点，其次是2c阵点，最后是1b位置；N原子的稳定占位使Cr_2N获得了更高的弹性模量和剪切模量。

6.2　稀土渗碳层中碳化物的性质

6.2.1　计算模型

这里对最常见的碳化物Fe_3C进行第一性原理计算，它属于正交晶系，空间群为Pbnm(No62)，一个晶胞内有4个Fe_3C分子。Fe原子占据两种不同等效位置，占据4 cm位置的Fe原子称为Fe1，占据8d1位置的Fe原子称为Fe2。晶格参数的实验值为$a=0.451\ 44$ nm，$b=0.507\ 87$ nm，$c=0.672\ 97$ nm，由此构建了Fe_3C晶胞，如图6.8所示。计算获得的含稀土La的Fe_3C晶胞也示于图6.8中。在此基础上进行了能量、晶格常数、电子结构和C原子在Fe_3C晶胞中的扩散激活能计算。

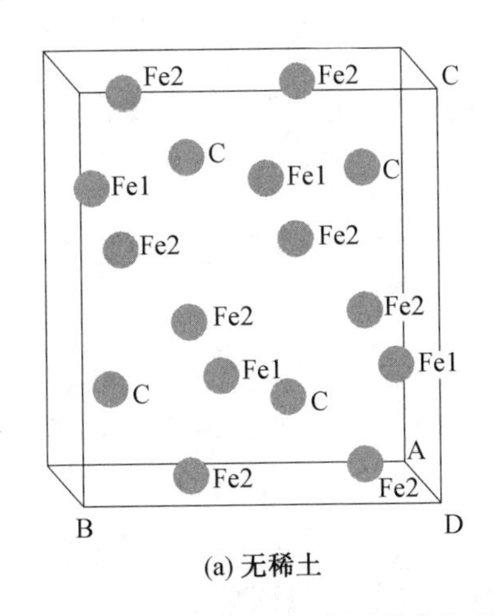

(a) 无稀土

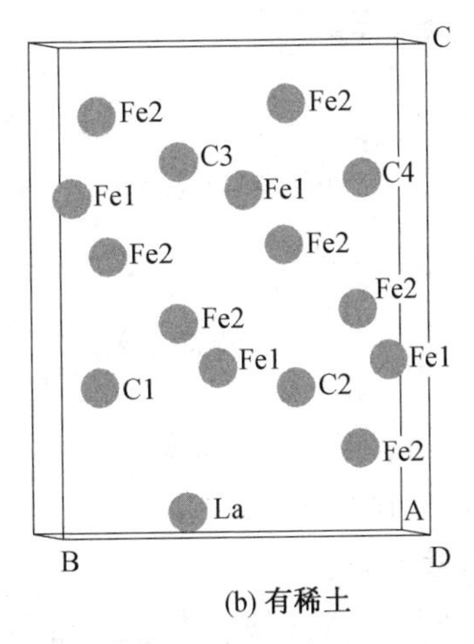

(b) 有稀土

图6.8　有无稀土$LaFe_3C$晶胞优化后结构示意图

6.2.2 晶格参数和能量计算结果与分析

表6.9是Fe_3C晶胞晶格参数与总能量计算结果。从这个表可以看出，加入稀土元素La后，晶格参数a、b略微缩短，而c却伸长很多，从而使晶胞体积也增大不少；晶胞总能量也升高，稳定性稍微下降。这是稀土原子半径比较大，取代Fe原子后产生晶格畸变的结果，有利于C原子在其中扩散。比较晶格参数的计算值与实验值，计算值略微偏小，这是第一性原理的理论近似处理和计算时计算精度设置不高的结果，但两者的偏差不大，体积相差0.6%，在误差允许的范围内。

表6.9 有无稀土 $LaFe_3C$ 晶胞的晶格参数与能量

晶胞类型	晶格参数 /nm	晶胞体积 /nm^3	总能量 /eV
实验值	0.451 44	0.154 293 7	—
	0.507 87		
	0.672 97		
图6.8(a)	0.438 67	0.144 940 2	−11 038.251 6
	0.492 15		
	0.665 85		
图6.8(b)	0.436 11	0.180 086 4	−11 035.389 1
	0.484 84		
	0.862 00		

化合物的形成能(H)和结合能(E_{coh})与其是否形成及其稳定性有关，它们的计算公式为

无稀土Fe_3C

$$H=\frac{1}{x+y}(E_{tot}-xE_{solid}^{C}-yE_{solid}^{Fe})=\frac{1}{16}(E_{tot}-4E_{solid}^{C}-12E_{solid}^{Fe})=-0.273\,4\ (eV)$$

$$E_{coh}=\frac{1}{x+y}(E_{tot}-xE_{atom}^{C}-yE_{atom}^{Fe})=\frac{1}{16}(E_{tot}-4E_{atom}^{C}-12E_{atom}^{Fe})=-10.959\,3\ (eV)$$

式中

$E_{tot}=-11\,038.251\,6$ eV，$E_{solid}^{C}=-155.980\,8$ eV，$E_{solid}^{Fe}=-867.496\,2$ eV
$E_{atom}^{C}=-146.395\,8$ eV，$E_{atom}^{Fe}=-856.443\,3$ eV

有稀土Fe_3C

$$H=\frac{1}{x+y+z}(E_{tot}-xE_{solid}^{C}-yE_{solid}^{Fe}-zE_{solid}^{La})=\frac{1}{16}(E_{tot}-4E_{solid}^{C}-11E_{solid}^{Fe}-E_{solid}^{La})=$$

$$-0.105\ 6\ (\text{eV})$$

$$E_{coh}=\frac{1}{x+y+z}(E_{tot}-xE_{atom}^{C}-yE_{atom}^{Fe}-zE_{atom}^{La})=$$

$$\frac{1}{16}(E_{tot}-4E_{atom}^{C}-11E_{atom}^{Fe}-E_{atom}^{La})=$$

$$-10.427\ 0\ (\text{eV})$$

式中

$$E_{tot}=-11\ 035.389\ 1\ \text{eV},\quad E_{solid}^{C}=155.980\ 8\ \text{eV}$$

$$E_{solid}^{Fe}=-867.496\ 2\ \text{eV},\quad E_{solid}^{La}=-867.318\ 2\ \text{eV}$$

$$E_{atom}^{C}=-146.395\ 8\ \text{eV},\quad E_{atom}^{Fe}=-856.443\ 3\ \text{eV}$$

$$E_{solid}^{La}=-862.098\ 2\ \text{eV}$$

式中　E_{tot}、E_{solid}^{M}、E_{atom}^{M}——Fe_3C 晶胞的总能量、M 原子处于单质固体和原子状态时的能量；

x、y、z——Fe_3C 晶胞中 C 原子、Fe 原子、La 原子的数目。

由计算结果可知，形成能都为负，即所建立的有稀土 Fe_3C 晶胞是存在的；但无稀土 Fe_3C 晶胞的结合能低，即无稀土晶胞比有稀土晶胞稳定，有利于C原子扩散。

6.2.3　电子结构计算结果与分析

从图 6.9 可以看出，$(Fe_{11}La)C_4$ 晶胞中 C 原子的态密度都不一样，C3 原子的态密度较离域与 C4 原子的比较接近，C1 原子和 C2 原子的较局域，这是由于 C3 原子和 C4 原子与 La 原子成离子键。另外，C3 原子和 C4 原子的稳定性较低更易扩散，所示只作出 C3 原子与 Fe_3C 晶胞中 C 原子的总态密度来进行比较，如图 6.10 所示。

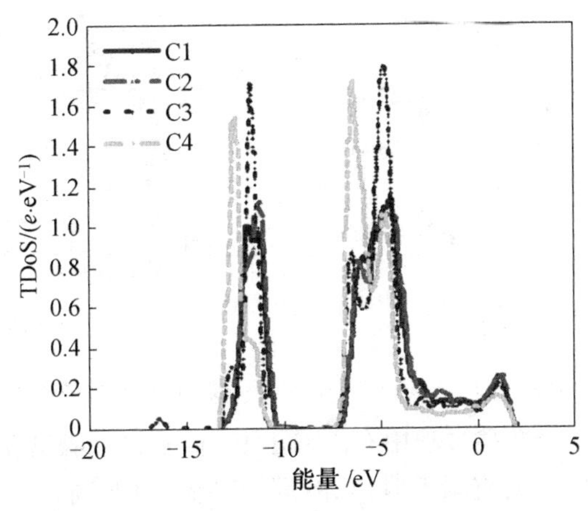

图 6.9　$(Fe_{11}La)C_4$ 晶胞中各 C 原子的总态密度(TDoS) 图

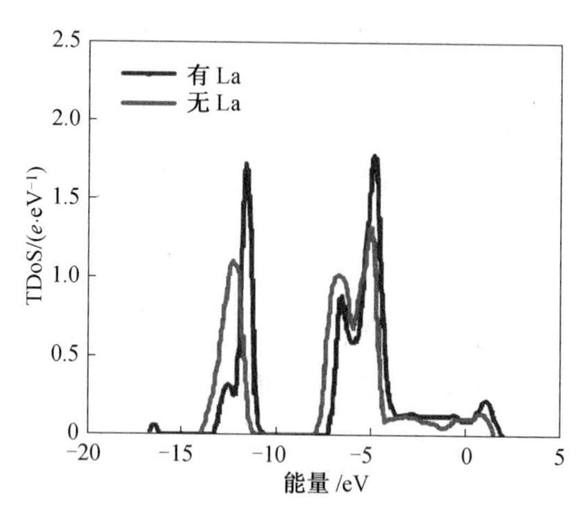

图 6.10　有无稀土 $LaFe_3C$ 晶胞中 C 原子的总态密度图

从图 6.10 可以看出，稀土 La 的添加使 C 原子的电子填充向高能移动，稳定性降低，有利于其在晶胞中扩散，加快渗碳过程。

6.2.4　碳原子扩散激活能计算

在 Fe_3C 晶胞中 C 原子位于 Fe 原子构成的八面体间隙中，C 原子在其中的扩散是间隙扩散，在渗碳过程中，C 原子可通过其向内扩散。通过计算发现，C 原子易沿图 6.11 所示的路径扩散。

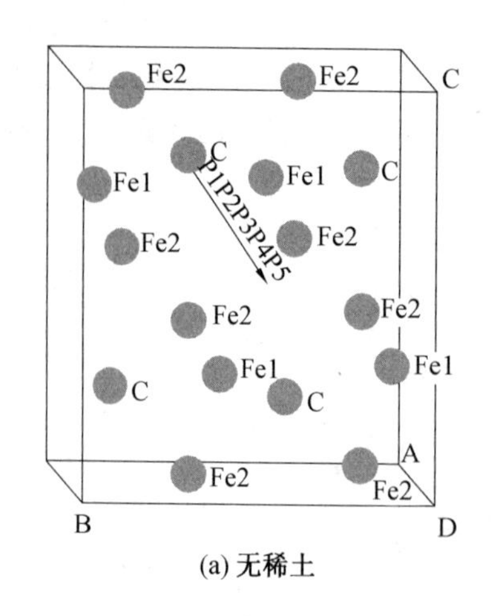

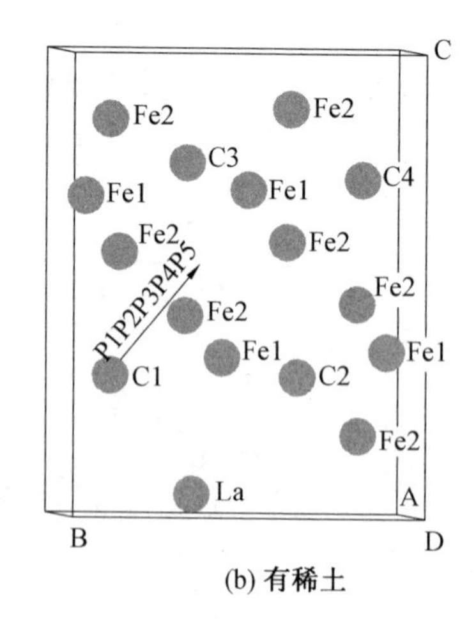

图 6.11　C 原子在 $LaFe_3C$ 晶胞中的扩散路径

表 6.10 是 C 原子迁移过程中有无稀土 Fe_3C 晶胞总能量变化，无稀土 La 时，总能量先升高后降低；而有稀土时，总能量先降低，再升高，在迁移路径的中点为最大值，而后降低，这可能与晶格畸变有关。图 6.12 是 C 原子迁移过程中势垒的

变化，其变化趋势与总能量相同。原子在有无稀土 Fe_3C 晶胞中的扩散激活能分别为 5.167 9 eV 和 8.598 1 eV，即加入稀土能降低 C 原子在 Fe_3C 晶胞中的扩散激活能，加快渗碳过程。

表 6.10　C 原子迁移过程中 Fe_3C 晶胞总能量变化

扩散路径	晶体模型(以 C 原子位置表示)	晶胞总能量 /eV
图 6.11(a)	(0.939 1,0.618 8,0.618 5)	−11 036.077 0
	(0.829 3,0.589 1,0.556 0)	−11 035.347 0
	(0.719 5,0.559 4,0.622 5)	−11 027.478 9
	(0.609 7,0.529 7,0.562 5)	−11 031.099 5
	(0.500 0,0.500 0,0.500 0)	−11 036.602 7
图 6.11(b)	(0.500 0,0.860 0,0.250 0)	−11 025.831 2
	(0.500 0,0.770 0,0.312 5)	−11 031.995 3
	(0.500 0,0.680 0,0.375 0)	−11 020.663 3
	(0.500 0,0.590 0,0.437 5)	−11 022.855 8
	(0.500 0,0.500 0,0.500 0)	−11 032.482 2

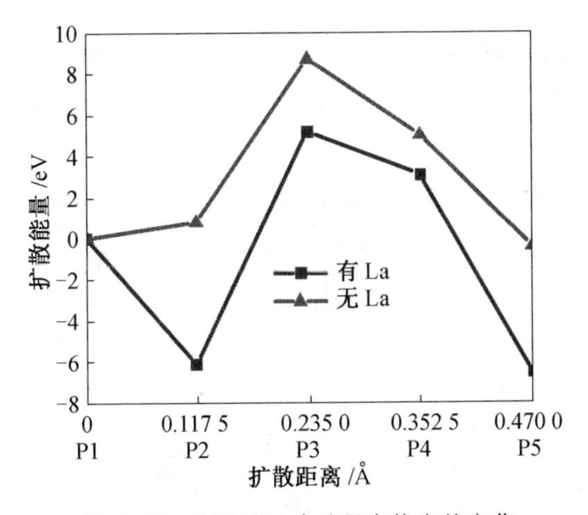

图 6.12　C 原子迁移过程中势垒的变化

6.2.5　小结

(1) 渗入表面层中的稀土元素使奥氏体晶胞和 Fe_3C 晶胞体积增大，能量升高，稳定性降低；C 原子和部分 Fe 原子的稳定性降低，这些都有利于 C 原子的扩散，从而加速渗碳过程。

(2) 稀土的存在使奥氏体晶胞和 Fe_3C 晶胞总电荷密度增加，C 原子与稀土元素之间有较强的离子键作用，使渗层的表面硬度提高。

(3) 稀土的存在使奥氏体晶胞和 Fe_3C 晶胞某些晶面的电荷密度减弱，C 原子与其他原子的成键作用也减弱，使其易于沿这些晶面扩散。

(4) 渗入表面层中的稀土使 C 原子在奥氏体晶胞和 Fe_3C 晶胞中的扩散激活能降低，且随着奥氏体晶胞中 C 和稀土浓度的降低，C 原子的扩散激活能升高，稀土使 C 原子扩散激活能降低的幅度减小。

6.3　稀土碳氮共渗层中析出相的性质

6.3.1　$LaNi_5$ 相的晶体结构及其性质

$LaNi_5$ 是人们发现的第一个吸氢金属间化合物，它具有大的溶氢能力、适中的稳定性和优异的电化学反应能力。对其储氢能力、吸氢机制的研究较多。$LaNi_5$ 的电子结构和性能也有所研究，但是研究得不够全面和系统，对其磁性的研究到现在还没见报道。本节应用第一性原理系统地研究了 $LaNi_5$ 金属间化合物的能量、电子结构、弹性和磁性等性质。

计算中，波函数截断能和 k 点网格分别选取 360 eV 和 6×6×6。收敛标准是单个原子能量变化、残余力、原子位移和最大应力分别小于 5×10^{-6} eV、0.1 eV/nm、5×10^{-5} nm 和 0.02 GPa。

$LaNi_5$ 的晶体结构是六方结构，晶格常数为 $a=b=0.501\ 6$ nm，$c=0.398\ 2$ nm(实验值)。La 原子处在晶胞的 1a 位置，有两种类型的 Ni 原子(Ni1 和 Ni2) 分别位于 2c 和 3g 位置，其晶体结构如图 6.13 所示。

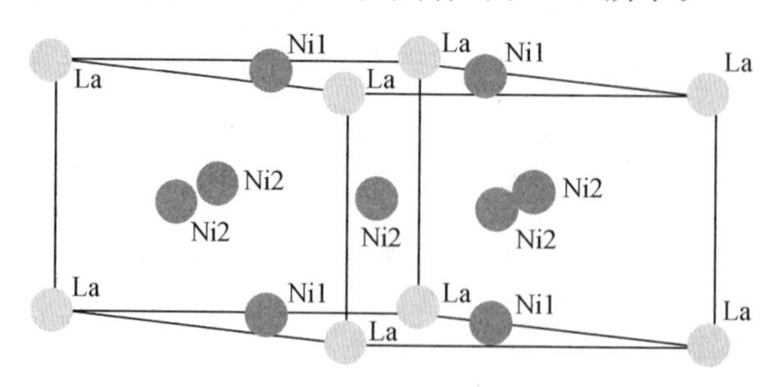

图 6.13　$LaNi_5$ 化合物的晶体结构

为了研究 $LaNi_5$ 化合物形成的难易程度及其稳定性，对其形成能 E_f 和结合能 E_c 进行了计算，计算公式如式(6.5) 和式(6.6) 所示，计算结果如表 6.11 所示。

$$E_f = \frac{1}{m+n}(E_{tot} - mE_{solid}^{La} - nE_{solid}^{Ni}) \tag{6.5}$$

$$E_c = \frac{1}{m+n}(E_{tot} - mE_{atom}^{La} - nE_{atom}^{Ni}) \tag{6.6}$$

式中　E_{tot}、E_{solid}、E_{atom}——相的总能量、原子处于固态晶体时每个原子的平均能量和原子处于自由状态时的能量，它们的值如下：

$E_{tot} = -7\ 663.47$ eV，　$E_{solid}^{La} = -864.47$ eV，　$E_{solid}^{Ni} = -1\ 358.86$ eV

$E_{atom}^{La} = -863.27$ eV，　$E_{atom}^{Ni} = -1\ 353.79$ eV

m 和 n——$LaNi_5$ 相中 La 和 Ni 原子的个数($m=1$，$n=5$)。

表 6.11　$LaNi_5$ 化合物的晶格常数、形成能、结合能和磁距

晶格常数 /nm	E_f/eV	E_c/eV	磁距(μ_B)
$a=b=0.506\ 9$，$c=0.398\ 7$	−0.78	−5.21	1.54

从表 6.11 可以看出，晶格常数的计算结果与实验值基本接近，表明计算结果是可靠的。形成能与结合能的值都是负的，表明 $LaNi_5$ 化合物易形成，且是稳定的。此外，$LaNi_5$ 化合物具有弱磁性，磁距为 1.54μ_B。

电子态密度表示在能量空间中电子态的分布，可以给出局域分波轨道间相互作用(轨道杂化)以及电子态能级移动和能级弥散信息。Mulliken(马利肯)键集居数分析可以了解固体单胞中的电荷分布、转移和化学键性质。重叠键集居数越大，表明两原子形成的化学键越强；反之，表示成键越弱。晶体的性质主要由费米能级(能量为 0 处)附近的价电子决定，所以给出 La－d、Ni1－d 和 Ni2－d 电子的态密度，如图 6.14 所示。键集居数计算结果表 6.12 和表 6.13 所示。

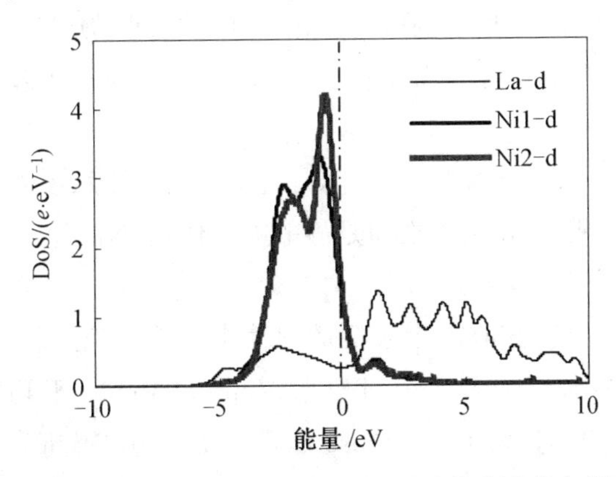

图 6.14　$LaNi_5$ 化合物中 La 和 Ni 原子的分波态密度图

由图 6.14 可以看出，La－d 电子态密度主要集中在费米能级以上，而 Ni－d 电子态密度主要分布在费米能级以下，它们之间的重叠区域较小，表明它们之间的轨道杂化作用较弱，共价作用较弱。由表 6.12 可知，它们之间是离子键作用。Ni1－d 电子的态密度比 Ni2－d 电子的离域，表明 Ni1 原子之间的成键作用要强于 Ni2 原子，这也和表 6.13 的计算结果相符。

表 6.12　$LaNi_5$ 化合物中 La 和 Ni 原子的电荷分布与磁矩

原子	s	p	d	总电子数	电荷(e)	磁距(μ_B)
La	1.13	5.94	1.95	9.02	1.98	－0.14
Ni1	0.69	0.93	8.77	10.38	－0.38	0.30
Ni2	0.66	1.01	8.73	10.41	－0.41	0.36

表 6.13　$LaNi_5$ 化合物中各键的键集居数和键长

键	键集居数	键长 /nm
La—Ni1	－2.06	0.292 666
Ni1—Ni2	0.55	0.247 298
Ni1—Ni1	1.26	0.292 666
Ni2—Ni2	0.69	0.253 456

$LaNi_5$ 相中各原子的价电子发生了轨道跃迁，原子之间也发生了电荷转移，如表 6.12 所示。由于 La 原子的电负性比 Ni 原子的小，所以 La 原子失去电子带正电荷，而 Ni 原子得到电子带负电荷。La 原子和 Ni 原子的磁矩较小，且它们的自旋方向相反。

由表 6.13 可得，La 与 Ni1 原子成离子键，La 与 Ni2 原子之间的距离较远，它们之间没有成键作用。Ni 原子之间是静电吸引作用，Ni1 原子之间距离较远，所以它们之间的吸引作用较强。

六方结构的 $LaNi_5$ 相有五个独立的弹性常数 C_{11}、C_{12}、C_{13}、C_{33} 和 C_{44}，$C_{66}=(C_{11}-C_{12})/2$，多晶材料的弹性模量根据 Voigt－Reuss 平均算法进行计算。Viogt 体模量 B_V（剪切模量 G_V）、Reuss 体模量 B_R（剪切模量 G_R）可按(6.7)～(6.10)计算，即

$$B_V=\frac{1}{9}[2(C_{11}+C_{12})+4C_{13}+C_{33}] \tag{6.7}$$

$$B_R = \frac{(C_{11}+C_{12})C_{33}-2C_{13}^2}{C_{11}+C_{12}+2C_{33}-4C_{13}} \tag{6.8}$$

$$G_V = \frac{1}{30}(C_{11}+C_{12}+2C_{33}-4C_{13}+12C_{44}+12C_{66}) \tag{6.9}$$

$$G_R = \frac{5}{2}\cdot\frac{[(C_{11}+C_{12})C_{33}-2C_{13}^2]C_{44}C_{66}}{3B_VC_{44}C_{66}+[(C_{11}+C_{12})C_{33}-2C_{13}^2](C_{44}+C_{66})} \tag{6.10}$$

体模量 B、剪切模量 G、弹性模量 E 按下式计算：

$$B=\frac{B_V+B_R}{2},\quad G=\frac{G_V+G_R}{2},\quad E=\frac{9BG}{3B+G} \tag{6.11}$$

Pugh 基于体模量表征材料对破裂的抗力而剪切模量表征对塑性变形的抗力，引入体模量和剪切模量的比值 B/G，来判定材料的脆性和韧性。即 $B/G>1.75$ 时，材料具有韧性，而当 $B/G<1.75$ 时逐渐变脆。

由以上计算方法可以得到 $LaNi_5$ 化合物的弹性性质和韧性，计算结果如表 6.14 所示。从表中可以看出，弹性系数计算结果比实验值略微偏大，这是由于 GGA 方法往往会过修正晶格常数，晶格常数偏小，因此弹性性质计算结果偏大。但总体上符合得较好，计算结果是可靠的。$LaNi_5$ 化合物的 B/G 值是 2.24 大于 1.75，表明它的韧性较好。

表 6.14　$LaNi_5$ 化合物的弹性性质和韧性

	C_{11}/GPa	C_{12}/GPa	C_{13}/GPa	C_{33}/GPa	C_{44}/GPa	B/GPa	G/GPa	E/GPa	B/G
计算结果	206.58	98.91	89.51	228.56	61.35	133.02	59.33	154.96	2.24
实验值	190	96.9	84.8	230	59.9	127	—	—	—

6.3.2　$\varepsilon-Fe_6C_xN_y$ 相的晶体结构和弹性性质

密排六方 $\varepsilon-Fe_{2-3}(C,N)$ 化合物是化学热处理改性层中常见的生成相，具有较高的硬度，提高了材料表面的耐磨和耐蚀性。在奥氏体不锈钢低温稀土碳氮共渗层研究中，在较低 NH_3 流量条件下，共渗层中生成了大量 $\varepsilon-Fe_{2-3}(C,N)$ 相。本节对 $\varepsilon-Fe_{2-3}(C,N)$ 相的外来间隙原子的分布、相稳定性、弹性性质和电子结构等进行了研究。

本节采用含有六个 Fe 原子的超晶胞，外来间隙原子 N 或 C 占据部分的八面体间隙。图 6.15 给出了构建 $\varepsilon-Fe_6C_xN_y$($x,y=1,2$ 和 $x+y=1,2,3$) 相所有的晶胞和各种可能外来间隙原子占位方式。黑色的圆圈为 Fe 原子，a、b、c、d、e 和 f 为间隙位置，分别对应于空间群 P312 中的 1a、1b、1c、1d、1e 和 1f 的 Wyckoff 阵点。六个外来间隙原子围绕着一个铁原子，形成了一个三棱柱，N 或 C 原子占据部分间隙亚阵点。当 $x+y=1$ 时，$\varepsilon-Fe_6C_xN_y$ 相只有一种配位方式。当 $x+y=2$ 时，根据两个外来间隙原子的最近邻(nearest-neighbor,nn)距离，有三种配位方式，分别为第一近邻(1nn)、第二近邻(2nn)和第三近邻(3nn)位置。当 $x+y=3$ 时，根据上述原则，同样有三种配位方式。

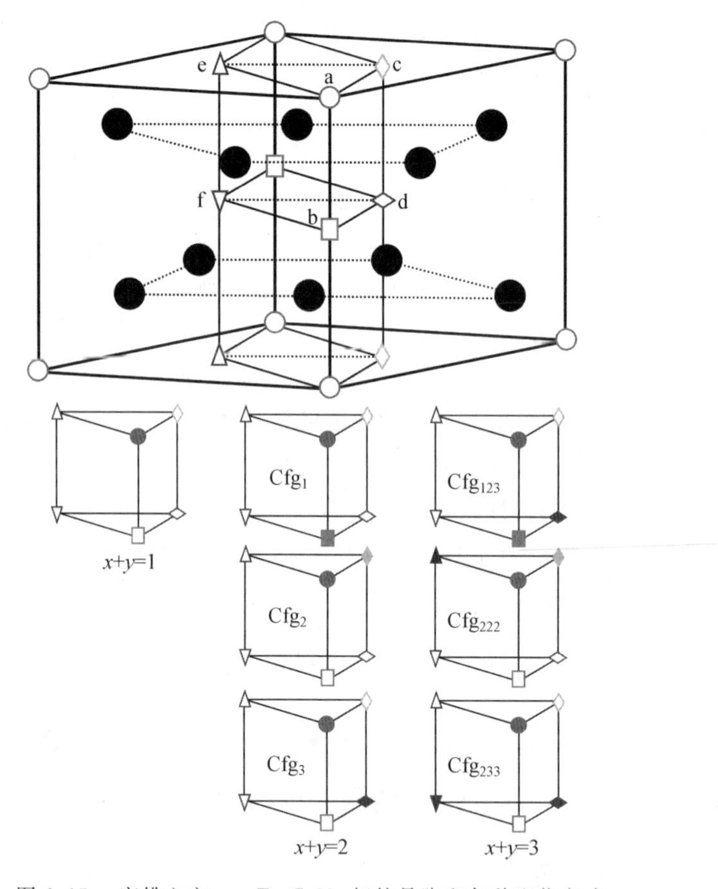

图 6.15　密排六方 $\varepsilon-Fe_6C_xN_y$ 相的晶胞和各种配位方式

表 6.15～6.17 分别为 $\varepsilon-Fe_6C_x$、$\varepsilon-Fe_6N_y$ 和 $\varepsilon-Fe_6C_xN_y$ 相外来间隙原子的各种占位方式以及对应的原子间的第一近邻距离、晶体结构信息、形成能和磁矩。与前述的理论晶格常数相比，误差小于 5%，具有很高的可靠性。随着外来间隙原子浓度的增加，晶轴拉长，晶胞体积增加。在固定外来间隙原子浓度时，原子配位方式的变化导致了晶胞沿不同晶轴的拉长。在 $x=2$、$y=2$ 或 $x+y=2$ 时，Cfg_1 中 c 轴拉长，而 Cfg_2 和 Cfg_3 则导致了沿 a 轴的拉长。当 $x=3$、$y=3$ 或 $x+y=3$ 时，Cfg_{123} 为沿 c 轴方向的拉长，而 Cfg_{222} 和 Cfg_{233} 构型中 a 轴拉长。

表 6.15　$\varepsilon-Fe_6C_x$($x=1,2,3$) 相各种配位方式的晶体结构、形成能和磁矩

Fe_6C_x	空间群	占位	近邻	a/nm	c/nm	V_0/nm^3	E_f/eV	磁矩(μ_B)
Fe_6C_1	162	CVVVVV		0.443 4 0.446 4[a]	0.432 6 0.437 2[a]	0.073 66 0.075 45[a]	0.087	13.45 12.7[a]
Fe_6C_2	193	CCVVVV	1	0.446 3 0.448 9[a]	0.458 7 0.465 7[a]	0.079 11 0.081 26[a]	0.263	11.64 11.1[a]
	162	CVCVVV	2	0.463 7 0.467 5[a]	0.422 6 0.426 1[a]	0.078 69 0.080 63[a]	0.068	12.17 11.3[a]
	182	CVVCVV	3	0.461 5 0.465 7[a]	0.428 7 0.431 5[a]	0.079 07 0.081 02[a]	−0.033	12.49 11.9[a]
Fe_6C_3	149	CCVCVV	123	0.465 2 0.468 7[a]	0.449 8 0.453 0[a]	0.084 32 0.086 19[a]	0.260	10.99 10.0[a]
	164	CVCVCV	222	0.488 1 0.499 1[a]	0.412 8 0.417 0[a]	0.085 16 0.087 09[a]	0.101	11.55 10.7[a]
	162	CVVCVC	233	0.476 1 0.480 2[a]	0.427 4 0.429 5[a]	0.083 90 0.085 80[a]	−0.047	10.93 10.1[a]

注：[a] 来自参考文献。

表 6.16　$\varepsilon-Fe_6N_y$($y=1,2,3$) 相各种配位方式的晶体结构、形成能和磁矩

Fe_6N_y	空间群	占位	近邻	a/nm	c/nm	V_0/nm^3	E_f/eV	磁矩(μ_B)
Fe_6N_1	162	NVVVVV		0.433 8 0.448 5[a]	0.417 6 0.431 8[a]	0.068 07 0.075 24[a]	0.060	11.62 12.9[a]
Fe_6N_2	193	NNVVVV	1	0.447 5 0.451 1[a]	0.461 7 0.467 0[a]	0.080 06 0.082 31[a]	0.076	12.00 12.0[a]
	162	NVNVVV	2	0.463 9 0.467 6[a]	0.421 7 0.424 2[a]	0.078 59 0.080 33[a]	−0.179	12.29 11.9[a]
	182	NVVNVV	3	0.4616 0.465 6[a]	0.429 4 0.431 8[a]	0.079 25 0.081 10[a]	−0.290 −0.08[a]	12.81 12.3[a]
Fe_6N_3	149	NNVNVV	123	0.454 2 0.457 6[a]	0.468 6 0.472 3[a]	0.083 71 0.085 66[a]	−0.024	9.03 8.8[a]
	164	NVNVNV	222	0.485 7 0.488 7[a]	0.415 9 0.420 1[a]	0.084 97 0.086 89[a]	−0.147	11.13 11.8[a]
	162	NVVNVN	233	4.707 4.745[a]	4.305 4.323[a]	0.083 60 0.084 30[a]	−0.354	9.25 8.8[a]

注：[a] 来自参考文献。

表 6.17 $\varepsilon-Fe_6C_xN_y$ ($x+y=2,3,x,y=1,2$) 相各种配位方式的晶体结构、形成能和磁矩

$\varepsilon-Fe_6C_x$	空间群	占位	近邻	a/nm	c/nm	V_0/nm^3	E_f/eV	磁矩 (μ_B)
$\varepsilon-Fe_6N_1C_1$	149	NCVVVV	1	0.446 7	0.462 2	0.079 86	0.135	12.07
				0.450 2[a]	0.467 2[a]	0.082 01[a]		11.9[a]
	149	NVCVVV	2	0.464 9	0.421 4	0.078 87	−0.043	12.43
				0.468 7[a]	0.424 3[a]	0.080 74[a]		11.8[a]
	149	NVVCVV	3	0.461 5	0.429 0	0.079 13	−0.127	12.67
				0.466 0[a]	0.431 7[a]	0.081 18[a]		12.3[a]
$\varepsilon-Fe_6N_1C_2$	149	NVCCVV	231	0.461 3	0.455 4	0.083 92	0.095	10.27
				0.464 8[a]	0.458 8[a]	0.085 85[a]		9.5[a]
	149	NCVCVV	132	0.459 9	0.452 3	0.084 69	0.118	10.45
				0.463 5[a]	0.465 3[a]	0.086 58[a]		9.6[a]
	149	NCCVVV	123	0.459 0	0.462 2	0.084 32	0.130	10.21
				0.462 4[a]	0.465 3[a]	0.086 15[a]		9.4[a]
	162	NVCVCV	222	0.489 2	0.410 9	0.085 15	0.009	11.10
				0.490 8[a]	0.416 1[a]	0.086 81[a]		10.3[a]
	162	NVVCVC	332	0.475 6	0.426 1	0.083 48	−0.114	10.60
				0.479 8[a]	0.428 0[a]	0.085 31[a]		9.8[a]
	149	NVCVVC	233	0.475 4	0.427 3	0.083 63	−0.104	10.53
				0.479 3[a]	0.429 1[a]	0.085 36[a]		9.7[a]
$\varepsilon-Fe_6N_2C_1$	149	CVNNVV	231	0.457 2	0.465 7	0.084 33	0.059	10.66
				0.461 1[a]	0.468 7[a]	0.086 30[a]		8.41[a]
	149	CNVNVV	132	0.455 1	0.466 1	0.083 59	0.048	9.69
				0.458 9[a]	0.469 8[a]	0.085 69[a]		9.2[a]
	149	CNNVVV	123	0.457 4	0.464 6	0.084 18	0.047	9.44
				0.461 2[a]	0.467 4[a]	0.086 11[a]		9.1[a]
	162	CVNVNV	222	0.488 2	0.411 5	0.084 93	−0.044	9.98
				0.489 6[a]	0.417 9[a]	0.086 75[a]		10.9[a]
	162	CVVNVN	332	0.474 3	0.426 6	0.083 10	−0.173	9.82
				0.477 3[a]	0.430 8[a]	0.085 00[a]		9.4[a]
	149	CVNVVN	233	0.472 6	0.429 8	0.083 13	−0.177	9.80
				0.478 3[a]	0.428 8[a]	0.084 94[a]		9.4[a]

注：[a]来自参考文献。

在 $\varepsilon-Fe_6C_x$ ($x=1,2,3$) 中，$\varepsilon-Fe_6C_1$ 具有正的形成能，为亚稳相。对于 $\varepsilon-Fe_6C_2$，Cfg_1 和 Cfg_2 的形成能为正值，为亚稳相；而 Cfg_3 则具有负的形成能，为稳定相。在 $\varepsilon-Fe_6C_3$ 中，Cfg_{123} 和 Cfg_{222} 的形成能为正值，为亚稳相；Cfg_{233} 具有负的形成能，是稳定相。上述计算结果表明，间隙C原子的分布影响了 $\varepsilon-Fe_6C_x$ 的稳定性，且 $\varepsilon-Fe_6C_x$ 的形成比较困难。对于 $\varepsilon-Fe_6N_y$ ($y=1,2,3$)，$\varepsilon-Fe_6N_1$ 的

形成能为0.060 eV,为亚稳相。在ε－Fe_6N_2中,Cfg_1为亚稳结构,Cfg_2和Cfg_3的形成能为负,是稳定结构。其中,Cfg_3为Fe_6N_2的最稳定构型方式。在Fe_6N_3中,三种配位方式都具有负的形成能,其稳定性排序为$Cfg_{123} < Cfg_{222} < Cfg_{233}$。与ε－$Fe_6C_x$相比,ε－$Fe_6N_y$具有更负的形成能和更高的稳定性。

当ε－$Fe_6C_xN_y$中同时含有N和C两种外来间隙原子,有15种独立的构型方式。对于ε－$Fe_6N_1C_1$,Cfg_1为亚稳结构,而Cfg_2和Cfg_3表现为稳定结构,且Cfg_3最稳定。由于有两种外来间隙原子,当$x+y=3$时,Cfg_{231}构型分成三种构型(Cfg_{231}、Cfg_{132}和Cfg_{123}),Cfg_{233}分成Cfg_{332}和Cfg_{233}两种构型。在ε－$Fe_6N_1C_2$中,Cfg_{231}构型分成了三种构型的形成能相差不大,均为正值,这表明这三种构型为亚稳定的。Cfg_{222}具有正的形成能,也是亚稳定的。$Cfg_{332,233}$具有负的形成能,为稳定结构。在ε－$Fe_6N_2C_1$中,$Cfg_{231,132,123}$为亚稳定结构;而Cfg_{222}、Cfg_{332}和Cfg_{233}则具有负的形成能,为稳定结构。对于同一构型,ε－Fe_6N_y的稳定性最高,ε－$Fe_6C_xN_y$的次之,Fe_6C_x的最次。这就表明N有利于ε－$Fe_6C_xN_y$相的稳定性,而C则会降低ε－$Fe_6C_xN_y$相的稳定性。

比较发现,ε－$Fe_6C_xN_y$相的稳定性是与外来间隙原子之间的距离相关的。当$x+y=2$时,三种构型的稳定性排序为$Cfg_1 < Cfg_2 < Cfg_3$,即外来间隙原子之间距离增加,ε－$Fe_6C_xN_y$相的稳定性增强。当$x+y=3$时,三种构型的稳定性排序为$Cfg_{123} < Cfg_{222} < Cfg_{233}$。与$x+y=2$时的结果相同,随着外来间隙原子之间总距离的增加,从1nn＋2nn＋3nn到2nn＋2nn＋2nn,再到2nn＋3nn＋3nn,ε－$Fe_6C_xN_y$相的稳定性也逐步提高。由此可知,ε－$Fe_6C_xN_y$相中,外来间隙原子间为相互排斥作用。

表6.18～6.20分别给出了ε－$Fe_6C_xN_y$相各种构型的弹性常数、体积模量(B)、剪切模量(G)、弹性模量(E)、B/G和泊松比(ν)。对于ε－Fe_6C_x,ε－Fe_6C_1具有最小的G和E。在ε－Fe_6C_2中,Cfg_2和Cfg_3的B、G和E均高于Cfg_1;在ε－Fe_6C_3中,稳定的构型具有相对较高的B、G和E。剪切模量G可用于衡量材料的硬度。由此可知,C原子的稳定分布有助于提高ε－Fe_6C_x的硬度。与构型Cfg_3相比,构型Cfg_{233}的体积模量较高,而剪切模量相差不大。这就表明在ε－Fe_6C_x中,增加C浓度(从$x=2$到$x=3$),体积模量进一步提高,但剪切模量变化不大。在ε－Fe_6N_y中,间隙N分布对其力学性质的影响与ε－Fe_6C_x类似:更稳定的构型具有更高的B、G和E。增加N的浓度,从$y=1$到$y=2$,ε－Fe_6N_y相的剪切模量提高,ε－Fe_6N_y相的硬度也获得提升。进一步增加N的浓度,从$y=2$到$y=3$,ε－Fe_6N_y相的剪切模量降低,硬度没有进一步的提高。在ε－$Fe_6C_xN_y$中,外来间隙原子分布和浓度对力学性质的影响与ε－Fe_6C_x和ε－Fe_6N_y相类似:外来间

隙原子的稳定分布使得三元化合物ε－$Fe_6C_xN_y$具有更高的B、G和E；从$x+y=2$到$x+y=3$，ε－$Fe_6C_xN_y$相的剪切模量变小，硬度降低。

表 6.18　ε－Fe_6C_x 的弹性常数、体积模量、剪切模量、弹性模量、B/G 和泊松比

Fe_6C_x	占位	C_{11}	C_{33}	C_{44}	C_{12}	C_{13}	B	G	E	B/G	ν
Fe_6C_1	CVVVVV	317	317	34	214	128	209	47	131	4.45	0.395
Fe_6C_2	CCVVVV	334	193	81	134	133	178	80	209	2.23	0.305
Fe_6C_2	CVCVVV	335	416	109	125	145	211	105	270	2.01	0.287
Fe_6C_2	CVVCVV	337 308[a] 322[b]	315 321[a] 332[b]	121 119[a] 129[b]	156 140[a] 138[b]	141 128[a] 140[b]	207 192[a] 201[b]	102 99[a]	263 254[a]	2.03 1.93[a]	0.288 0.278[a]
Fe_6C_3	CCVCVV	312	279	105	127	151	196	90	234	2.18	0.301
Fe_6C_3	CVCVCV	374	373	85	90	162	215	104	269	2.07	0.292
Fe_6C_3	CVVCVC	364	382	123	164	211	252	102	270	2.47	0.322

注：[ab] 来自参考文献。

表 6.19　ε－Fe_6N_y 的弹性常数、体积模量、剪切模量、弹性模量、B/G 和泊松比

Fe_6N_y	占位	C_{11}	C_{33}	C_{44}	C_{12}	C_{13}	B	G	E	B/G	ν
Fe_6N_1	NVVVVV	308	262	55	181	109	184	64	172	2.88	0.344
Fe_6N_2	NNVVVV	324	306	66	121	95	175	87	224	2.01	0.287
Fe_6N_2	NVNVVV	338	404	102	116	160	215	104	269	2.07	0.292
Fe_6N_2	NVVNVV	333 342[a] 314[b] 276[c]	345 375[a] 329[b] 325[c]	118 110[a] 105[b] 109[c]	141 158[a] 142[b] 95[c]	155 172[a] 132[b] 121[c]	213 228[a] 196[b] 171[c] 172[d]	103 99[a] 96[b] 97[c] 78[d]	266 260[a] 243[b] 245[c] 203[d]	2.07	0.292 0.31[a] 0.29[b] 0.26[c] 0.32[d]
Fe_6N_3	NNVNVV	305	284	72	134	110	178	80	209	2.23	0.305
Fe_6N_3	NVNVNV	333	317	81	116	173	219	84	223	2.61	0.330
Fe_6N_3	NVVNVN	347	364	119	151	228	249	91	243	2.74	0.337

注：[abc] 计算结果；[d] 实验结果。

表 6.20　ε－$Fe_6C_xN_y$ 的弹性常数、体积模量、剪切模量、弹性模量、B/G 和泊松比

$Fe_6C_xN_y$	占据	C_{11}	C_{33}	C_{44}	C_{12}	C_{13}	B	G	E	B/G	ν
$Fe_6C_1N_1$	NCVVVV	328	262	59	136	130	189	76	201	2.49	0.323
	NVCVVV	321	410	103	112	136	200	104	266	1.92	0.278
	NVVCVV	360	371	109	175	235	213	101	262	2.11	0.295
$Fe_6C_2N_1$	NVCCVV	299	269	97	124	149	190	85	222	2.24	0.305
	NCVCVV	291	312	84	117	124	180	86	223	2.09	0.294
	NCCVVV	323	322	86	133	133	196	91	236	2.15	0.299
	NVCVCV	372	338	85	117	164	219	99	258	2.21	0.304
	NVVCVC	370	376	126	169	219	258	101	268	2.55	0.327
	NVCVVC	370	375	125	174	220	260	101	268	2.57	0.328
$Fe_6N_2C_1$	CVNNVV	317	336	72	128	122	191	86	224	2.22	0.304
	CNVNVV	313	303	77	121	129	188	86	224	2.19	0.302
	CNNVVV	294	294	81	109	119	175	86	222	2.03	0.289
	CVNVNV	340	308	76	134	191	225	79	212	2.85	0.343
	CVVNVN	360	371	108	175	235	263	88	238	2.99	0.349
	CVNVVN	373	363	129	169	218	258	101	268	2.55	0.327

上述计算结果表明，外来间隙原子的分布和浓度影响了 ε－$Fe_6C_xN_y$ 相的力学性质：稳定的外来间隙原子分布使得 ε－$Fe_6C_xN_y$ 相有更高的力学性能；一定浓度的外来间隙原子使得 ε－$Fe_6C_xN_y$ 相具有最高的剪切模量和硬度，进一步提高或降低外来间隙原子浓度均会导致 ε－$Fe_6C_xN_y$ 相的硬度降低。对于 ε－$Fe_6C_xN_y$ 相，可以认为外来间隙原子占据了部分的间隙位置，而未被占据的则为空位。有关学者通过实验和理论计算发现，提出了空位在过渡族碳氮化合物中硬化和软化效果。本节中力学性质的计算结果表明，空位在密排六方 ε－$Fe_6C_xN_y$ 相中也可能有类似的硬化或软化行为。

图 6.16～6.18 分别为三种相 ε－Fe_6C_x、ε－Fe_6N_y 和 ε－$Fe_6C_xN_y$ 中典型构型的总态密度。各种构型的总态密度可划分为三个区域：(1)p－d 杂化区域，中心位于－8 eV，主要为 N/C－2p 和少量 Fe－3d 电子，表明 Fe—N 键的共价键；(2)d－d 区域，从－5 eV 到费米面，来自近邻 Fe－3d 电子的交互作用；(3) 费米面以上的反键区域，来自于未成键的金属电子。由此可知，ε－Fe_6N_y、ε－Fe_6C_x 和 ε－$Fe_6C_xN_y$ 的化学键兼具共价、金属和离子键的特征。p－d 杂化区域代表了原子之间的共价结合，具有很强的对抗剪切变形的能力。费米面附近的金属性的 d

电子代表了金属原子之间的金属键，对晶体的剪切模量有负的贡献。其中，费米面上的态密度 N_F 的降低和升高对应于材料的硬化和软化。对于 ε－Fe_6C_x 相，Fe_6C_1 的 N_F 高于 Fe_6，而 Fe_6 本身是亚稳定的，所以 Fe_6C_1 是不稳定的。这也与形成能的计算结果是一致的。在 ε－Fe_6C_2 中，构型 Cfg_3 的 p－d 杂化峰的劈裂更加严重，表明 Fe—N 之间有更强的共价键合。Fe—N 之间更强的共价键合会释放更多的能量，从而降低了体系的总能，提高了体系的稳定性。同时构型 Cfg_3 的 N_F 也低于 Fe_6，而构型 Cfg_1 和 Cfg_2 的 N_F 与 Fe_6 的 N_F 接近，这也与剪切模量的计算结果相吻合。

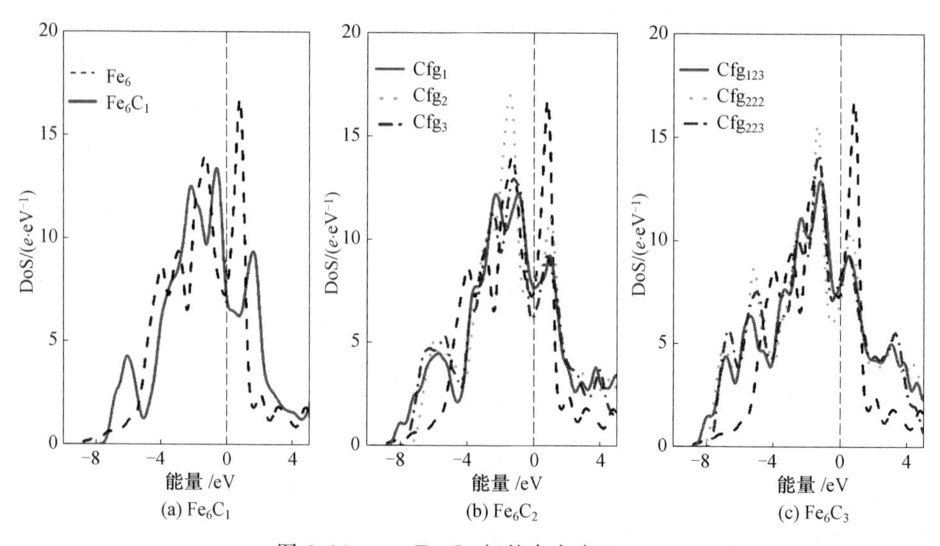

图 6.16 ε－Fe_6C_x 相的态密度(DoS)

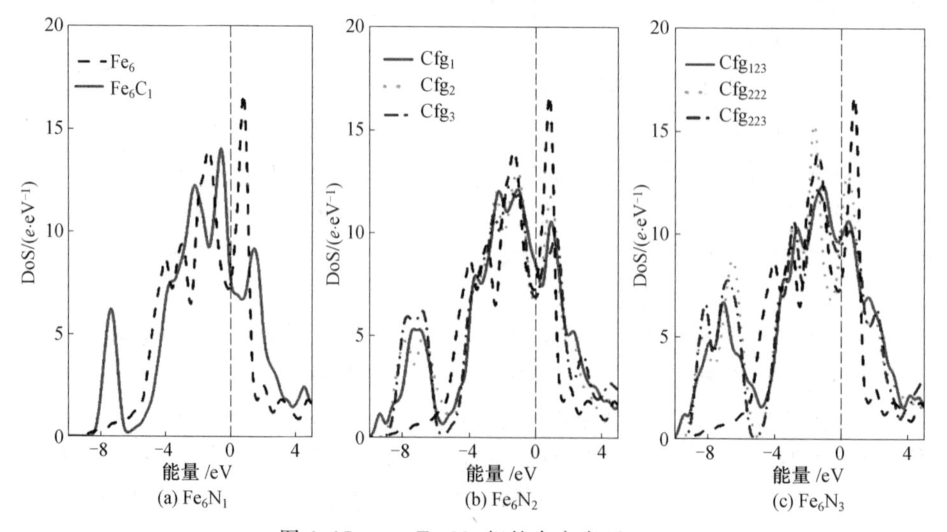

图 6.17 ε－Fe_6N_y 相的态密度(DoS)

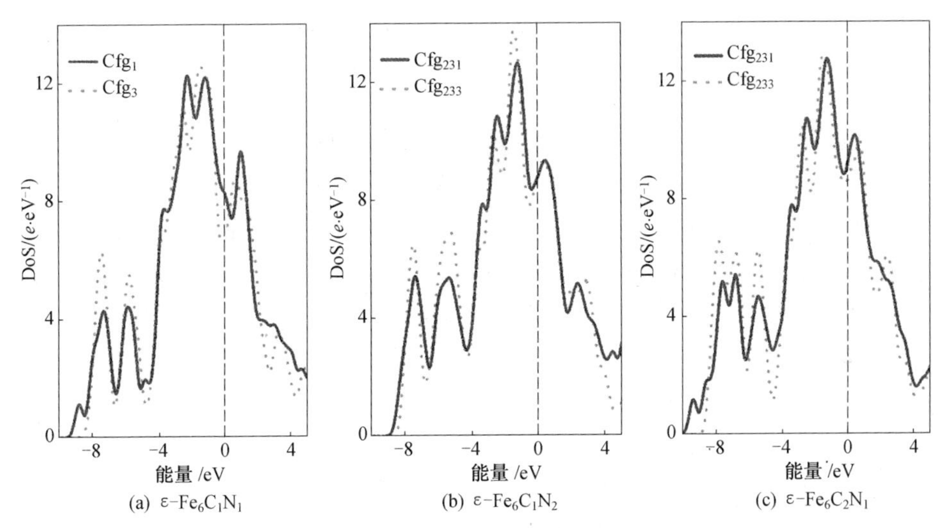

(a) ε-$Fe_6C_1N_1$　(b) ε-$Fe_6C_1N_2$　(c) ε-$Fe_6C_2N_1$

图 6.18　$\varepsilon-Fe_6C_xN_y$ 相的态密度(DoS)

在 $\varepsilon-Fe_6C_3$ 中，三种构型的 p－d 杂化态密度峰均发生劈裂。构型 Cfg_{222} 和 Cfg_{233} 的 p－d 杂化态密度均高于 Cfg_{123}，这就表明构型 Cfg_{222} 和 Cfg_{233} 中的 Fe—N 键的共价性强于 Cfg_{123} 中的 Fe—N 键。$\varepsilon-Fe_6C_3$ 的三种构型中，Cfg_{222} 的 N_F 低于 Fe_6，Cfg_{123} 和 Cfg_{233} 的 N_F 与 Fe_6 的 N_F 相差不大。与 $\varepsilon-Fe_6C_2$ 相比，$\varepsilon-Fe_6C_3$ 的构型中有更多的 p－d 的态密度和更强的共价键合，但是较高的 N_F 导致其剪切模量没有进一步提升。

在 $\varepsilon-Fe_6N_y$ 和 $\varepsilon-Fe_6C_xN_y$ 中，更稳定的构型也对应于更多的 p－d 杂化态密度和更低的 N_F。基于态密度的分析，外来间隙原子的分布会影响铁与外来间隙原子之间的共价键合强度和费米面的态密度。稳定的外来间隙原子分布增强了 Fe—N/C 键，降低了费米面的态密度，使得体系有更高的稳定性和剪切模量。

6.3.3　小结

采用第一性原理计算的方法对 $LaNi_5$ 和 $\varepsilon-Fe_6C_xN_y$ 的晶体结构、弹性和电子性质进行了研究，获得了如下结论：

(1) 储氢材料 $LaNi_5$ 金属间化合物较易形成且非常稳定。化合物中的 La 与 Ni1 原子之间成离子键，与 Ni2 原子之间没有成键作用，Ni 原子之间存在静电吸引作用，距离较远的 Ni1 与 Ni1 原子间的吸引作用最强。$LaNi_5$ 化合物的磁性较弱，磁距为 $1.54\mu_B$，La 原子和 Ni 原子的自旋方向相反。$LaNi_5$ 化合物是韧性的，它的弹性计算结果与实验值较接近。

(2) 阐明了密排六方 $\varepsilon-Fe_6C_xN_y$ 中外来间隙原子的稳定排布方式，以及外来间隙原子排布对合金的弹性性质和电子结构的影响：外来间隙原子的稳定排布方式，可以获得更高的剪切模量、更强的p－d电子杂化和降低费米面附近的态密度。

参考文献

[1] SONI H R,MANKAD V,GUPTA S K,et al. A first principles calculations of structural,electronic,magnetic and dynamical properties of mononitrides FeN and CoN[J]. Journal of Alloys and Compounds,2012,522(0):106-113.

[2] SUZUKI K,MORITA H,KANEKO T,et al. Crystal structure and magnetic properties of the compound FeN[J]. Journal of Alloys and Compounds,1993,201(1-2):11-16.

[3] HIROTSU Y,NAGAKURA S. Crystal structure and morphology of the carbide precipitated from martensitic high carbon steel during the first stage of tempering[J]. Acta Metallurgica,1972,20(4):645-655.

[4] JACK K H. The iron-nitrogen system:the crystal structures of ε-phase iron nitrides[J]. Acta Crystallographica,1952,5(4):404-411.

[5] PINSKER Z G,KAVERIN S V. The electron diffraction analysis of the structure of the hexagonal iron nitrides[J]. Doklady Akademii Nauk SSSR,1954,96:519-522.

[6] HONDA T K,ORIHARA M,SATO Y M. Crystal structure of $Fe_{16}N_2$[J]. Key Engineering Materials,2000,181:213-216.

[7] SHI Y J,DU Y L,CHEN G. First-principles study on the elastic and electronic properties of hexagonal ε-Fe_3N[J]. Comput. Mater. Sci. ,2013,67:341-345.

[8] TAKAHASHI T,BURGHAUS J,MUSIC D,et al. Elastic properties of γ′-Fe_4N probed by nanoindentation and ab initio calculation[J]. Acta Mater. ,2012,60(5):2054-2060.

[9] ZHAO E,XIANG H,MENG J,et al. First-principles investigation on the elastic,magnetic and electronic properties of MFe_3N(M=Fe,Ru,Os)[J]. Chem. Phys. Lett. ,2007,449(1-3):96-100.

[10] SHI Y J,DU Y L,CHEN G. First-principles study on electronic structure and elastic properties of $Fe_{16}N_2$[J]. Physica B,2012,407(17):3423-3426.

[11] SRIVASTAVA S,SRIVASTAVA O N. Hydrogenation behaviour with regard to storagecapacity,kinetics,stability and thermodynamic behaviour of hydrogen storage composite alloys,$LaNi_5$/La_2Ni_7,$LaNi_3$[J]. J. Alloys Compd. ,

1999,290(1-2):250-256.

[12] FU X,ZHANG H,CHEN Y,et al. The effect of carbon nanotubes on the electrochemical hydrogen storage performance of $LaNi_5$ rare earth alloy[J]. Physica E:Low-dimensional Systems and Nanostructures,2005,25(4):414-420.

[13] CHECCHETTO R,BAZZANELLA N,MIOTELLO A,et al. H_2 storage efficiency and sorption kinetics in composite materials[J]. J. Phys. Chem. Solids,2008,69(9):2160-2163.

[14] WALLACE W E,KARLICEK R F,IMAMURA H. Mechanism of hydrogen absorption by lanthanum-nickel($LaNi_5$)[J]. J. Phys. Chem.,1979,83(13):1708-1712.

[15] HAGSTRÖM M T,LUND P D. Pressure DSC studies on the formation and reproducibility of double peaks in the sorption of $LaNi_5$-H_2 during thermal cycling[J]. Thermochim. Acta,1997,298(1-2):141-147.

[16] SRIVASTAVA S,SRIVASTAVA O N. Synthesis,characterization and hydrogenation behaviour of composite hydrogen storage alloys, $LaNi_5$/La_2Ni_7,$LaNi_3$[J]. J. Alloys Compd.,1999,282(1-2):197-205.

[17] HECTOR JR L G,HERBST J F,CAPEHART T W. Electronic structure calculations for $LaNi_5$ and $LaNi_5H_7$:energetics and elastic properties[J]. J. Alloys Compd.,2003,353(1-2):74-85.

[18] ZHANG C,GAO T,ZHANG Y,et al. First-principles study on the structure and elasticity of $LaNi_5$ and $LaNi_{4.25}Al_{0.75}$[J]. J. Alloys Compd.,2007,439(1-2):25-32.

[19] YU Y,HAN H,ZHAO Y,et al. First-principles calculation of the dynamical and thermodynamic properties of $LaNi_5$[J]. Solid State Commun.,2008,148(1-2):1-5.

[20] GRESSMANN T,WOHISCHLÖGEL M,SHANG S,et al. Elastic anisotropy of γ'-Fe_4N and elastic grain interaction in γ'-Fe_4N_{1-y} layers on α-Fe: first-principles calculations and diffraction stress measurements[J]. Acta Mater.,2007,55(17):5833-5843.

[21] RAVINDRAN P,FAST L,KORZHAVYI P A,et al. Density functional theory for calculation of elastic properties of orthorhombic crystals: application to $TiSi_2$[J]. J. Appl. Phys.,1998,84(9):4891-4904.

[22] TANAKA K,OKAZAKI S,ICHITSUBO T,et al. Evaluation of elastic strain energy associated with the formation of hydride precipitates in

$LaNi_5$[J]. Intermetallics,2000,8(5-6):613-618.

[23] SHANG S L,BÖTTGER A J,LIU Z K. The influence of interstitial distribution on phase stability and properties of hexagonal ε-Fe_6C_x, ε-Fe_6N_y and ε-$Fe_6C_xN_y$ phases:a first-principles calculation[J]. Acta Mater.,2008,56(4):719-725.

[24] LV Z Q,ZHANG F C,SUN S H,et al. First-principles study on the mechanical,electronic and magnetic properties of Fe_3C[J]. Comput. Mater. Sci.,2008,44(2):690-694.

[25] ZHANG W H,LV Z Q,SHI Z P,et al. Electronic,magnetic and elastic properties of ε-phases Fe_3X (X=B,C,N) from density-functional theory calculations[J]. J. Magn. Magn. Mater.,2012,324(14):2271-2276.

名词索引

附录　部分彩图

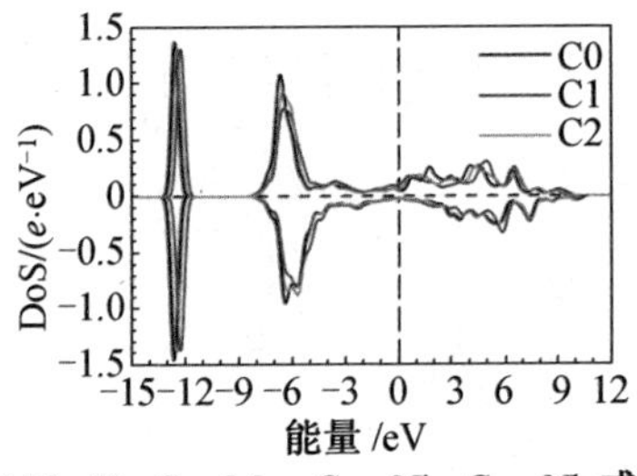

(a) Ti、V、Cr、Mn、Co、Ni、Cu、Nb 或 Mo

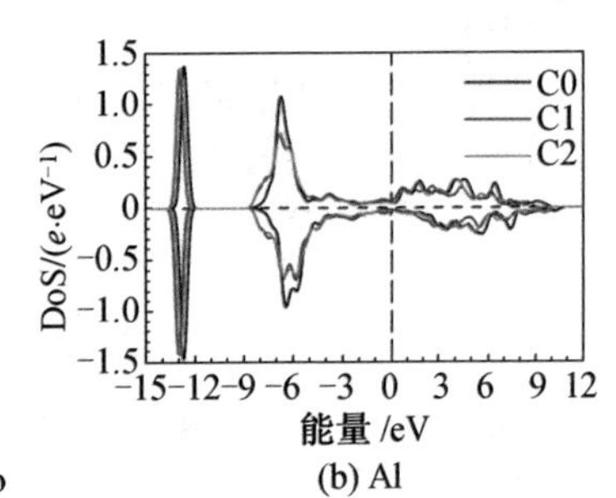

(b) Al

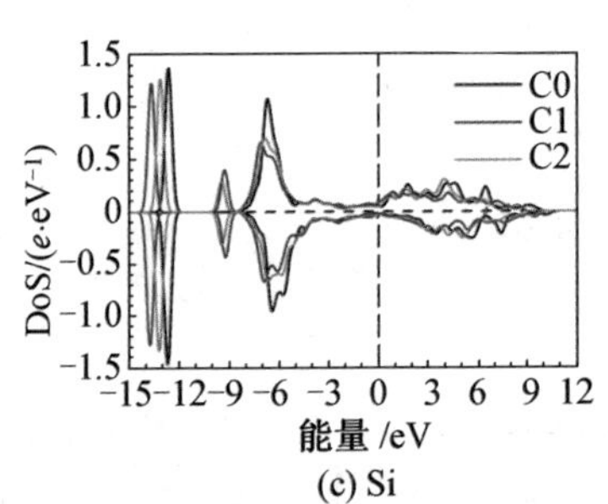

(c) Si

图 4.5

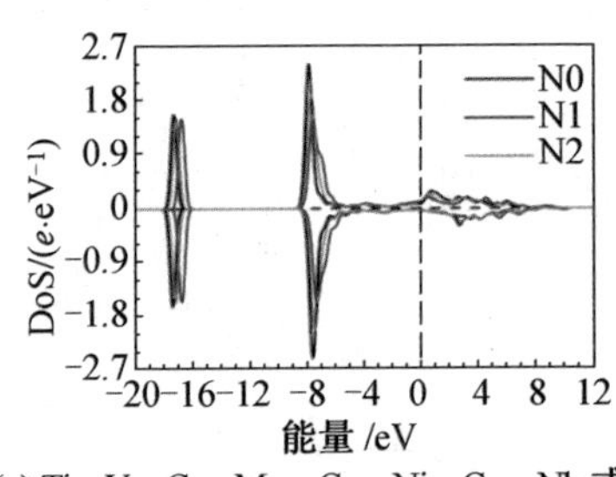

(a) Ti、V、Cr、Mn、Co、Ni、Cu、Nb 或 Mo

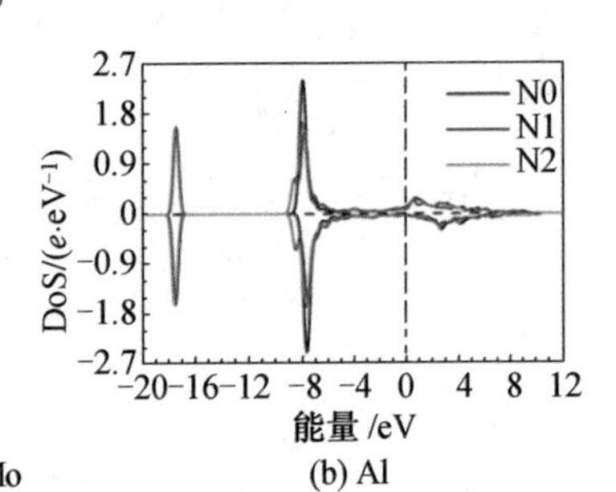

(b) Al

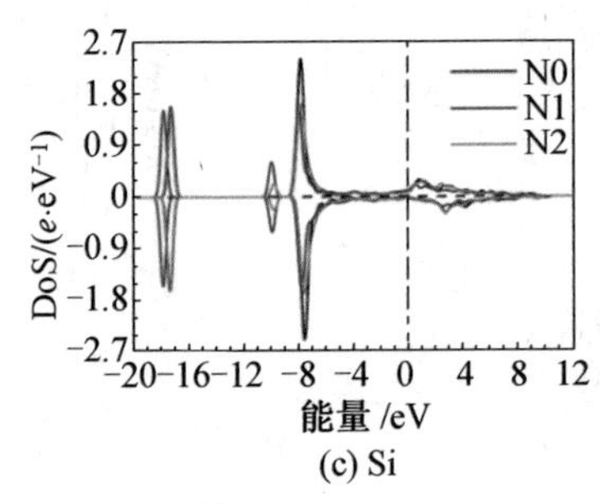

(c) Si

图 4.6

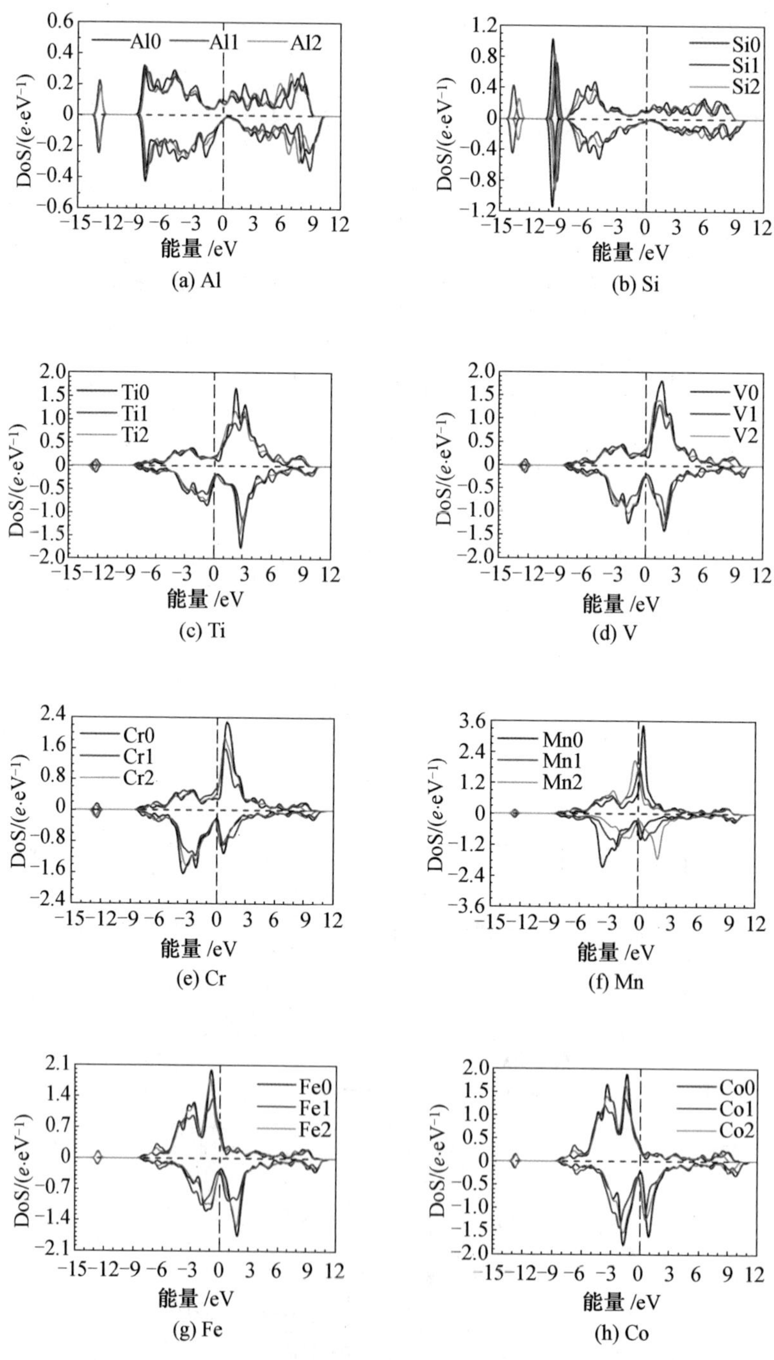

(a) Al (b) Si

(c) Ti (d) V

(e) Cr (f) Mn

(g) Fe (h) Co

图 4.7

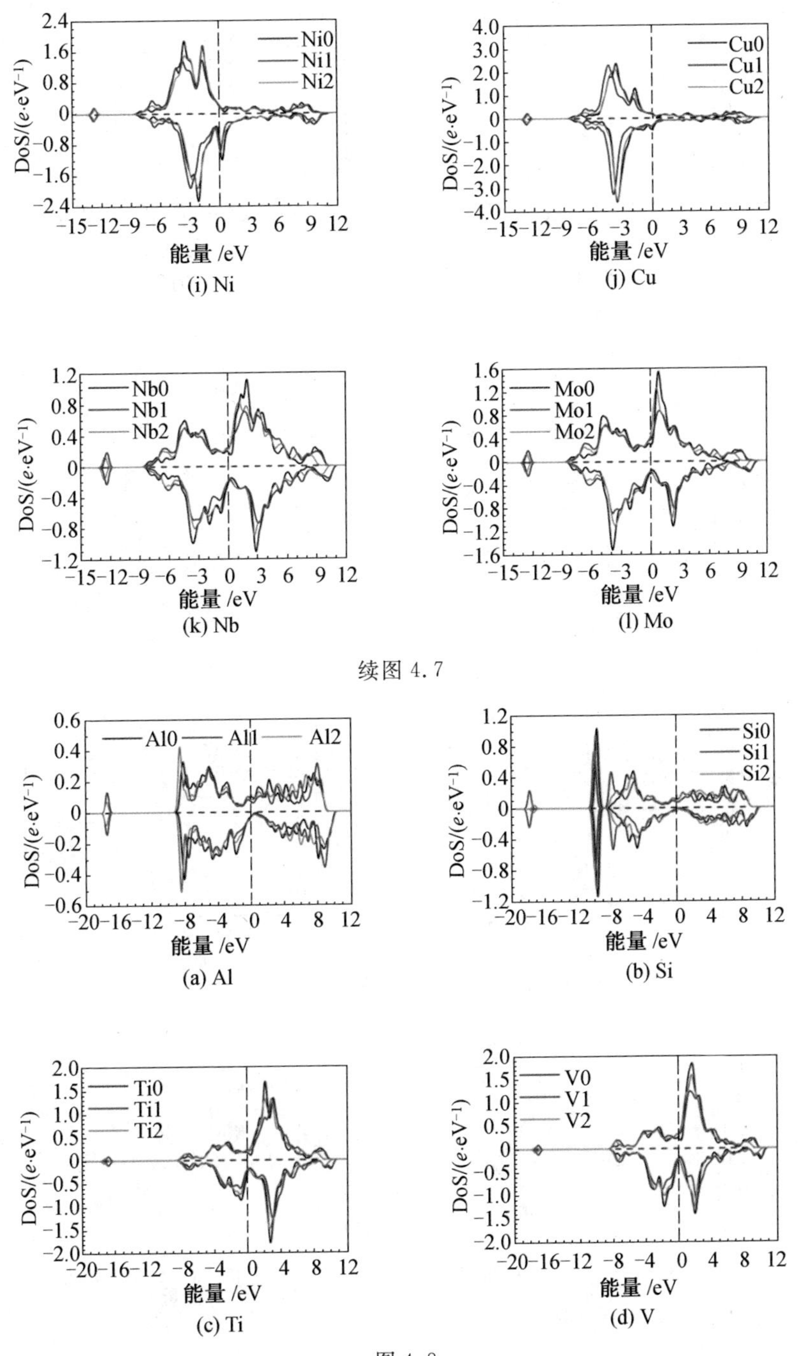

Ni0
Ni1
Ni2
DoS/(e·eV⁻¹)
能量 /eV
(i) Ni
Cu0
Cu1
Cu2
DoS/(e·eV⁻¹)
能量 /eV
(j) Cu
Nb0
Nb1
Nb2
DoS/(e·eV⁻¹)
能量 /eV
(k) Nb
Mo0
Mo1
Mo2
DoS/(e·eV⁻¹)
能量 /eV
(l) Mo
Al0
Al1
Al2
DoS/(e·eV⁻¹)
能量 /eV
(a) Al
Si0
Si1
Si2
DoS/(e·eV⁻¹)
能量 /eV
(b) Si
Ti0
Ti1
Ti2
DoS/(e·eV⁻¹)
能量 /eV
(c) Ti
V0
V1
V2
DoS/(e·eV⁻¹)
能量 /eV
(d) V

续图 4.7

图 4.8

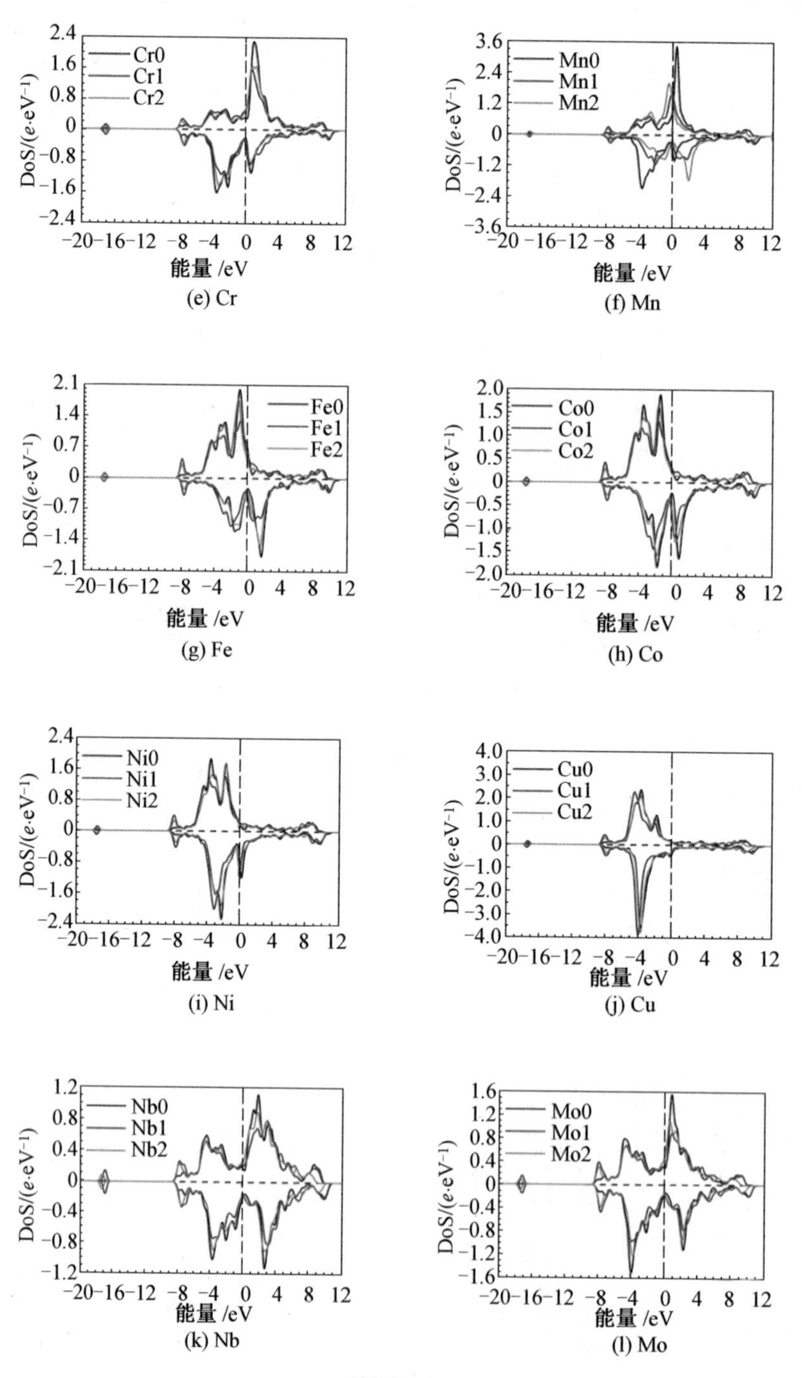
Cr0
Cr1
Cr2
DoS/($e\cdot eV^{-1}$)
能量 /eV
(e) Cr
Mn0
Mn1
Mn2
(f) Mn
Fe0
Fe1
Fe2
(g) Fe
Co0
Co1
Co2
(h) Co
Ni0
Ni1
Ni2
(i) Ni
Cu0
Cu1
Cu2
(j) Cu
Nb0
Nb1
Nb2
(k) Nb
Mo0
Mo1
Mo2
(l) Mo

续图 4.8

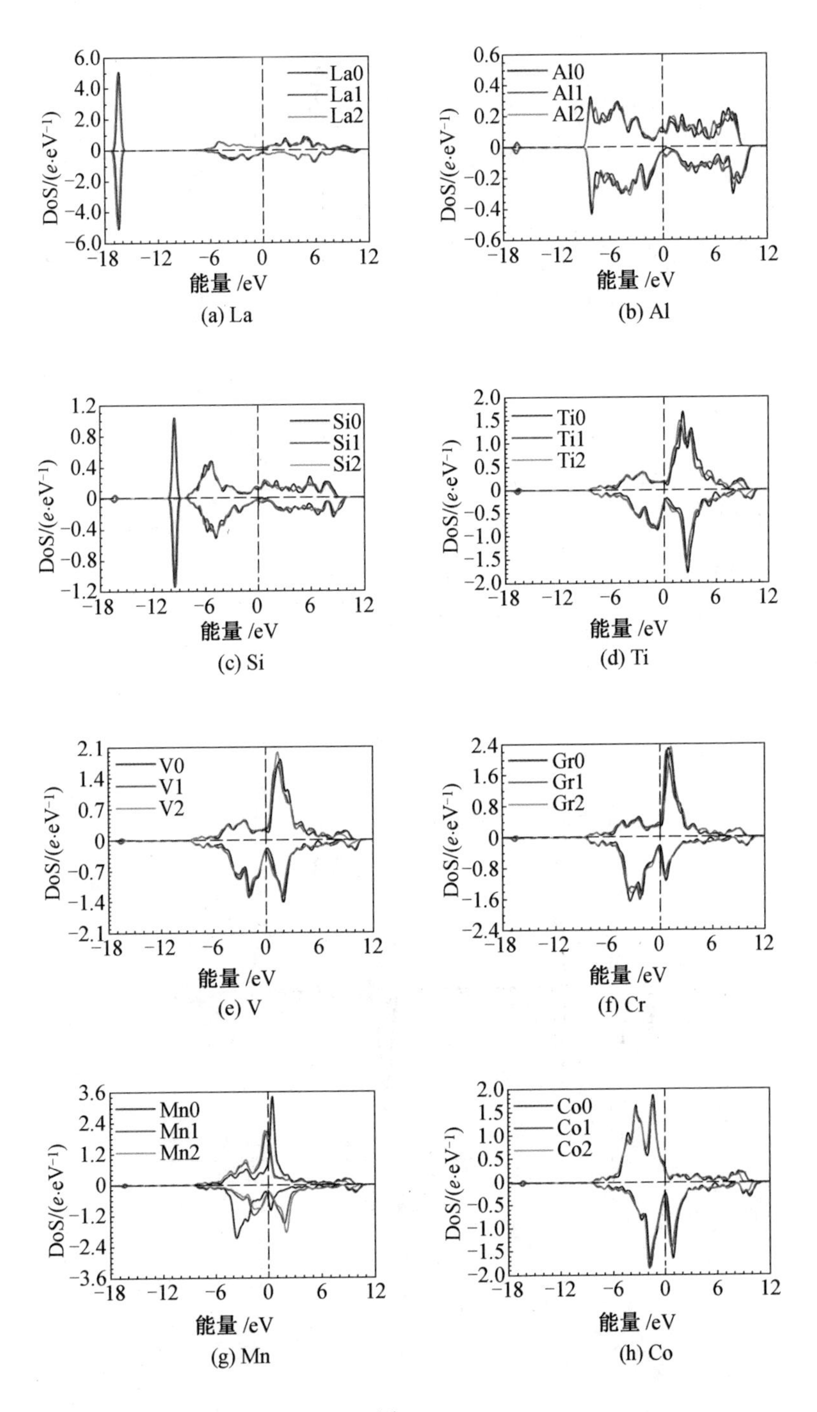

DoS/(e·eV⁻¹)
能量 /eV
La0
La1
La2
(a) La
Al0
Al1
Al2
(b) Al
Si0
Si1
Si2
(c) Si
Ti0
Ti1
Ti2
(d) Ti
V0
V1
V2
(e) V
Gr0
Gr1
Gr2
(f) Cr
Mn0
Mn1
Mn2
(g) Mn
Co0
Co1
Co2
(h) Co

图 4.34

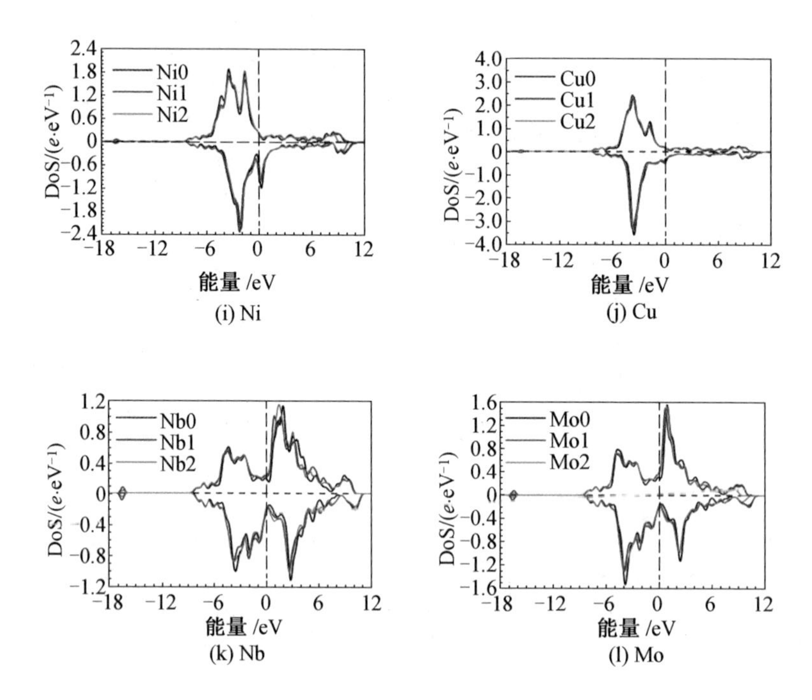

Ni0
Ni1
Ni2
DoS/(e·eV⁻¹)
能量 /eV
(i) Ni
Cu0
Cu1
Cu2
DoS/(e·eV⁻¹)
能量 /eV
(j) Cu
Nb0
Nb1
Nb2
DoS/(e·eV⁻¹)
能量 /eV
(k) Nb
Mo0
Mo1
Mo2
DoS/(e·eV⁻¹)
能量 /eV
(l) Mo

续图 4.34

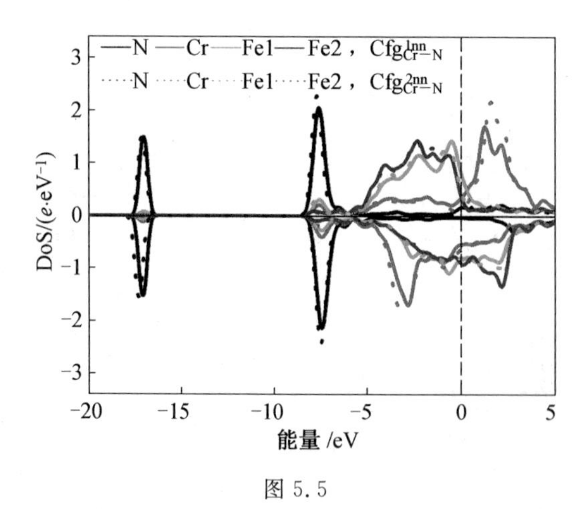

N Cr Fe1 Fe2 , Cfg$^{1nn}_{Cr-N}$
N Cr Fe1 Fe2 , Cfg$^{2nn}_{Cr-N}$
DoS/(e·eV⁻¹)
能量 /eV

图 5.5

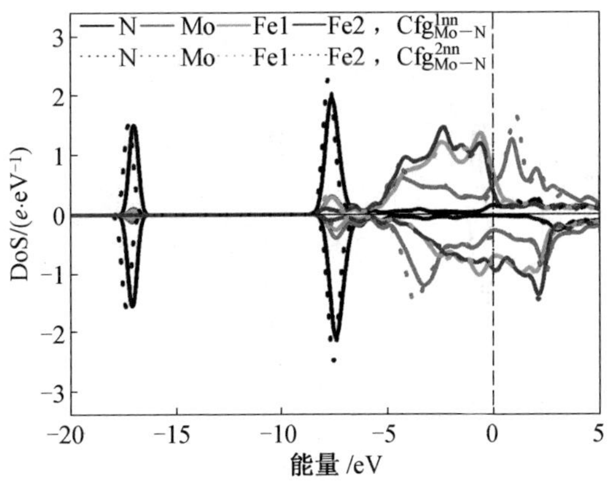
N Mo Fe1 Fe2，Cfg^{1nn}_{Mo-N}
N Mo Fe1 Fe2，Cfg^{2nn}_{Mo-N}
DoS/($e \cdot eV^{-1}$)
能量 /eV

图 5.6

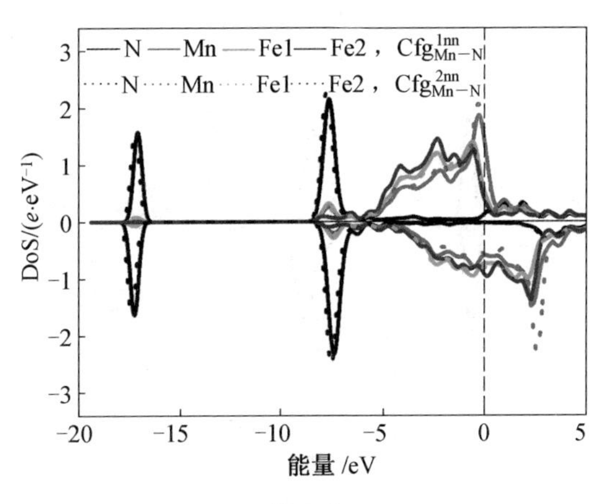
N Mn Fe1 Fe2，Cfg^{1nn}_{Mn-N}
N Mn Fe1 Fe2，Cfg^{2nn}_{Mn-N}
DoS/($e \cdot eV^{-1}$)
能量 /eV

图 5.7

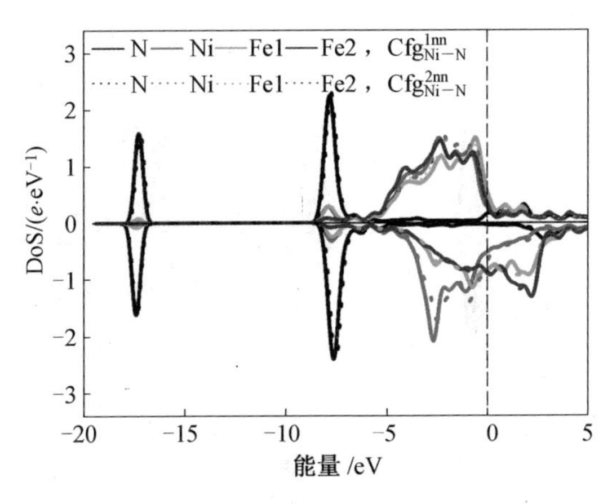
N Ni Fe1 Fe2，Cfg^{1nn}_{Ni-N}
N Ni Fe1 Fe2，Cfg^{2nn}_{Ni-N}
DoS/($e \cdot eV^{-1}$)
能量 /eV

图 5.8

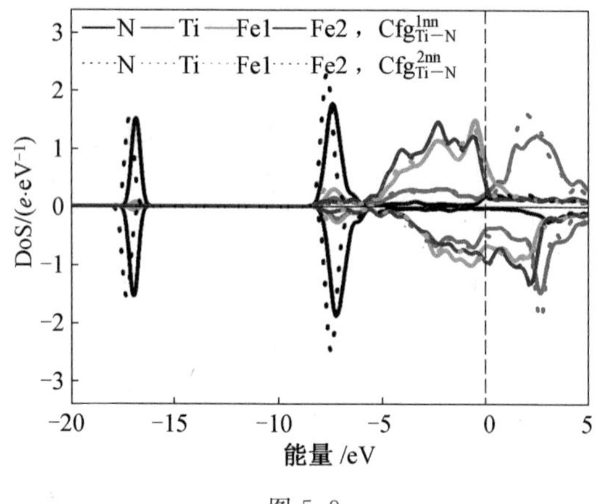

图 5.9

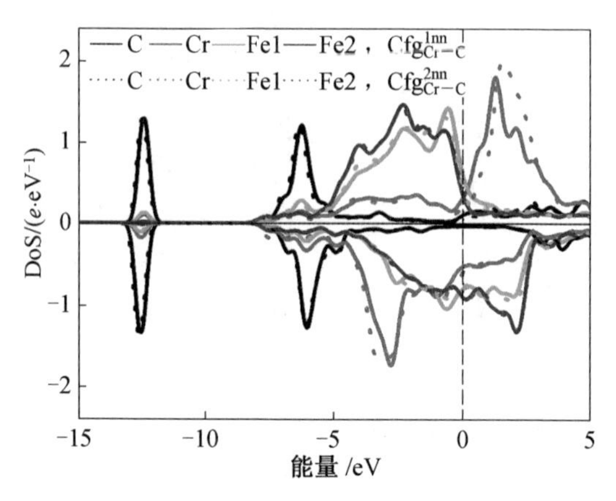

图 5.12

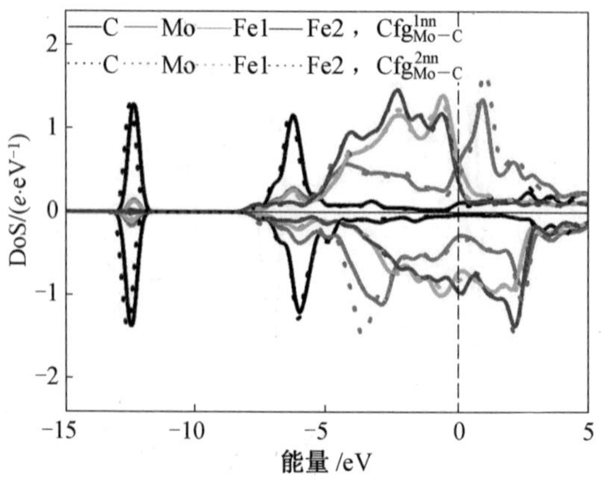

图 5.13

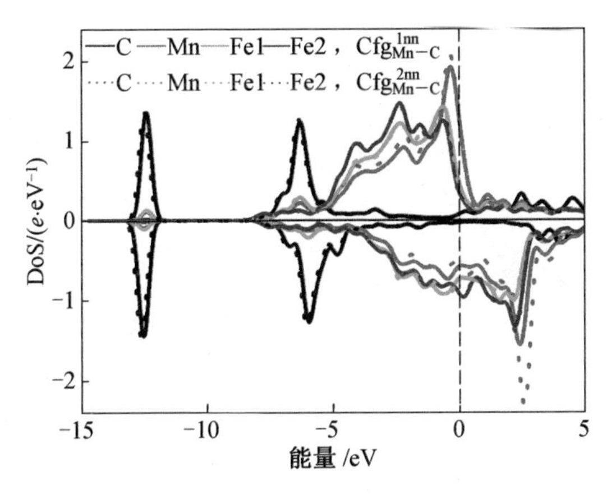

图 5.14

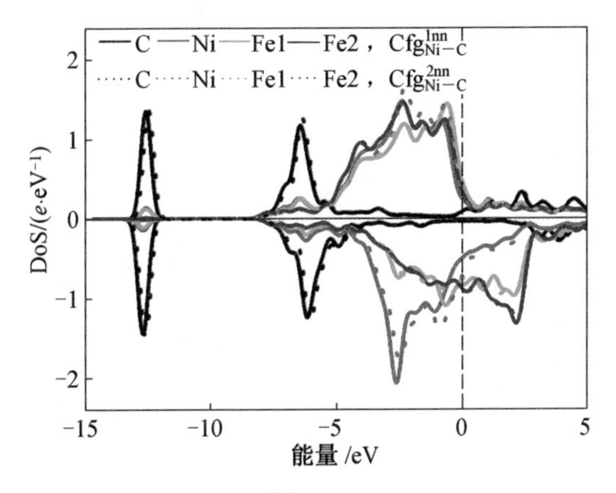

图 5.15

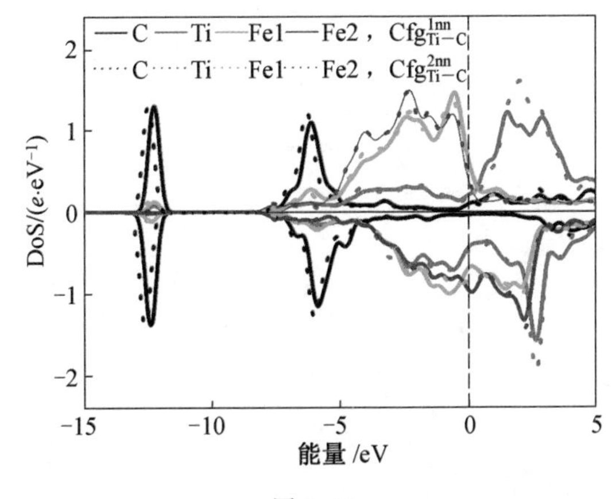

图 5.16